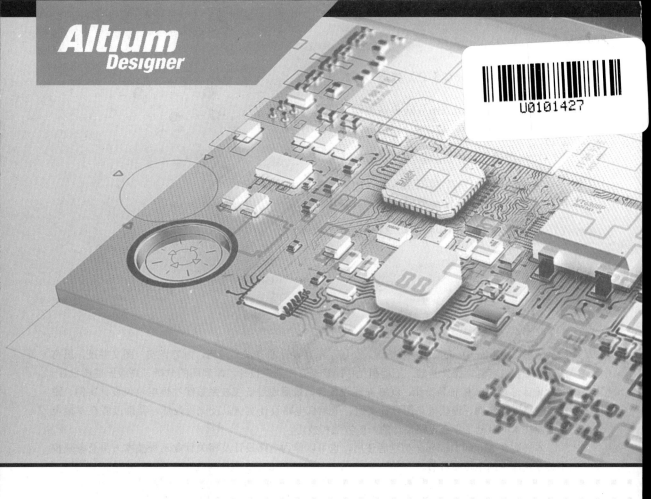

Altium
Designer

Altium
Designer 16
基础实例教程

附微课视频

◎闫聪聪 杨玉龙 编著

人民邮电出版社

北 京

图书在版编目（ＣＩＰ）数据

Altium Designer 16基础实例教程：附微课视频 /
闫聪聪，杨玉龙编著. -- 北京：人民邮电出版社，
2017.1
ISBN 978-7-115-43511-8

Ⅰ. ①A… Ⅱ. ①闫… ②杨… Ⅲ. ①印刷电路－计算
机辅助设计－应用软件－教材 Ⅳ. ①TN410.2

中国版本图书馆CIP数据核字(2016)第232197号

内 容 提 要

　　本书以 Altium Designer 16 为平台，介绍了电路设计的方法和技巧，内容详实，图文并茂，思路清晰。主要内容包括操作基础、工程和元件的管理、原理图设计、原理图的分析、高级原理图设计、PCB 设计环境、PCB 布局设计、PCB 布线设计等，最后通过低纹波系数线性恒电位仪设计实例、游戏机电路设计实例、通信电路图设计实例、电鱼机电路设计实例以及课程设计，帮助读者在掌握电路绘图技术的基础上学会电路设计的一般方法和技巧。

　　本书适合 Altium Designer 初学者使用，也可以作为电路设计及相关行业工程技术人员及各院校相关专业师生的学习参考书。

◆ 编　　著　闫聪聪　杨玉龙
　　责任编辑　税梦玲
　　责任印制　沈　蓉　彭志环

◆ 人民邮电出版社出版发行　　北京市丰台区成寿寺路 11 号
　　邮编　100164　　电子邮件　315@ptpress.com.cn
　　网址　http://www.ptpress.com.cn
　　三河市潮河印业有限公司印刷

◆ 开本：787×1092　1/16
　　印张：19.75　　　　　　　　　2017 年 1 月第 1 版
　　字数：519 千字　　　　　　　2017 年 1 月河北第 1 次印刷

定价：54.80 元（附光盘）

读者服务热线：(010)81055256　印装质量热线：(010)81055316
反盗版热线：(010)81055315

Altium 系列是最早流传到我国的电子设计自动化软件之一，因其易学易用，深受广大电子设计者的喜爱。Altium Designer 16 作为新一代的板卡级设计软件，其独一无二的 DXP 技术集成平台为设计系统提供了所有工具和编辑器的相容环境。

Altium Designer 16 整合了 Altium Designer 软件之前版本的所有更新，包括新的 PCB 特性以及新的核心 PCB 和原理图工具。Altium Designer 16 是一套完整的板卡级设计系统，真正实现了在单个应用程序中的集成，其线路图设计系统完全利用了 Windows 平台的优势，具有很好的稳定性、增强的图形功能和超强的用户界面，设计者可以选择最适当的设计途径并以最优化的方式工作。

为了帮助读者快速掌握 Altium Designer 的使用方法，本书在以下 3 点上花了很大功夫。

1．内容全面，讲解细致

为了让从零开始学习的读者能够学会该软件，本书对基础概念的讲解很全面，既介绍了 Altium Designer 操作环境和工程管理，又介绍了原理图设计和 PCB 设计的相关知识。另外，本书结合了编者多年的开发经验及教学心得，适当地给出了总结和提示，以帮助读者牢靠地掌握所学知识。

2．精选实例，步步为营

本书尽量避免空洞的描述，结合电子设计实例来讲解知识点：有与知识点相关的小实例，有将几个知识点或全章知识点联系起来的综合实例，有帮助读者练习提高的上机实例，还有完整实用的工程案例，以及用于课后和课程设计的练习题。例如：4.5.9 小节的课堂练习是对 4.5.6～4.5.8 小节的知识点的练习，4.8 节的课堂案例是对第 4 章所有知识点的应用，4.9 节的课后习题用于第 4 章知识点的巩固练习；第 10～13 章的综合实例是全书所有知识的综合应用，最后一章的课程设计则用于读者检验和巩固所学的知识。

3．提供微课视频及光盘

本书附赠光盘中包含全书所有实例的源文件和微课视频，读者通过扫描书中二维码，可随时随地在线观看。除此之外，光盘中还提供了教学 PPT、考试模拟试卷等资料。

本书由闫聪聪和杨玉龙编著，其中闫聪聪编写了第 1～8 章，杨玉龙编写了第 9～14 章，刘昌丽、康士廷、杨雪静等参与了部分章节的内容整理，石家庄三维书屋文化传播有限公司的胡仁喜博士对全书进行了审校，在此对他们的付出表示感谢。

读者在学习过程中，若发现错误，请登录 www.sjzswsw.com 或联系 win760520@126.com 进行反馈，编者将不胜感激。欢迎加入三维书屋图书学习交流群 QQ：379090620 交流探讨。

编　者
2016 年 6 月

目 录

第 **1** 章 操作基础

内容指南

Altium Designer 16 为电子设计师和电子工程师提供一体化应用工具，囊括了几乎所有完整的电子产品开发所需的技术和功能。

本章将从 Altium Designer 16 的功能特点及发展历史讲起，介绍 Altium Designer 16 的界面环境及基本操作，使读者能对该软件有一个大致的了解。

知识重点

📖 电子设计软件的发展历程

📖 Altium Designer 16 的设计环境

📖 工作环境管理

1.1 电子设计软件的发展历程

随着电子技术的高速发展，用户对电子产品的要求越来越高，电子产品的功能也越来越多，因此，芯片的集成度越来越高，对电路板的设计要求也越来越高。

电路板设计，也叫 PCB 设计。因为电路板（又叫印制电路板）英文的全称为 Printed Circuit Board，简称 PCB，所以电路板设计也叫 PCB 设计。

1.1.1 Altium 的设计现状

随着计算机业的发展，20 世纪 80 年代中期，计算机应用开始进入各个领域。在这种背景下，美国 ACCEL Technologies Inc 推出了第一个应用于电子线路设计的软件包——TANGO，这个软件包开创了电子设计自动化（EDA）的先河。在当时给电子线路设计带来了设计方法和方式的革命，人们纷纷开始用计算机来设计电子线路。

在电子业飞速发展的时代，TANGO 不再显示其超越时代发展的优点，为了适应科学技术的发展，Protel Technology 公司以其强大的研发能力推出了 Protel For Dos 作为 TANGO 的升级版本。

20 世纪 80 年代末，Windows 系统开始流行，许多应用软件也纷纷开始支持 Windows 操作系统。Protel 也不例外，相继推出了 Protel For Windows 1.0、Protel For Windows1.5 等版本。这些版本的可视化功能给用户设计电子线路带来了很大的方便，设计者不用再记一些繁琐的命令，在使用还能体会到资源共享的乐趣。

20 世纪 90 年代中期，Windows 95 出现，Protel 紧跟潮流，推出了基于 Windows 95 的 3.X

版本。3.X 版本的 Protel 加入了新颖的主从式结构，但在自动布线方面却没有什么出众的表现。另外，由于 3.X 版本的 Protel 是 16 位和 32 位的混合型软件，所以该版本不太稳定。

1998 年，Protel 公司推出了 Protel 98，Protel 98 以其出众的自动布线能力获得了业内人士的一致好评。

1999 年，Protel 公司推出了 Protel 99，Protel 99 既能提供原理图的逻辑功能验证的混合信号仿真，又能提供 PCB 信号完整性分析的板级仿真，实现了从电路设计到真实板分析。

2000 年，Protel 公司推出了 Protel 99 SE，其性能在 Protel 99 的基础上进一步提高，可以对设计过程有更大的控制。

2001 年，Protel 公司更名为 Altium 公司。

2002 年，Altium 公司推出了新产品 Protel DXP，Protel DXP 集成了更多工具，功能更强大使用起来更方便。

2003 年，Altium 公司推出了 Protel 2004，对 Protel DXP 进行了完善。

2006 年，Altium 公司推出了 Protel 系列的高端版本——Altium Designer 6 系列，并自该系列的 6.9 版本以后开始以年份来命名。

2007 年，Altium 公司推出了 Altium Designer Summer 8.0，它将 ECAD 和 MCAD 两种文件格式结合在一起，还加入了对 OrCAD 和 PowerPCB 的支持能力。

2008 年，Altium 公司推出了 Altium Designer Winter 09，该版本引入了新的设计技术和理念，以帮助电子产品设计创新，让用户可以更快地进行设计，并提供全三维 PCB 设计环境以避免出现错误和不准确的模型设计。

2009 年，Altium 公司推出了 Altium Designer Summer 09。Altium Designer Summer 09 即 v9.1（强大的电子开发系统），为适应日新月异的电子设计技术，Summer 09 延续了新特性和新技术。

2011 年，Altium 公司推出了具有里程碑式意义的 Altium Designer 10，同时推出 Altium Vaults 和 AltiumLive，推动了整个行业向前发展，希望满足每个期望在"互联的未来"大展身手的设计人员的需求。

2012 年，Altium 公司推出了 Altium Designer 12，从根本上改变新特性和强化功能的交付方式，将新特性和功能的改进和 Bug 修复直接推广至 Subscription 用户。

2013 年是 Altium 发展史上的一个重要的转折点，所推出的 Altium Designer 13 不仅添加和升级了软件功能，同时也面向主要合作伙伴开放了 Altium 的设计平台。Altium Designer 13 为使用者、合作伙伴以及系统集成商带来了一系列的机遇，代表着电子行业一次质的飞跃。

2014 年，Altiu m 公司推出 Altium Designer14，该版本支持电子设计使用软硬电路，打开了更多创新的大门。同时，它还提供电子产品的更小封装，节省了材料和生产成本，增加了耐用性。

2015 年，Altium 公司发布的 Altium Designer 16 为用户带来了一种全新的管理元器件的方法，其中包括新的用途系统、修改管理，新的生命周期和审批制度，实时供应链管理等新功能。

1.1.2　Altium Designer 16 的特点

Altium Designer 提供了统一的应用方案，它综合了电子产品一体化开发所需的所有必需的技术和功能。Altium Designer 在单一设计环境中集成了板级和 FPGA 系统设计，集成了基于 FPGA 和分立式处理器的嵌入式软件开发以及 PCB 版图设计、编辑和制造，集成了现代设计数据管理功能，使得 Altium Designer 成为电子产品开发的完整解决方案——一个既满足当前，也满足未来开发需求的解决方案，下面简述 Altium Designer 16 的特点。

（1）备用元件选择。设计时，通过在备用元件选择系统中指定备用的元件，可对元件选择进行完全掌控。包括在 BOM 中进行引脚兼容的备用元件选择、自动替代物料编码。

（2）网络颜色同步。通过原理图设计和 PCB 布线之间的网络颜色同步，确保文档的准确性和可视性。通过可控的 ECO 指令，可即时将网络颜色同步到 PCB 布线中。

（3）TECHNOLOGY- AWARE XSIGNALS 向导。利用先进的 XSIGNALS 向导，可轻松准确地设计高速电路板，并为 DDR3 自动创建 XSIGNALS 分类并匹配长度规则。

（4）元件布局系统。应用新的元件布局系统，可高效应对板卡设计。在板卡设计时，可以动态放置和拖曳元件，并进行推挤、避让或与其他元件对齐。

（5）可视化间距边界。通过可视化间距边界功能，可以实时清晰地查看布线策略的影响。在走线时可以看到走线和元件之间的距离间隙，轻松应对高密板。

（6）3D STEP 模型生成向导。使用 3D STEP 模型生成向导，可轻松生成最真实、准确和数据丰富的 3D 模型，将实体电路板精确体现在实时 3D PCB 上。

（7）增强的引脚长度定义。使用在元件引脚属性中增强的引脚长度定义，可精准高效地进行高速设计布线。增强的引脚长度计算功能包括了芯片内部连接导线的长度，无需进行耗时的手动计算。

（8）PADS Logic 导出器。应用 PADS Logic 导出器，可将设计数据从 Altium Designer 导出到 PADS，节约设计时间。在使用 Altium Designer 进行高级版图设计时，可即时地将原理图和 PCB 版图导入到 PADS 中。

（9）孔公差定义。为焊盘和过孔定义了特定的公差值，并将其作为生产数据的一部分，以确保 PCB 制造的可靠性，确保每次生产时一次通过。

（10）高级元件搜索。在 Vault 浏览器中应用高级查找选项，可轻松准确地找到设计中所需的元件，还可根据用户的特定需求来定制搜索选项，并且将搜索项收藏，以备后用。

（11）离线设计系统。通过离线设计系统向外界分享的网络数据是可控的，用户可轻松使用 Altium Designer 为指定应用设定连接，包括用户的偏好分享、许可证服务器和元器件供应商连接等。

（12）集成的 TASKING Pin Mapper。利用集成的 TASKING Pin Mapper，可随时分享 PCB 与嵌入式软件项目间的设计数据，节省 Altium Designer 与 TASKING 工具之间引脚分配、处理器芯片标识符和符号名称的转换时间。

（13）新型设计规则编辑器。应用新的设计规则编辑器，可以轻松创建和管理高级设计规则，通过合理的查询验证接口，可准确理解查询语句之间的关系，避免设计规则冲突。

1.2 启动 Altium Designer 16

启动 Altium Designer 16 非常简单。Altium Designer 16 安装完毕后，系统会在开始菜单中自动生成 Altium Designer 16 应用程序的快捷方式图标。

执行命令"开始"→"Altium Designer"，将会启动 Altium Designer 16 主程序窗口，如图 1-1 所示。

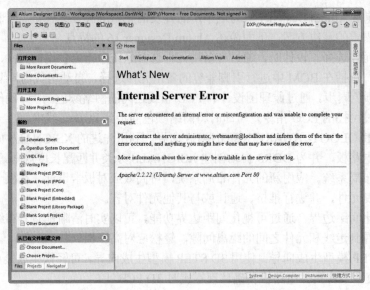

图 1-1　Altium Designer 16 主程序窗口

1.3　Altium Designer 16 设计环境

进入 Altium Designer 16 的主窗口后，立即就能领略到 Altium Designer 16 界面的漂亮、精致、形象和美观，友好的界面环境及智能化的性能为电路设计者提供了最优质的服务。

不同的操作系统在安装完该软件后，首次看到的主窗口可能会有所不同，不过对软件的操作大同小异，本章将介绍最基本的软件工具的使用方法。

Altium Designer 16 的工作面板和窗口与 Protel 软件以前的版本有较大的不同，其主窗口如图 1-2 所示。Altium 主要针对不同类型的文档进行操作，通过工作面板和窗口管理，完成对文档的分类创建与操作，能够极大地提高电路设计的效率。

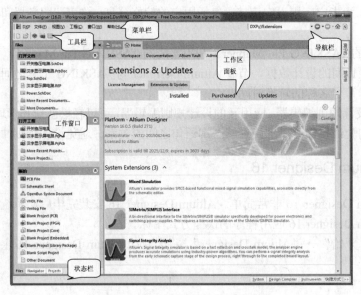

图 1-2　Altium Designer 16 的主窗口

Altium Designer 16 的主窗口类似于 Windows 的界面风格，它主要包括 6 个部分，分别为菜单栏、工具栏、工作窗口、工作面板、状态栏及导航栏。下面简单介绍菜单栏、工具栏和状态栏。

1. 菜单栏

Altium Designer 16 设计系统对于不同类型的文件进行操作时，菜单的内容会发生相应的改变。在原理图编辑环境中，菜单栏如图 1-3 所示。在设计过程中，对原理图的各种编辑都可以通过菜单栏中的相应命令来实现。

图 1-3　菜单工具栏

2. 工具栏

随着编辑器的改变，编辑窗口上会出现不同的工具栏，下面介绍 3 种原理图编辑环境下常用的工具栏。

（1）标准工具栏为用户提供了一些常用的文件操作快捷方式，如打印、缩放、复制、粘贴等，以按钮图标的形式表示出来，如图 1-4 所示。如果将光标悬停在某个按钮图标上，则该图标按钮所要完成的功能就会在图标下方显示出来，便于用户操作。

图 1-4　标准工具栏

（2）布线工具栏用于放置原理图中的元件、电源、接地、端口、图纸符号、未用引脚标志等，同时完成连线操作，如图 1-5 所示。

（3）实用工具栏用于在原理图中绘制所需要的标注信息，不代表电气连接，如图 1-6 所示。

图 1-5　布线工具栏　　　　　　　　　　　图 1-6　实用工具栏

3. 状态栏

在编辑窗口的左下方，状态栏上面会显示鼠标指针目前位置的坐标或当前命令提示。

主窗口的其余部分将在后面章节进行详细讲解。

1.3.1　工作窗口面板

在 Altium Designer 16 中使用大量的工作窗口面板，可以通过工作窗口面板方便地实现打开文件、访问库文件、浏览每个设计文件和编辑对象等各种功能。

工作窗口面板可以分为两类：一类是在任何编辑环境中都有的面板，如库文件（Libraries）面板和工程（Projects）面板；另一类是在特定的编辑环境下才会出现的面板，如 PCB 编辑环境中的导航器（Navigator）面板。本节将介绍面板的打开与显示方法。

1. 面板的3种显示方式

（1）自动隐藏方式。如图1-7所示，面板处于自动隐藏方式。要显示某一工作窗口面板，可以单击相应的标签，工作窗口面板会自动弹出，当光标移开该面板一定时间或者在工作区单击左键，面板会自动隐藏。

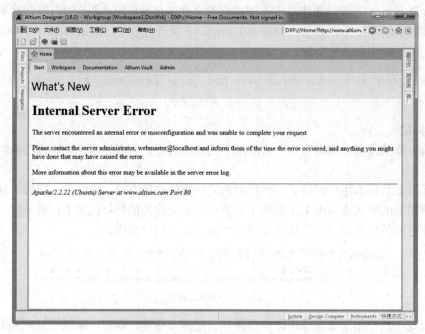

图1-7　自动隐藏方式

（2）锁定显示方式。如图1-8所示，左侧的"Projects（工程）"面板处于锁定显示状态。

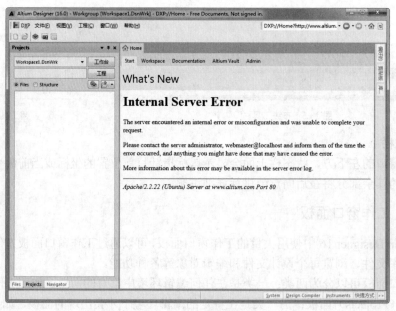

图1-8　锁定显示方式

（3）浮动显示方式。如图1-9所示，其中的Projects（工程）面板处于浮动显示状态。

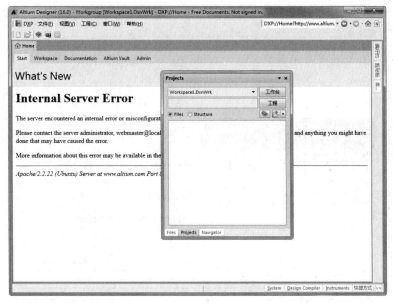

图1-9 浮动显示方式

2．面板显示之间的转换

（1）在工作窗口面板的上边框单击鼠标右键，将弹出面板命令标签。选中"Allow Dock（放置方式）"→"Vertically（垂直的）"选项，如图1-10所示。将光标放在面板的上边框，拖动光标至窗口左边或右边合适位置。松开鼠标，即可以使所移动的面板自动隐藏或锁定。

图1-10 命令标签

（2）要使所移动的面板为自动隐藏方式或锁定显示方式，可以选取 ⚏ 图标（锁定状态）和 ⚏ 图标（自动隐藏状态），然后单击该图标，进行相互转换。

（3）要使工作窗口面板由自动隐藏方式或者锁定显示方式转变到浮动显示方式，只需要鼠标将工作窗口面板向外拖动到希望的位置即可。

1.3.2 窗口

在 Altium Designer 16 的集成开发环境窗口中可以同时打开多个设计文件。各个窗口会叠加在一起，根据设计的需要，即可在设计文件之间来回切换。"窗口"菜单的界面，如图1-11所示。

通过 Windows 菜单对窗口文件进行管理有以下7种形式。

（1）平铺窗口。选择菜单栏中的"窗口"→"平铺"命令，即可将当前所有打开的窗口平铺显示，如图1-12所示。

（2）水平平铺窗口。选择菜单栏中的"窗口"→"水平平铺"命令，即可将当前所有打开的窗口水平平铺显示，如图1-13所示。

（3）垂直平铺窗口。选择菜单栏中的"窗口"→"垂直平铺"命令，即可将当前所有打开的窗口垂直平铺显示，如图1-14所示。

图1-11 "窗口"菜单

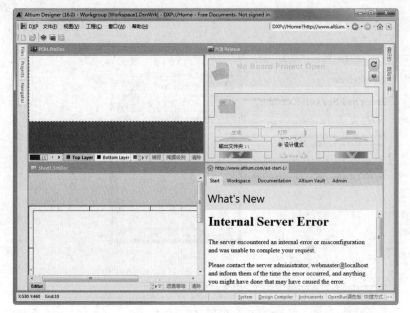

图1-12 平铺窗口

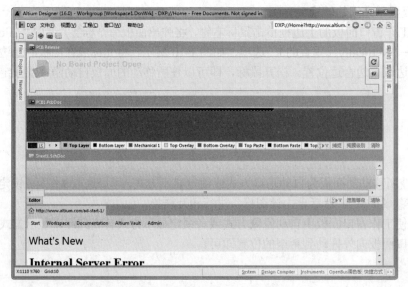

图1-13 窗口水平平铺显示

（4）关闭所有窗口。选择菜单栏中的"窗口"→"关闭所有文档"命令，可以关闭当前所有打开的窗口，也可以选择菜单命令"窗口"→"关闭文档"关闭所有当前打开的文件。

（5）窗口切换。要切换窗口，可以单击窗口的标签，也可以在"窗口"菜单中选中各个窗口的文件名来切换。此外，也可以右击工作窗口的标签栏，在弹出的菜单中选择对窗口进行管理的命令。

（6）合并所有窗口。右击一个窗口的标签，在弹出的菜单中选择"全部合并"命令，可以合并所有窗口，即只显示一个窗口。

（7）在新的窗口打开文件。右击一个窗口的标签，在弹出的菜单中选择"在新窗口打开"命令，即可另外启动一个窗口，打开该窗口的文件。

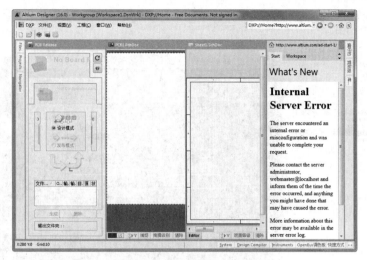

图 1-14 窗口垂直平铺显示

1.3.3 文档

本节简单介绍 Altium Designer 16 中打开的 4 种文档类型，不同类型的文档代表不同的开发环境。

1. 原理图文件开发环境

图 1-15 所示的是 Altium Designer 16 原理图开发环境，其操作界面上有相应的菜单和工具栏。

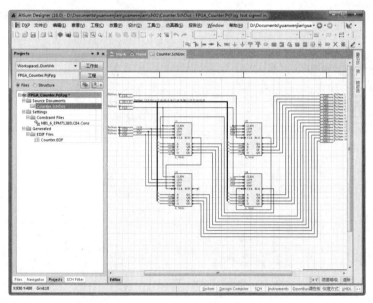

图 1-15 Altium Designer 16 原理图开发环境

2. 印制板电路文件开发环境

图 1-16 所示是 Altium Designer 16 印制板电路开发环境。

3. 仿真编辑环境

图 1-17 所示是 Altium Designer 16 的仿真编辑环境。

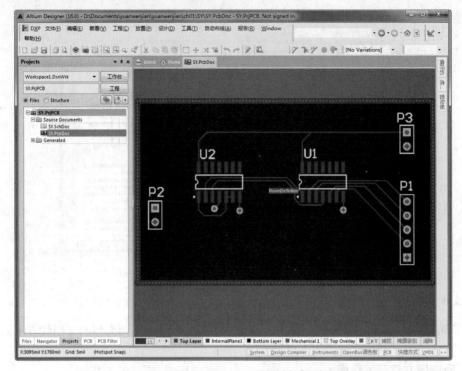

图 1-16　Altium Designer 16 印制板电路开发环境

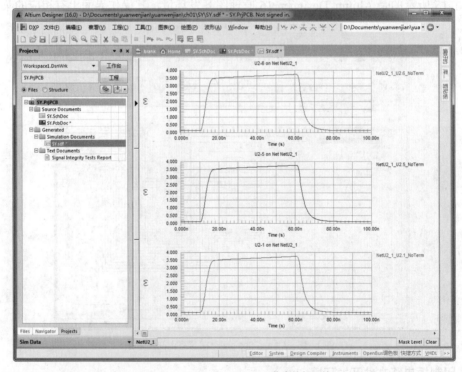

图 1-17　Altium Designer 16 仿真编辑环境

4．VHDL 编辑环境

图 1-18 所示的是 Altium Designer 16 VHDL 编辑环境。

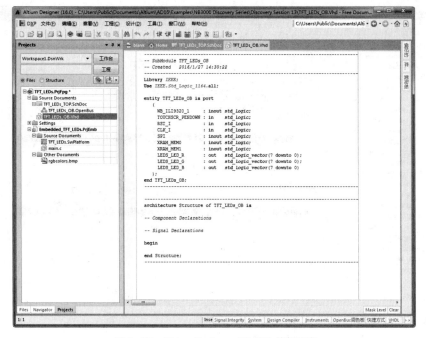

图 1-18 Altium Designer 16 VHDL 编辑环境

1.3.4 栅格设置

Altium Designer 中的原理图或 PCB 图被划分成一个个小方格，被称之为栅格，主要用于元件定位。元件栅格是设定元件和鼠标每次移动的最小距离的，密度大的时候设置小一点，元件密度小的时候设置大一点，一般情况下不修改栅格的大小。按照不同的使用环境，栅格可分为以下 3 种。

（1）可见栅格指图纸中显示的小方格。在原理图中用于元件对齐，在 PCB 中用于计算对象间距。

（2）电气栅格一般用于布线、元件布置，是有间隔要求的，不能离得太近。

（3）捕获栅格一般用在管脚之间连线，鼠标移动时自动捕捉临近的可连接点，方便连线。

对于各种栅格，除了其数值大小可以设置外，其形状、颜色等也可以设置。

选择菜单栏中的"工具"→"设置原理图参数"命令或在原理图图纸上单击鼠标右键，在弹出的快捷菜单中选择"选项"→"设置原理图参数"选项，打开"参数选择"对话框，单击"Grids（栅格）"标签，弹出 Grids（栅格）选项卡，如图 1-19 所示。

1."格点选项"选项区域

"格点选项"区域用于设置栅格的样式与颜色。

（1）可视化栅格。在该选项组下拉列表中显示两种栅格样式："Dot Grid（点栅格）"和"Line Grid（线栅格）"。

（2）栅格颜色。在该选项右侧单击颜色块，弹出"选择颜色"对话框，用于设置栅格颜色，如图 1-20 所示。一般情况下，采用默认设置。

2."英制格点预设"选项区域

"英制格点预设"选项区域用来将网格形式设置为英制网格形式。单击 Altium推荐设置 按钮，弹出图 1-21 所示的菜单。

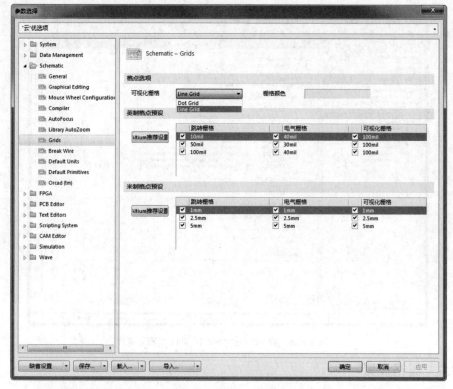

图 1-19 "Grids" 标签页

图 1-20 "选择颜色" 对话框

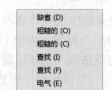

图 1-21 "推荐设置" 菜单

选择某一种形式后，在旁边显示出系统对"跳转栅格""电气栅格"和"可视化栅格"的默认值。用户也可以自己进行设置。

3."米制移点预设"选项

网格形式有英制与公制之分。单击 Altium推荐设置 按钮，会弹出一个小菜单供用户选择。对应于每一种边框形式，捕获网格、电气网格、可视网格都有系统的默认设置值，用户可进行修改。

1.4　工作环境管理

在电路图的设计过程中，其效率性和正确性往往与工作环境的设置有着十分密切的联系。这一节中将详细介绍工作环境的设置，以使读者能熟悉这些设置，为后面的电路图绘制打下良好的基础。

选择"DXP"→"参数选择"命令或选择菜单栏中的"工具"→"设置原理图参数命令"或在原理图图纸上单击鼠标右键，在弹出的快捷菜单中选择"选项"→"设置原理图参数"选项，打开"参数选择"对话框。

1.4.1　设置系统常规环境

Altium Designer 16 的系统参数的设置通过图 1-22 所示的"参数选择"对话框来实现，在"System（系统）"栏下显示 16 个标签页，包括资料备份和自动保存设置、字体设置、工程面板的显示、环境参数设置等。

图 1-22　"参数选择"对话框

下面介绍"General（常规）"选项卡下的参数。

（1）"开始"区域。该区域用于设置软件启动后的界面设置。

☑ 重启最近的工作平台：勾选该复选框后，软件启动后，在主界面自动打开上次打开的窗口。

☑ 如果没有文档打开自动开启主页：勾选该复选框后，软件启动后，自动打开"Home（主页）"窗口。

☑ 显示开始画面：勾选该复选框后，软件启动后，显示开始画面。

（2）"总体"区域。该区域用于设置整个系统不同开发环境的通用参数。

☑ 剪贴板的内容在本次应用中有效：勾选该复选框后，关闭文档后复制的对象不可用。

☑ 系统字体：勾选该复选框，激活"改变"按钮，单击该按钮，弹出"字体"对话框，如图 1-23 所示，设置系统字体。这里设置的字体包括标题栏、工具栏、对话框中的字体。

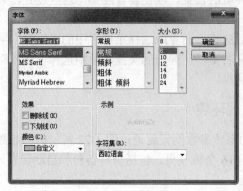

图 1-23 "字体"对话框

（3）"Reload Documents Modified Outside of Altium Designer（重启修改过的文件）"区域。该区域用于设置打开的文件被修改后再次打开的处理操作，包括 3 种处理方法：从不、询问用户、总是。

（4）"本地化"区域。该区域用于设置界面的汉化模式。

1.4.2 设置原理图的常规环境参数

电路原理图的常规环境参数设置通过"Schematic（原理图）"→"General（常规设置）"标签页来实现，如图 1-24 所示。

图 1-24 "General（常规设置）"标签页

（1）"选项"区域

☑ "Break Wires At Autojunctions（自动添加节点）"复选框：勾选该复选框后，在两条交叉线处自动添加节点后，节点两侧的导线将被分割成两段。

☑ "Optimize Wire Buses（最优连线路径）"复选框：选中该复选框后，在进行导线和总线的连接时，系统将自动选择最优路径，并且可以避免各种电气连线和非电气连线的相互重叠。此时，下面的"Components Cut Wires"（元件切割线）复选框也呈现可选状态。若不选中该复选框，则用户可以自己进行连线路径的选择。

☑ "元件割线"复选框：选中该复选框后，会启动使用元器件切割导线的功能，即当放置一个元器件时，若元器件的两个管脚同时落在一根导线上，则该导线将被切割成两段，两个端点自动分别与元器件的两个管脚相连。

☑ "使能 In-Place 编辑（启用即时编辑功能）"复选框：选中该复选框之后，在选中原理图中的文本对象时，如元器件的序号、标注等，两次单击后可以直接进行编辑、修改，而不必打开相应的对话框。

☑ "CTRL+双击打开图纸"复选框：选中该复选框后，按下 Ctrl 键，同时双击原理图文档图标即可打开该原理图。

☑ "转换交叉点"复选框：选中该复选框后，用户在绘制导线时，在重复的导线处自动连接并产生节点，同时终结本次绘制导线操作。若没有选择此复选框，则用户可以随意覆盖已经存在的连线，并可以继续进行绘制线操作。

☑ "显示 Cross-Overs（显示交叉点）"复选框：选中此复选框后，则非电气连线的交叉处会以半圆弧显示出横跨状态。

☑ "Pin 方向（管脚说明）"复选框：选中该复选框后，单击元件某一引脚时，会自动显示该引脚的编号及输入输出特性等。

☑ "图纸入口方向"复选框：选中该复选框后，在顶层原理图的图纸符号中会根据子图中设置的端口属性显示是输出端口、输入端口或其他性质的端口。图纸符号中相互连接的端口部分则不跟随此项设置改变。

☑ "端口方向"复选框：选中该复选框后，端口的样式会根据用户设置的端口属性显示是输出端口、输入端口或其他性质的端口。

☑ "未连接从左到右"复选框：选中该复选框后，由子图生成顶层原理图时，左右可以不进行物理连接。

☑ "使用 GDI+渲染文本+"复选框：勾选该复选框后，可使用 GDI 字体渲染功能，精细到字体的粗细、大小等功能。

☑ "直角拖曳"复选框：勾选该复选框后，在原理图上拖动元件时，与元件相连接的导线只能保持直角。若不勾选该复选框，则与元件相连接的导线可以呈现任意的角度。

☑ "Drag Step"下拉列表：在原理图上拖动元件时，拖动速度包括四种：Medium、Large、Small、Smallest。

（2）"包含剪贴板"选项组

☑ "No-ERC 标记"（忽略 ERC 检查符号）复选框：选中该复选框后，则在复制、剪切到剪贴板或打印时，均包含图纸的忽略 ERC 检查符号。

☑ "参数集"复选框：选中该复选框后，则使用剪贴板进行复制操作或打印时，包含元件的参数信息。

（3）"Alpha 数字后缀（字母和数字后缀）"选项组。该选项组用来设置某些元件中包含多个相同子部件的标识后缀，每个子部件都具有独立的物理功能。在放置这种复合元件时，其内部的多个子部件通常采用"元件标识：后缀"的形式来加以区别。

☑ "字母"选项：选中该单选按钮，子部件的后缀以字母表示，如 U：A，U：B 等。

☑ "数字"选项：选中该单选按钮，子部件的后缀以数字表示，如 U：1，U：2 等。

（4）"管脚余量"选项组

☑ "名称"文本框：用来设置元件的引脚名称与元件符号边缘之间的距离，系统默认值为 5mil。

☑ "数量"文本框：用来设置元件的引脚编号与元件符号边缘之间的距离，系统默认值为 8mil。

（5）"默认电源器件名"选项组

☑ "电源地"文本框：用来设置电源地的网络标签名称，系统默认为"GND"。

☑ "信号地"文本框：用来设置信号地的网络标签名称，系统默认为"SGND"。

☑ "接地"文本框：用来设置大地的网络标签名称，系统默认为"EARTH"。

（6）"过滤和选择的文档范围"下拉列表。该列表用来设置过滤器和执行选择功能时默认的文件范围，有两个选项。

☑ "Current Document"（当前文件）选项：表示仅在当前打开的文档中使用。

☑ "Open Document"（打开文件）选项：表示在所有打开的文档中都可以使用。

（7）"默认空图表尺寸"选项。该选项用来设置默认的空白原理图的尺寸大小，可以单击此按钮选择设置，并在旁边给出相应尺寸的具体绘图区域范围，帮助用户选择。

（8）"分段放置"选项组。该选项组用来设置元件标识序号及引脚号的自动增量数。

☑ "首要的"文本框：用来设置在原理图上连续放置同一种元件时，元件标识序号的自动增量数，系统默认值为 1。

☑ "次要的"文本框：用来设定创建原理图符号时，引脚号的自动增量数，系统默认值为 1。

（9）"默认"选项。该选项用来设置默认的模板文件。可以单击下边的"模板"下拉列表，选择模板文件，选择后，模板文件名称将出现在"模板"文本框中，每次创建一个新文件时，系统将自动套用该模板。也可以单击"清除"按钮清除已经选择的模板文件。如果不需要模板文件，则"模板"文本框中显示"No Default Template Name"（没有默认模板名称）。

1.4.3 设置图形编辑的环境参数

图形编辑的环境参数设置通过"Schematic（原理图）"→"Graphical Editing"（图形编辑）标签页来完成，如图 1-25 所示，主要用来设置与绘图有关的一些参数。

（1）"选项"选项区域。该选项区域主要包括如下设置。

☑ "剪贴板参数"：剪贴板参考，用于设置将选取的元件复制或剪切到剪切板时，是否要指定参考点。如果选定此复选框，进行复制或剪切操作时，系统会要求指定参考点，对于复制一个将要粘贴回原来位置的原理图部分非常重要，该参考点是粘贴时被保留部分的点，建议选定此项。

☑ "添加模板到剪切板"：添加模板到剪切板上。若勾选该复选框，当执行复制或剪切操作时，系统会把模板文件添加到剪切板上。若不勾选该复选框，可以直接将原理图复制到 Word 文档中。建议用户取消选定该复选框。

图 1-25 "Graphical Editing" 标签页

☑ "转化特殊字符串"：转换特殊字符串，用于设置将特殊字符串转换成相应的内容。若勾选此复选框，则当在电路原理图中使用特殊字符串时，显示时会转换成实际字符串，否则将保持原样。

☑ "对象的中心"：对象的中心，该复选框的功能是用来设置当移动元器件时，光标捕捉的是元器件的参考点还是元器件的中心。要想实现该选项的功能，必须取消"对象电气热点"复选框的勾选。

☑ "对象电气热点"：对象的电气热点，勾选该复选框后，将可以通过距离对象最近的电气点移动或拖动对象。建议用户勾选该复选框。

☑ "自动缩放"：自动缩放，用于设置插入组件时，原理图是否可以自动调整视图显示比例，以适合显示该组件。建议用户勾选该复选框。

☑ "否定信号 '\\'"：单一 '\\' 表示负，勾选该复选框后，只要在网络标签名称的第一个字符前加一个'\\'，就可以将该网络标签名称全部加上横线。

☑ "双击运行检查"：双击运行检查器。若勾选该复选框，则当在原理图上双击一个对象时，弹出的不是 "Properties for Schematic Component in Sheet（原理图元件属性）"对话框，而是图1-26 所示的 "SCH Inspector" 对话框。建议用户不勾选该复选框。

☑ "确定被选存储清除"：确定选择存储器清除，若勾选该复选框，在清除选择存储器时，系统将会出现一个确认对话框；否则，确认对话框不会出现。通过这项功能可以防止由于疏忽而清除选择存储器，建议用户勾选此复选框。

☑ "掩膜手册参数"：标记手动参数，用来设置是否显示参数自动定位被取消的标记点。

☑ "单击清除选择"：单击取消选择对象，该选项用于单击原理图编辑窗口内的任意位置来取消对象的选取状态。不勾选此项时，取消元器件被选中状态需要执行菜单命令"编辑"→"取消选中"→"所有打开的当前文件"或单击工具栏图标按钮 来取消元器件的选中状态。当选定该复选框后取消元件的选取状态可以有两种方法：其一，直接在原理图编辑窗口的任意位置单击鼠标左键，即可取消元件的选取状态；其二，执行菜单命令"编辑"→"取消选中"→"所有打开的当前文件"或单击工具栏图示按钮来取消元件的选定状态。

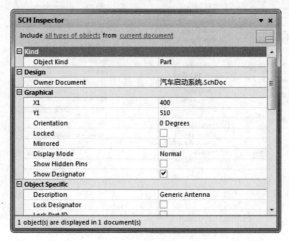

图1-26 "SCH Inspector"对话框

☑ "'Shift'+单击选择"：Shift 单击进行选择，勾选该复选框后，只有在按 Shift 键时，单击鼠标才能选中元件。使用此功能会使原理图编辑很不方便，建议用户不要选中该项。

☑ "一直拖拉"：勾选该复选框后，当移动某一元器件时，与其相连的导线也会被随之拖动，保持连接关系；否则，移动元器件时，与其相连的导线不会被拖动。

☑ "自动放置图纸入口"：勾选该复选框后，系统会自动放置图纸入口。

☑ "保护锁定的对象"：勾选该复选框后，系统会对锁定的图元进行保护；取消勾选该复选框，则锁定对象不会被保护。

☑ "图纸入口和端口使用 Harness 颜色"：勾选该复选框后，将原理图中的图纸入口与电路端口颜色设置为 Harness 颜色。

☑ "重置粘贴的元件标号"：勾选该复选框后，将复制粘贴后的元件标号进行重置。

☑ "Net Color Override（覆盖网络颜色）"：勾选该复选框后，激活网络颜色功能，可单击 🖉· 按钮，设置网络对象的颜色。

（2）"自动扫描选项"选项区域。该区域主要用于设置系统的自动摇景功能。自动摇景是指当鼠标处于放置图纸元件的状态时，如果将光标移动到编辑区边界上，图纸边界自动向窗口中心移动。

选项区域主要包括下设置。

① "类型"下拉菜单：风格下拉菜单，单击该选项右边的下拉按钮，弹出图1-27所示下拉列表，其各项功能如下。

☑ Auto Pan Off：取消自动摇景功能。

☑ Auto Pan Fixed Jump：以步进步长和 Shift 步进步长所设置的值进行自动移动。

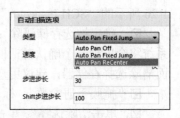

☑ Auto Pan Recenter：重新定位编辑区的中心位置，即以光标所指的边为新的编辑区中心。系统默认为 Auto Pan Fixed Jump。

图1-27 "类型"下拉菜单

② "速度"：通过调节滑块设定自动移动速度。滑块越向右，移动速度越快。

③"步进步长":用于设置滑块每一步移动的距离值,系统默认值为30。

④"Shift 步进步长":用来设置在按 Shift 键时,原理图自动移动的步长。一般该栏的值大于步进步长中的值,这样按 Shift 键后,可以加速原理图图纸的移动速度。系统默认值为100。

(3)"撤销/取消撤销"选项区域。"堆栈尺寸"文本框:用于设置堆栈次数。

(4)"颜色选项"选项区域。用来设置所选对象的颜色。单击后面的颜色选择栏,即可自行设置。

(5)"光标"选项。该选项主要用来设置光标的类型。

在"指针类型"下拉列表中显示光标的类型有 4 种:"Large Cursor 90"(长十字形光标)、"Small Cursor 90"(短十字形光标)、"Small Cursor 45"(短 45°交错光标)、"Tiny Cursor 45"(小 45°交错光标)。系统默认为"Small Cursor 90"。

1.4.4 设置鼠标滚轮属性

在"参数选择"对话框中,单击"Schematic(原理图)"→"Mouse Wheel Configuration(鼠标旋转配置)"标签,弹出"Mouse Wheel Configuration(鼠标旋转配置)"选项卡,如图 1-28 所示。"Mouse Wheel Configuration(鼠标旋转配置)"选项卡主要用来设置鼠标滚轮的功能。

☑ Zoom Main Window:缩放主窗口。有 3 个选项可供选择:Ctrl、Shift 和 Alt。当选中某一个后,按下此键,滚动鼠标滚轮就可以缩放电路原理图。系统默认选择 Ctrl。

☑ Vertical Sroll:垂直滚动。同样有 3 个选项供选择。系统默认不选择,因为在不做任何设置时,滚轮本身就可以实现垂直滚动。

☑ Horizontal Sroll:水平滚动。系统默认选择 Shift。

☑ Change Channel:转换通道。

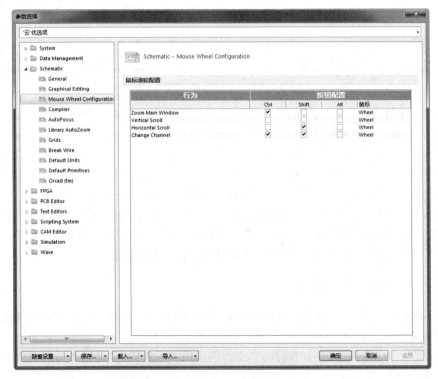

图 1-28 "Mouse Wheel Configuration"选项卡

1.4.5　原理图的自动聚焦设置

在 Altium Designer 16 系统中，提供了一种自动聚焦功能，能够根据原理图中的元件或对象所处的状态（连接或未连接），分别进行显示，便于用户直观快捷地查询或修改。该功能的设置通过"Schematic（原理图）"→"AutoFocus（自动聚焦）"标签页来完成，如图 1-29 所示。

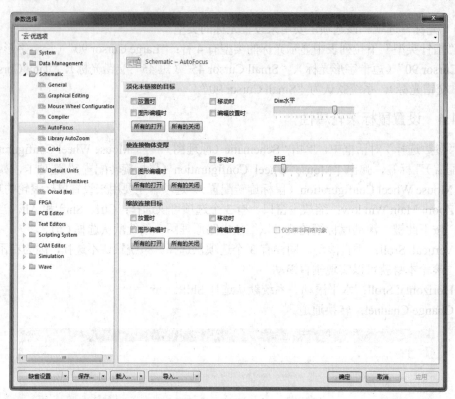

图 1-29　"AutoFocus"选项卡

（1）"淡化未链接的目标"选项区域。该区域用来设置对未连接的对象的淡化显示。有 4 个复选框供选择，分别是"放置时""移动时""图形编辑时"和"编辑放置时"。单击 所有的打开 按钮可以全部选中，单击 所有的关闭 按钮可以全部取消选择。淡化显示的程度可以由右面的滑块来调节。

（2）"使连接物体变厚"选项区域。该区域用来设置对连接对象的加强显示。有 3 个复选框供选择，分别是"放置时""移动时"和"图形编辑时"。其他的设置同上。

（3）"缩放连接目标"选项区域。该区域用来设置对连接对象的缩放。有 5 个复选框供选择，分别是"放置时""移动时""图形编辑时""编辑放置时"和"仅约束非网络对象"。第 5 个复选框在选择了"编辑放置时"复选框后，才能进行选择。其他设置同上。

1.4.6　元件自动缩放设置

元件自动缩放的设置主要通过"Schematic（原理图）"→"Library AutoZoom（元件自动缩放）"标签页完成，"Library AutoZoom"标签页如图 1-30 所示。

该页设置有 3 个选择项供用户选择："在元件切换间不更改""记忆最后的缩放值"和"元件居中"。用户根据自己的实际情况选择即可，系统默认"元件居中"选项。

图1-30 "Library AutoZoom"标签页

1.4.7 电路板单位的设置

在绘制原理图时，使用的单位系统可以是英制单位系统，也可以是公制单位系统，具体设置通过"Schematic（原理图）"→"Default Units（默认单位）"标签页完成，"Default Units"标签页如图1-31所示。

图1-31 "Default Units"标签页

（1）"英制单位系统"选项区域。当选中"使用英制单位系统"复选框后，下面的"使用的英制单位"下拉菜单被激活，在下拉菜单中有 4 种选择，如图 1-32 所示。对于每一种选择，在下面"单位系统"中都有相应的说明。

Mils
Inches
Dxp Defaults
Auto-Imperial

图 1-32 "使用的英制单位"下拉菜单

（2）"米制单位系统"选项区域。当选中"使用公制单位系统"复选框后，下面的"使用的公制单位"下拉菜单被激活，其设置同上。

1.4.8 设置 Orcad 的环境参数

与 Orcad 文件选项有关的设置可以通过"Schematic（原理图）"→"Orcad（tm）"标签页完成，如图 1-33 所示。

（1）"复制封装"选项区域。该区域用来设置元件的 PCB 封装信息的导入/导出。在下拉列表框中有 9 个选项供选择。

若选中 Part Field 1～Part Field 8 中的任意一个，则导入时将相应的零件域中的内容复制到 Altium Designer 16 的封装域中，在输出时将 Altium Designer 16 的封装域中的内容复制到相应的零件域中。若选择 Ignore，则不进行内容的复制。

（2）"Orcad 端口"选项区域。该区域中的复选框用来设置端口的长度是否由端口名称的字符串长度来决定。若选中此复选框，现有端口将以它们的名称的字符串长度为基础重新计算端口的长度，并且它们将不能改变图形尺寸。

图 1-33 "Orcad（tm）"标签页

1.5 元件库

元件是电路图的设计基础，电路图的设计就是对元件的编辑与连接。作为专门的电气设计软件，Altium Designer 为用户提供了包含大量元件的元件库。在绘制电路原理图之前，首先要学会如何使用元件库。

1.5.1 "库"面板

选择菜单栏中的"设计"→"浏览库"命令或在电路原理图或 PCB 编辑环境的右侧单击"System（系统）"，在弹出的菜单中选择"库"选项，即可打开"库"面板，如图 1-34 所示。在该面板中显示系统及工程文件中加载的元件库。

在"元件库"下拉列表中显示加载的库文件，如图 1-35 所示。在该列表中选择不同的元件库，在下面的元件列表中显示不同的元件。

在元件列表中选定元件后，在元件原理图符号窗口、元件属性列表及元件封装符号列表显示该元件的信息。

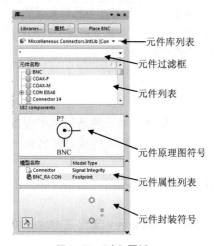

图 1-34 "库"面板

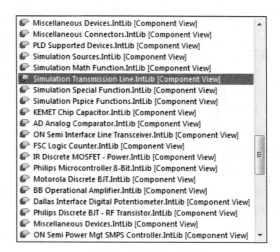

图 1-35 元件库下拉列表

1.5.2 "可用库"对话框

Altium Designer 13 之前的版本中，软件安装后自带庞大的元件库，满足大部分电路图的绘制，而随着电子产品的更新换代速度加快，元件库的数量也越来越大，升级后的软件增加了与互联网的紧密性。安装后的软件中只自带少量的元件库，需要从官网下载完整的元件库，进入官网网址：techdocs.altium.com/display/ADOH/Download+Libraries。

1. 下载元件库

单击"Download all Libraries，in single ZIP file"则下载所有元件库。下载下来后是一个 ZIP 压缩包，对其进行解压，解压出来总共有 107 个文件夹。

也可以根据需要选择相应的元件库下载，比如 Atmel、Altera、AMP 等。

也可将光盘中 Libraries 文件夹下的 Libraries 压缩包解压到安装目录 D:\AD\Library 下，设计样例、模板文件可同样解压到安装目录下。

到这里，完成了元件库的下载与复制，但元件库还没有加载到工程文件中，下面讲解如何加载元件库文件。

2. "可用库"对话框

选择菜单栏中的"设计"→"添加/移除库"命令或单击"库"面板中的 [Libraries...] 按钮，弹出"可用库"对话框，如图 1-36 所示。

图 1-36 "可用库"对话框

　　　由于加载到"库"面板的元件库要占用系统内存，所以当用户加载的元器件库过多时，就会占用过多的系统内存，影响程序的运行。建议用户只加载当前需要的元器件库，即在"工程"选项卡中加载元件库，同时卸载将不需要的元件库。

在"可用库"对话框有 3 个选项卡。

（1）"工程"选项卡

在该选项卡中列出的是当前设计工程所需的库文件；顾名思义，显示的是每个工程设计文件中加载的元件库，根据设计项目需要决定安装哪些库。若关闭该工程文件或打开另外一个工程文件，则显示加载不同的元件库。

通常是将常用元件库放在较高位置，以便对其先进行搜索。可以利用"上移"和"下移"两个按钮来调节元件库在列表中的位置。

单击 添加库(A) (A)... 按钮，弹出"打开"对话框，如图 1-37 所示，在 Library 文件夹中选择要加载的元件库。

图 1-37 "打开"对话框

（2）"Installed（已安装）"选项卡

该选项卡中列出的是当前安装的系统库文件，如图 1-38 所示。不局限于任何工程文件，但若在其余计算机上打开同样的工程文件，若安装的系统库文件不同，则有可能不包括电路图中元件所在库，对后面进行电路板设计有很大影响。

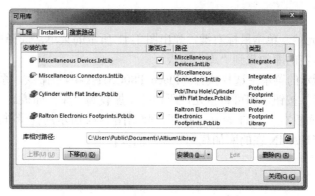

图 1-38 "Installed（已安装）"选项卡

（3）"搜索路径"选项卡

该选项卡列出的是元件查找路径，如图 1-39 所示。单击 路径(P)(D)... 按钮，弹出"工程"选项卡中的路径设置，如图 1-40 所示，在后面的章节进行介绍，这里不再赘述。

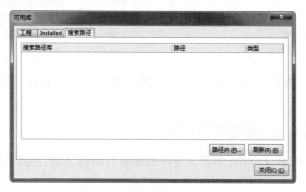

图 1-39 "搜索路径"选项卡

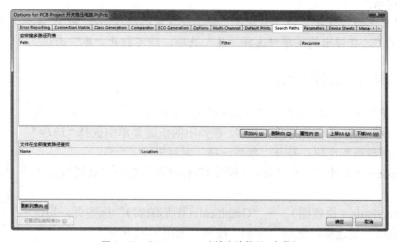

图 1-40 "Search Path（搜索路径）"选项卡

3. 加载元件库

（1）直接加载元件库。当用户已经知道元件所在的库时，就可以直接将其添加到"库"面板中。

（2）查找到元器件后，加载其所在的库。将查找到的元件所在的库加载到"库"面板中，有 3 种方法。

① 选中所需的元件，单击鼠标右键，弹出图 1-41 所示的菜单，选择执行"安装当前库"命令，即可将元件所在的库加载到"库"面板。

② 在图 1-41 所示的菜单中选择执行"Place P80C51FA-4N"命令，系统弹出图 1-42 所示的提示框，单击"是"按钮，即可将该元件所在的库加载到"库"面板。

③ 单击"库"面板右上方的  按钮，弹出图 1-42 所示的提示框，单击 是(M)(Y) 按钮，也可以将元件 P80C51FA-4N 在的库加载到"库"面板。

图 1-41　右击菜单

图 1-42　加载库文件提示框

4．卸载元件库

当不需要一些元件库时，选中不需要的库，然后单击 删除(R) 按钮就可以卸载掉不需要的库。

课堂练习——库面板
的应用

1.5.3　课堂练习——库面板的应用

在原理图文件或 PCB 文件中，熟悉元件库的加载与卸载，同时熟悉"库"面板的使用。

操作提示：

选择菜单栏中的"设计"→"浏览库"命令或在电路原理图或 PCB 编辑环境的右侧单击"System（系统）"，在弹出的菜单中选择"库"选项，即可打开"库"面板。

1.6　课堂案例——设置环境参数

选择"DXP"→"参数选择"命令或选择菜单栏中的"工具"→"设置原理图参数命令"或在原理图图纸上右击，在弹出的快捷菜单中选择"选项"→"设置原理图参数"选项，打开"参数选择"对话框。

打开"System（系统）"→"View（视图）"标签页，选择默认设置，如图 1-43 所示。

课堂案例——设置
环境参数

选择"Schematic（原理图）"→"Graphical（图形编辑）"标签页，勾选"'Shift'+单击选择"复选框，激活"元素"按钮，如图 1-44 所示。

单击"元素"按钮，弹出图 1-45 所示的"必须按定 Shift 选择"对话框，设置按下 Shift 键时，单击鼠标左键才能选中对象。

完成对象选择后，单击"确定"按钮，关闭该对话框，返回"参数选择"对话框，同样的方法，读者可自行练习其余标签页中的选项。

图 1-43 "View（视图）"标签页

图 1-44 "General（常规设置）"标签页

图 1-45 "必须按定 Shift 选择"对话框

完成设置后，单击"确定"按钮，关闭对话框。

1.7 课后习题

1. 熟悉电路原理图、PCB 的编辑环境，并试着设置系统编辑器工作环境参数。
2. 分别进入不同的开发环境，熟悉编辑界面。
3. 通过"库"面板确定元件库路径。
4. 如何设置原理图字体？
5. 如何设置鼠标滚轮参数？

第 **2** 章　工程的管理

内容指南

在 Altium Designer 中，设计的第一步就是生成 Project（工程）。一个工程由一组设计文件构成，这些设计文件的输出定义了一个独立的可执行方案。

Altium Designer 支持多种不同类型的工程，本章将详细介绍工程文件的种类和基本操作。

知识重点

📖　工程文件概述

📖　工程面板

📖　工程选项设置

2.1　工程文件概述

Altium Designer 16 支持工程级别的文件管理，在一个工程文件里包括设计中生成的一切文件。例如，要设计一个收音机电路板，可以将收音机的电路图文件、PCB 文件、设计中生成的各种报表文件及元件的集成库文件等放在一个工程文件中，这样非常便于文件管理。一个工程文件类似于 Windows 系统中的"文件夹"，在工程文件中可以执行对文件的各种操作，如新建、打开、关闭、复制与删除等。但需要注意的是，工程文件只负责管理，在保存文件时，工程中各个文件是以单个文件的形式保存的。

2.1.1　工程文件

工程文件保存了所有关于这个 Project（工程）的设置，包括指向每个设计文档的连接以及所有相关的选项。工程文件本身相当于一个文件夹的功能，它的类型决定整个工程文件的设计目的，但它本身的属性等需要借助于与之相关的设计文档来实现。

具体的一系列关于 Project（工程）的选项设置的保存，则视具体的 Project（工程）类型而定。比如，在一个 PCB Project 中，原理图和 PCB 文件的输出定义了生产一个印刷电路板所需的一系列文件；而在一个 FPGA Project 中，原理图和 HDL 文件可以输出一系列文件用来烧写一个 FPGA 芯片。

图 2-1 所示为任意打开的一个".prjpcb"工程文件。从该图可以看出，该工程文件包含了与整个设计相关的所有文件。

图 2-1　工程文件

2.1.2　自由文件

自由文件是指独立于工程文件之外的文件，Altium Designer 16 通常将这些文件存放在唯一的"Free Document（自由文件）"文件夹中，如图 2-2 所示。自由文件有以下两个来源。

（1）当将某文件从工程文件夹中删除时，该文件并没有从"Project（工程）"面板中消失，而是出现在"Free Document（自由文件）"中，成为自由文件。

（2）打开 Altium Designer 16 的存盘文件（非工程文件）时，该文件将出现在"Free Document（自由文件）"中而成为自由文件。

自由文件的存在方便了设计的进行，将文件从自由文档文件夹中删除时，文件将会彻底被删除。

工程文件在存盘时生成上一页。Altium Designer 16 保存文件时并不是将整个工程文件保存，而是单个保存，工程文件只起到管理的作用。这样的保存方法有利于实施大规模电路的设计。

图 2-2　工程中的自由文件

2.1.3　课堂练习——打开工程文件

演示工程文件中的相关文件不同的打开状态。

课堂练习——打开
工程文件

操作提示：

分别双击打开工程文件*.PrjPcb 及该工程文件之外的文件，显示不同的结果。

2.2　工程文件的分类

Altium Designer 中工程的种类有很多，包括 PCB 工程（*.PrjPcb）、FPGA 工程（*.PrjFpg）、嵌入式工程（*.PrjEmb）、核工程（*.PrjCor）、集成库（*.LibPkg）或（*.IntLib）、脚本工程（*.PrjScr），Altium Designer 支持多种不同的工程，下面分别介绍这些工程文件。

1. PCB 工程（*.PrjPcb）

该类型的工程文件指用于产生 PCB 的一系列文件。下面介绍 PCB 工程的设计方法。

（1）将电子电路绘制成原理图文件，在元件库中找到并放置元件，然后用导线连接元件。

（2）通过网络表将设计信息传递到 PCB 编辑器中，将每个元件转变为封装，元件之间连线转变为点到点的连接。

（3）定义 PCB 的外形及内部半层结构，根据需要设定设计规则，如布线宽度和安全间距。

（4）将所有封装放置在板外框里，将所有的连接用手动或者自动完成的走线替换。

（5）完成 PCB 设计后，导出标准格式的输出文件，用于生产 PCB 和设定贴片机等。

2. FPGA 工程（*.PrjFpg）

该类型的工程文件指用于使用现场可编程器的一系列文件。下面介绍 FPGA 工程的设计方法。

（1）使用原理图或者 HDL 语言（VHDL or Verilog）输入设计文件。

（2）在工程中添加约束文件，用于指定例如目标器件、内部网络 Mapping、网络频率需求、时钟引脚设定等设计需求。

（3）通过一种标准的文件格式（如 EDIF）将设计数据转换成底层的门形式，然后依据文件在指定的元件中完成布局和布线，生成元件的下载文件。

3. 嵌入式工程（*.PrjEmb）

该类型的工程文件指用于生成在电子产品的处理器中运行的应用软件的一系列文件。下面介绍嵌入式工程的设计方法。

（1）采用 C 语言或者汇编语言输入设计文件，当完成代码编写后，所有源文件最终被翻译成为机器代码（object code）。

（2）链接机器代码，将代码映射到指定的存储空间，形成单一的目标输出文件。

4. 核工程（*.PrjCor）

该类型的工程文件指用于生成一种可以应用与 FPGA 的功能元件的 EDIF 表现（或模型）的一系列文件。下面介绍核工程的设计方法。

（1）使用原理图或者 HDL 语言（VHDL 或 Verilog）输入设计文件。

（2）在工程中添加约束文件，用于指定支持的目标元件。

（3）通过一种标准的文件格式（如 EDIF）把设计数据转换成底层的门形式，生成一个在原理图中代表（EDIF）的原理图符号。

5. 集成库（*.LibPkg）&（*.IntLib）

该类型的工程文件用于产生集成库的一系列文件。下面介绍集成库的设计方法。

（1）在库编辑工具中绘制原理图符号。

（2）为原理图符号指定相关的模型。其中，相关的模型包括 PCB 封装、电路仿真模型、信号完整性分析模型和 3D 模型。所有模型文件可以添加到集成封装库（Integrated Library Package, *.LibPkg）中，或者通过路径指定到模型所在的位置。

（3）将原理图符号及所需的模型编译成一个文件——集成库。

6. 脚本工程（*.PrjScr）

该类型的工程文件是用于存储一个或多个 Altium Desinger 脚本的一系列文件。下面介绍脚本工程的设计方法。

（1）在同一个环境中编写和调试脚本。这里有脚本体和脚本窗两种脚本。脚本体是用 DXP 应用程序接口（API）来改变设计文件中的设计目标。脚本窗是用 DXP API 来提供应用于在 Altium Designer 中打开的设计文件脚本对话。

（2）在 Altium Designer 中运行脚本，脚本中一系列的指令将被解释。

2.3 工程面板

工程中的每个文档作为一个单独的文件保存。同一磁盘分区下的文件通过一个相对路径与工程关联，而不同磁盘分区下的文件，则通过一个绝对路径进行关联，而设计输出也同样通过工程文件进行关联。

在 Altium Designer 中，工程文件及一系列相关文件均在"Project（工程）"面板中显示出来。下面详细讲解工程文件在"Project（工程）"面板中的应用。

2.3.1 创建工程

创建工程文件包括直接创建和利用模板创建两种方法。

1．直接创建

在"Files（文件）"面板"新的"选项组下单击"Blank Project（空白工程文件）"选项，直接创建 PCB 工程文件，如图 2-3 所示。

2．利用模板创建项目文件

利用模板创建项目文件同样包括两种不同的方法。

（1）面板命令。在"Files（文件）"面板"从模板创建文件"选项组下单击"PCB Project（PCB 工程）"选项，弹出"New Project（新建工程）"对话框，如图 2-4 所示。

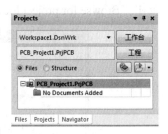

图 2-3　创建工程文件

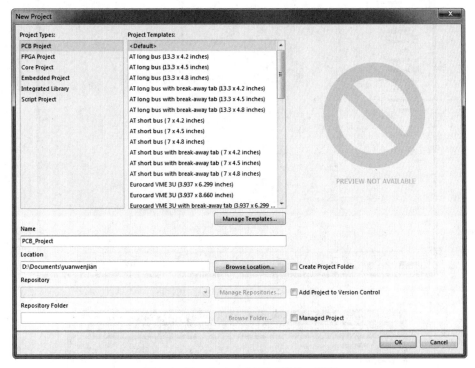

图 2-4　"New Project（新建工程）"对话框

（2）选择菜单栏中的"文件"→"新建"→"Project（工程）"命令，弹出"New Project（新建工程）"对话框。

创建了工程后，需对工程进行属性设置，在"New Project（新建工程）"对话框中，包括以下 9 个选项。

① 在"Project Type（工程类型）"选项组下显示 6 种工程类型。包括 PCB Project（PCB 工程文件）、FPGA Project（编程工程文件）、Core Project（核工程文件）、Embedded Project（另外的工程文件）、Integrated Project（集成工程文件）和 Script Project（脚本工程文件）。

② 在"Project Templates"选项组下显示每一种项目下不同尺寸的模板文件。单击 Manage Templates... 按钮，弹出"参数选择"对话框中的"Data Management（数据管理器）"下的"Templates（模板）"属性页，显示项目模板文件的路径，如图 2-5 所示。

③ 在"Name（名称）"文本框中输入工程文件的名称，默认名称为 PCB_Project，后面新建的工程名称依次添加数字后缀，为 PCB_Project_1、PCB_Project_2 等。

④ 在"Location（路径）"文本框下显示要创建的工程文件的路径，单击 Browse Location... 按钮，

弹出"Browse for project location（搜索工程位置）"对话框，选择路径文件夹，如图 2-6 所示。

图 2-5 "Templates（模板）"属性页

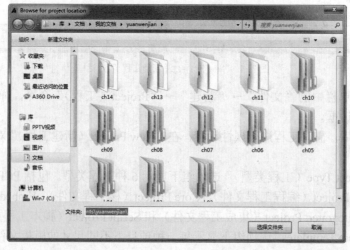

图 2-6 "Browse for project location（搜索工程位置）"对话框

⑤ 在"Repository（设计存储库）"文本框中显示数据文件，勾选"Add Prpject to Version Control（添加版本控制系统）"复选框，激活该选项。单击 Manage Repositories... 按钮，弹出图 2-7 所示"参数选择"对话框中的"Data Management（数据管理器）"下的"Design Respositories（设计存储）"属性页。

⑥ 在"Repository Folder（设计存储库文件夹）"文本框中显示要选择的设计存储库文件的路径。

⑦ "Create Project Folder（生成项目文件夹）"：勾选该复选框，在选择的文件路径内自动添加与工程文件同名的文件夹，并将生成的工程文件保存在该文件夹内。

⑧ "Add Project to Version Control（添加版本控制系统）"：勾选该复选框，激活设计存储库选项。

图 2-7　"Design Respositories（设计存储）"属性页

⑨ "Managed Project（工程管理器）"：勾选该复选框，弹出图 2-8 所示的"Connecting to Altium Value（连接到 Altiun 信息）"对话框，设置 Altium 用户基本信息。

图 2-8　"Connecting to Altium Value（连接到 Altiun 信息）"对话框

2.3.2 工程管理

打开当前编辑的文档，或选中当前文档所在的工程文件，如图 2-9 所示，工程文件与活动的文档文件均高亮显示。在这种情况下，用户可以对工程文件进行以下编辑。

1. 保存工程

选择菜单栏中的"文件"→"保存工程"命令，或在当前工程文件上单击鼠标右键，在弹出的图 2-10 所示快捷菜单中选择"保存工程"命令，则直接保存当前工程文件及工程文件下的所有文档文件。

图 2-9　选中工程文件　　　　　　　　　　　　　图 2-10　右键快捷菜单

2. 另存工程

选择菜单栏中的"文件"→"保存工程为"命令，或在当前工程文件上单击鼠标右键，在弹出的快捷菜单中选择"保存工程为"命令，弹出图 2-11 所示的"Save As（另存为）"对话框，在该对话框中可以为工程文件选择新路径和新名称。单击"保存"按钮，完成新工程的保存。

图 2-11　"Save As（另存为）"对话框

3. 新建文档文件

（1）菜单命令。选择菜单栏中的"文件"→"New（新建）"命令，弹出图 2-12 所示的子菜单，在该菜单中包括多种不同类型的文件，根据需要，选择要创建的文件类型。选择"Embedded（其他）"选项，打开图 2-13 所示的子菜单。该子菜单包括 13 种文件类型。这里选择"原理图"命令，自动在当前工程文件夹下加载新建的原理图文件，如图 2-14 所示。

图 2-12　新建文件菜单　　　　图 2-13　新建其他文件　　　　图 2-14　新建原理图文件

（2）快捷命令。选择右键菜单中的"给工程添加新的"命令，弹出图 2-15 所示的子菜单，该菜单包括 10 种不同类型的文件，根据需要，选择要创建的文件类型。若选择"其他"选项，打开"Files（文件）"面板，加载新建的文件。

图 2-15　快捷菜单

（3）面板命令。打开"Files（文件）"面板，在"新的"栏创建默认的自定义文件，在"从模板新建文件"栏创建包括参考模板的文件，如图 2-16 所示。读者根据不同的需求，选择不同的命令来创建文件。

图 2-16 "Files（文件）"面板

当有多个 Projects（工程）同时打开处于编辑状态时，想选择某个 Project 进行相关动作时，最简单的方法就是在 Projects 面板中右键单击 Project，这时弹出一个快捷菜单，可以对该 Project 进行有关的操作。当前活动的文档是否属于这个 Project 不妨碍对操作的执行。

4．添加文档文件

选择右键菜单中的"添加现有的文件到工程"命令，弹出图 2-17 所示的"Choose Documents to Add to Project（选择添加到工程的文件）"对话框，在该对话框中选择需要加载的文件路径，完成文件选择后，单击"打开"按钮，则选中的文件自动加载到当前工程文件夹下，如图 2-18 所示。

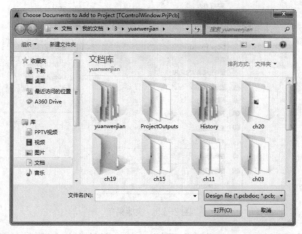

图 2-17 "Choose Documents to Add to Project（选择添加到工程的文件）"对话框

当完成一个工程的创建与保存后，就可以开始添加设计文档，创建空白文档或创建编辑好的文档均可；也可以添加其他跟工程相关的文档，如 Excel 文件、Word 文件或 PDF 文件，在选择文件类型时在下拉列表中选择"All Files（*.*）"即可，如图 2-19 所示。.

图 2-18　加载已有文档

图 2-19　添加其他类型的文档

5．删除文档文件

在需要删除的文件上单击鼠标右键，选择"从工程中移除"命令，如图 2-20 所示，弹出图 2-21 所示的确认对话框，单击"Yes（是）"命令，即将该文件从当前工程中删除。

图 2-20　快捷菜单

图 2-21　确认对话框

2.3.3　课堂练习——创建工程文件

创建大小为 13.3×4.8 英寸（33.78×12.19 厘米）的工程文件。

课堂练习——创建
工程文件

操作提示：

选择菜单栏中的"文件"→"新建"→"Project（工程）"命令，或在"Files（文件）"面板"从模板创建文件"选项组下单击"PCB Project（PCB 工程）"选项，弹出"New Project（新建工程）"对话框，选择工程选项。

2.4　工程选项设置

Altium Designer 16 和其他的 Altium 家族软件一样提供了电气检查规则，可以对检查规则进行设置，然后根据面板中所列出的错误信息来对原理图进行修改。

选择菜单栏中的"工程"→"工程参数"命令，系统将弹出图 2-22 所示的"Options for PCB

Project Boost Converter.PrjPCB"对话框，所有与工程有关的选项都可以在该对话框中进行设置。

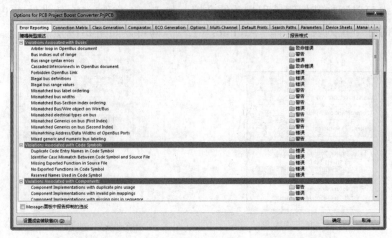

图2-22 "Options for PCB Project Boost Converter.PrjPCB"对话框

在"Options for PCB Project Boost Converter.PrjPCB"对话框中包括以下11个选项卡。

☑ "Error Reporting（错误报告）"选项卡：用于设置原理图的电气检查规则。当进行文件的编译时，系统将根据该选项卡中的设置进行电气规则的检测。

☑ "Connection Matrix（电路连接检测矩阵）"选项卡：用于设置电路连接方面的检测规则。当对文件进行编译时，通过该选项卡的设置可以对原理图中的电路连接进行检测。

☑ "Class Generation（自动生成分类）"选项卡：用于设置自动生成分类。

☑ "Comparator（比较器）"选项卡：当两个文档进行比较时，系统将根据此选项卡中的设置进行检查。

☑ "ECO Generation（工程变更顺序）"选项卡：依据比较器发现的不同，对该选项卡进行设置来决定是否导入改变后的信息，大多用于原理图与PCB间的同步更新。

☑ "Options"（项目选项）选项卡：在该选项卡中可以对文件输出、网络表和网络标号等相关选项进行设置。

☑ "Multi-Channel（多通道）"选项卡：用于设置原理图的多通道设计。

☑ "Default Prints（默认打印输出）"选项卡：用于设置默认的打印输出对象（如网络表、仿真文件、原理图文件以及各种报表文件等）。

☑ "Search Paths（搜索路径）"选项卡：用于设置搜索路径。

☑ "Parameters（参数设置）"选项卡：用于设置工程文件参数。

☑ "Device Sheets（硬件设备列表）"选项卡：用于设置硬件设备列表。

在该对话框的各选项卡中，与原理图检测有关的主要有"Error Reporting（错误报告）"选项卡、"Connection Matrix（电路连接检测矩阵）"选项卡和"Comparator（比较器）"选项卡。当对工程进行编译操作时，系统会根据该对话框中的设置进行原理图的检测，系统检测出的错误信息将在"Messages（信息）"面板中列出。

1. "Error Reporting（错误报告）"选项卡的设置

在该选项卡中可以对各种电气连接错误的等级进行设置。其中的电气错误类型检查主要分为以下6类。其中各栏下又包括不同选项，各选项含义简要介绍如下。

（1）"Violations Associated with Buses（与总线相关的违例）"栏

☑ Arbiter loop in OpenBus document：在包含基于开放总线系统的原理图文档中通过仲裁元件形

成 I/O 端口或 MEM 端口回路错误。

☑ Bus Indices out of range：总线编号索引超出定义范围。总线和总线分支线共同完成电气连接。如果定义总线的网络标号为 D [0…7]，则当存在 D8 及 D8 以上的总线分支线时将违反该规则。

☑ Bus range syntax errors：用户可以通过放置网络标号的方式对总线进行命名。当总线命名存在语法错误时将违反该规则。例如，定义总线的网络标号为 D[0…]时将违反该规则。

☑ Cascaded Interconnects in OpenBus document：在包含基于开放总线系统的原理图文档中互联元件之间的端口级联错误。

☑ Forbidden OpenBus Link：开放总线系统的连接错误。

☑ Illegal bus definition：连接到总线的元件类型不正确。

☑ Illegal bus range values：与总线相关的网络标号索引出现负值。

☑ Mismatched bus label ordering：同一总线的分支线属于不同网络时，这些网络对总线分支线的编号顺序不正确，即没有按同一方向递增或递减。

☑ Mismatched bus widths：总线编号范围不匹配。

☑ Mismatched Bus-Section index ordering：总线分组索引的排序方式错误，即没有按同一方向递增或递减。

☑ Mismatched Bus/Wire object in Wire/Bus：总线上放置了与总线不匹配的对象。

☑ Mismatched electrical types on bus：总线上电气类型错误。总线上不能定义电气类型，否则将违反该规则。

☑ Mismatched Generics on bus（First Index）：总线范围值的首位错误。总线首位应与总线分支线的首位对应，否则将违反该规则。

☑ Mismatched Generics on bus（Second Index）：总线范围值的末位错误。

☑ Mismatching Address/Data WIDTH of OpenBus Ports：总线的地址/数据端口不匹配错误。

☑ Mixed generic and numeric bus labeling：与同一总线相连的不同网络标识符类型错误，有的网络采用数字编号，而其他网络采用了字符编号。

（2）"Violations Associated with Components（与元件相关的违例）"栏

☑ Component Implementations with Duplicate Pins Usage：原理图中元件的引脚被重复使用。

☑ Component Implementations with Invalid Pin Mappings：元件引脚与对应封装的引脚标识符不一致。元件引脚应与引脚的封装一一对应，不匹配时将违反该规则。

☑ Component Implementations with Missing Pins in Sequence：按序列放置的多个元件引脚中丢失了某些引脚。

☑ Components Containing Duplicate Sub-parts：元件中包含了重复的子元件。

☑ Components with Duplicate Implementations：重复实现同一个元件。

☑ Components with Duplicate Pins：元件中出现了重复引脚。

☑ Duplicate Component Models：重复定义元件模型。

☑ Duplicate Part Designators：元件中存在重复的组件标号。

☑ Errors in Component Model Parameters：元件模型参数错误。

☑ Extra Pin Found in Component Display Mode：元件显示模式中出现多余的引脚。

☑ Mismatched Hidden Pin Connections：隐藏引脚的电气连接存在错误。

☑ Mismatched Pin Visibility：引脚的可视性与用户的设置不匹配。

☑ Missing Component Model Parameters：元件模型参数丢失。

☑ Missing Component Models：元件模型丢失。

☑ Missing Component Models in Model Files：在元件所属库文件中找不到元件模型。

☑ Missing Pin Found in Component Display Mode：在元件的显示模式中缺少某一引脚。

☑ Models Found in Different Model Locations：元件模型在另一路径（非指定路径）中找到。

☑ Sheet Symbol with Duplicate Entries：原理图符号中出现了重复的端口。为避免违反该规则，建议用户在进行层次原理图的设计时，在单张原理图上采用网络标号的形式建立电气连接，而不同的原理图间采用端口建立电气连接。

☑ Un-Designated Parts Requiring Annotation：未被标号的元件需要分开标号。

☑ Unused Sub-Part in Component：集成元件的某一部分在原理图中未被使用。通常对未被使用的部分采用空引脚的方法，即不进行任何的电气连接。

（3）"Violations Associated with Documents（与文档关联的违例）"栏

☑ Conflicting Constraints：规则冲突。

☑ Duplicate Sheet Numbers：电路原理图编号重复。

☑ Duplicate Sheet Symbol Names：原理图符号命名重复。

☑ Missing Child Sheet for Sheet Symbol：工程中缺少与原理图符号相对应的子原理图文件。

☑ Missing Configuration Target：配置目标丢失。

☑ Missing sub-Project Sheet for Component：元件的子工程原理图丢失。有些元件可以定义子工程，当定义的子工程在固定的路径中找不到时将违反该规则。

☑ Multiple Configuration Targets：多重配置目标。

☑ Multiple Top-Level Documents：定义了多个顶层文档。

☑ Port not Linked to Parent Sheet Symbol：子原理图电路与主原理图电路中端口之间的电气连接错误。

☑ Sheet Entry not Linked Child Sheet：电路端口与子原理图间存在电气连接错误。

（4）"Violations Associated with Nets（与网络关联的违例）"栏

☑ Adding Hidden Net to Sheet：原理图中出现隐藏的网络。

☑ Adding Items from Hidden Net to Net：从隐藏网络添加子项到已有网络中。

☑ Auto-Assigned Ports To Device Pins：自动分配端口到元件引脚。

☑ Duplicate Nets：原理图中出现了重复的网络。

☑ Floating Net Labels：原理图中出现不固定的网络标号。

☑ Floating Power Objects：原理图中出现了不固定的电源符号。

☑ Global Power-Object Scope Changes：与端口元件相连的全局电源对象已不能连接到全局电源网络，只能更改为局部电源网络。

☑ Net Parameters with No Name：存在未命名的网络参数。

☑ Net Parameters with No Value：网络参数没有赋值。

☑ Nets Containing Floating Input Pins：网络中包含悬空的输入引脚。

☑ Nets Containing Multiple Similar Objects：网络中包含多个相似对象。

☑ Nets with Multiple Names：网络中存在多重命名。

☑ Nets with No Driving Source：网络中没有驱动源。

☑ Nets with Only One Pin：存在只包含单个引脚的网络。

☑ Nets with Possible Connection Problems：网络中可能存在连接问题。

☑ Sheets Containing Duplicate Ports：原理图中包含重复端口。

☑ Signals with Multiple Drivers：信号存在多个驱动源。

☑ Signals with No Driver：原理图中信号没有驱动。

☑ Signals with No Load：原理图中存在无负载的信号。

☑ Unconnected Objects in Net：网络中存在未连接的对象。

☑ Unconnected Wires：原理图中存在未连接的导线。

（5）"Violations Associated with Others（其他相关违例）"栏

☑ Object Not Completely within Sheet Boundaries：对象超出了原理图的边界，可以通过改变图纸尺寸来解决。

☑ Off-Grid Object：对象偏离格点位置将违反该规则。使元件处在格点的位置有利于元件电气连接特性的完成。

（6）"Violations Associated with Parameters（与参数相关的违例）"栏

☑ Same Parameter Containing Different Types：参数相同而类型不同。

☑ Same Parameter Containing Different Values：参数相同而值不同。

"Error Reporting"（报告错误）选项卡的设置一般采用系统的默认设置，但针对一些特殊的设计，用户则需对以上各项的含义有一个清楚的了解。如果想改变系统的设置，则应单击每栏右侧的"Report Mode"（报告模式）选项进行设置，包括 No Report（不显示错误）、Warning（警告）、Error（错误）和 Fatal Error（严重的错误）4 种选择。系统出现错误时是不能导入网络表的，用户可以在这里设置忽略一些设计规则的检测。

2．"Connection Matrix（电路连接检测矩阵）"选项卡

在该选项卡中，用户可以定义一切与违反电气连接特性有关报告的错误等级，特别是元件引脚、端口和原理图符号上端口的连接特性。当对原理图进行编译时，错误的信息将在原理图中显示出来。要想改变错误等级的设置，单击选项卡中的颜色块即可，每单击一次颜色块，错误等级就改变一次。"Connection Matrix（电路连接检测矩阵）"选项卡与"Error Reporting（报告错误）"选项卡一样，也包括 4 种错误等级，即 No Report（不显示错误）、Warning（警告）、Error（错误）和 Fatal Error（严重的错误）。如图 2-23 所示。当对工程进行编译时，该选项卡的设置与"Error Reporting（报告错误）"选项卡中的设置将共同对原理图进行电气特性的检测。所有违反规则的连接将以不同的错误等级在"Messages（信息）"面板中显示出来。单击"设置成安装缺省"按钮，可恢复系统的默认设置。对于大多数的原理图设计保持默认的设置即可，但对于特殊原理图的设计则需用户进行一定的改动。

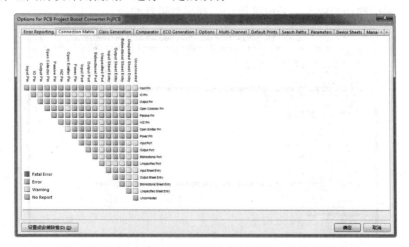

图 2-23 "Connection Matrix（电路连接检测矩阵）"选项卡设置

2.5 课堂案例——设置工程参数

工程文件下包含不同类型的文件，工程参数是相对于整个工程文件来设置的，设置步骤如下。

（1）单击"标准"工具栏中的"打开"按钮 📂，打开工程文件 Mixer.PrjPcb，任意打开工程文件下的原理图文件或 PCB 文件，如图 2-24 所示。

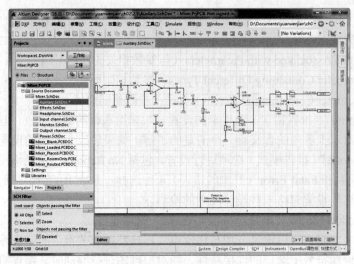

图 2-24　打开工程文件

（2）选择菜单栏中的"工程"→"工程参数"命令，系统将弹出"Options for PCB Project（PCB 工程的选项）"对话框。

① 打开"Error Reporting（错误报告）"选项卡，设置报告模式。

a. 在"Violations Associated with Components（与元件相关的违例）"栏设置"Missing Component Models in Model Files（元件模型在所属库文件中找不到）"选项的报告模式为"致命错误"，如图 2-25 所示。由于元件库文件的路径变换，导致元件查找不到所在库文件，引起对应的封装无定法查找，无法进行后期电路板设计。通过此项的设置，可以检查库文件是否能与工程文件中设置的路径对应上，若出现报错，则需要进行修改。

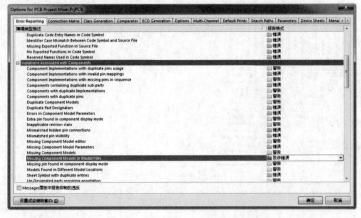

图 2-25　"Options for PCB Project（PCB 工程的选项）"对话框 1

b. 在"Violations Associated with Documents（与文档关联的违例）"栏设置"Duplicate Sheet Numbers（电路原理图编号重复）"报告模式为"错误"，如图 2-26 所示。

② 打开"Connection Matrix（电路连接检测矩阵）"选项卡，多次单击"Passive Pin（未定义管脚）"与"Unconnected（未连接）"选项，将颜色块设置为红色，Fatal Error（严重的错误），如图 2-27 所示。

（3）单击"确定"按钮，关闭该对话框，完成工程选项的设置。

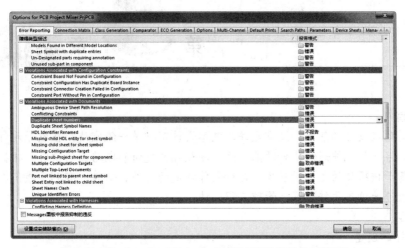

图 2-26　"Options for PCB Project（PCB 工程的选项）"对话框 2

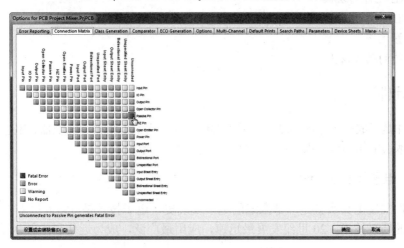

图 2-27　"Options for PCB Project（PCB 工程的选项）"对话框 3

2.6　课后习题

1. 工程文件包括几类，分别是哪几类？
2. 工程文件的创建方法有几种？
3. 如何对工程选项参数进行设置？
4. 设置工程选项的目的是什么？
5. 自由文件与工程文件有什么区别，如何转换两种文件？

第 **3** 章 元件的管理

内容指南

元件是电路板设计的基石，没有元件，电路设计不过是一纸空谈。在电子元件技术不断更新的环境下，丰富的元件封装库资源依旧无法满足日益更新的电路图的设计。根据工程项目的需要，建立基于该项目的元件封装库，自行制作特定的元件、封装，有利于我们在以后的设计中更加方便快速地调入元件封装，管理工程文件。

知识重点

- 📖 元件的创建
- 📖 CAE 元件的绘制
- 📖 PCB 封装的绘制
- 📖 放置元件
- 📖 元件的属性设置

3.1 电子元件

电子元件是组成电子产品的基础，常用的电子元件有：电阻器、电容器、电感器、电位器、变压器等。本书中如不做特殊说明，元件、器件统称为元件。

3.1.1 电子元件的分类

电子元件发展史其实就是一部浓缩的电子发展史。电子技术是 19 世纪末、20 世纪初开始发展起来的新兴技术，20 世纪发展最迅速，应用最广泛，成为近代科学技术发展的一个重要标志。

由于社会发展的需要，电子装置变得越来越复杂，这就要求了电子装置必须具有可靠性、速度快、消耗功率小以及质量轻、小型化、成本低等特点。自 20 世纪 50 年代提出集成电路的设想后，由于材料技术、器件技术和电路设计等综合技术的进步，在 20 世纪 60 年代研制成功了第一代集成电路。在半导体发展史上，集成电路的出现具有划时代的意义：它的诞生和发展推动了铜芯技术和计算机的进步，使科学研究的各个领域以及工业社会的结构发生了历史性变革。凭借卓越的科学技术所发明的集成电路使研究者有了更先进的工具，进而产生了许多更为先进的技术。这些先进的技术又进一步促使更高性能、更廉价的集成电路的出现。对电子元件来说，体积越小，集成度越高；响应时间越短，计算处理的速度就越快；传送频率就越高，传送的信息量就越大。半导体工业和半导体技术被称为现代工业的基础，同时也已经发展称为一个相对独立的高科技产业。

1. 元件

工厂在加工时没改变原材料分子成分的产品可称为元件，元件属于需要消耗能源的器件，元件分为电路类元件和连接类元件两大类。

（1）电路类元件：二极管、电阻器等。

（2）连接类元件：连接器、插座、连接电缆、印刷电路板（PCB）。

2. 器件

工厂在生产加工时改变了原材料分子结构的产品称为器件。器件分为主动器件和分立器件两类。

（1）主动器件的主要特点：①自身消耗电能；②需要外界电源。

（2）分立器件分为双极性晶体三极管、场效应晶体管、可控硅、半导体电阻电容。

本书中如不做特殊说明，元件、器件统称为元件，下面简单介绍不同的元件。

（1）电阻器。电阻器在电路中用"R"加数字表示，如 R1 表示编号为 1 的电阻器。电阻器在电路中的主要作用是分流、限流、分压、偏置等。

（2）电容器。电容器在电路中一般用"C"加数字表示（如 C13 表示编号为 13 的电容器）。电容器是由两片金属膜紧靠，中间用绝缘材料隔开而组成的元件。电容的特性主要是隔直流通交流。

电容器的容量大小表示能储存电能的大小，电容对交流信号的阻碍作用称为容抗，它与交流信号的频率和电容量有关。

（3）晶体二极管。晶体二极管在电路中常用"D"加数字表示，如 D5 表示编号为 5 的二极管。

作用：二极管的主要特性是单向导电性，也就是在正向电压的作用下，导通电阻很小；而在反向电压作用下导通电阻极大或无穷大。

因为二极管具有上述特性，所以常把它用在整流、隔离、稳压、极性保护、编码控制、调频调制和静噪等电路中。

（4）电感器。电感器在电子制作中虽然使用不多，但在电路中同样重要。电感器和电容器一样，也是一种储能元件，它能把电能转变为磁场能，并在磁场中存储能量。电感器用符号 L 表示，它的基本单位是亨利（H），常用毫亨（mH）为单位。它经常和电容器一起工作，构成 LC 滤波器、LC 振荡器等。另外，利用电感的特性，还可制造阻流圈、变压器、继电器等。

（5）继电器。继电器是一种电子控制器件，它包括控制系统（又称输入回路）和被控电子元件系统（又称输出回路），通常应用于自动控制电路中，它实际上是用较小的电流去控制较大电流的一种"自动开关"，故在电路中起着自动调节、安全保护、转换电路等作用。

（6）三极管。三极管在中文含义里面只是对三个脚的放大器件的统称，而在电路中使用的三极管，是英汉字典里面"三极管"这个词汇的唯一英文翻译 Triode。

（7）连接器。连接器，即 Connector，也称作接插件、插头和插座，一般是指电连接器，即连接两个有源器件的器件，传输电流或信号。

（8）电位器。电位器是用于分压的可变电阻器。在裸露的电阻体上的电子元件，紧压着一至两个可移动金属触点，触点位置确定电阻体任一端与触点间的阻值。

（9）传感器。传感器能感受规定的被测量并按照一定的规律转换成可用信号的器件或装置，通常由敏感元件和转换元件组成。

（10）电声器件。电声器件指电和声相互转换的器件，它是利用电磁感应、静电感应或压电效应等来完成电声转换的，包括扬声器、耳机、传声器和唱头等。

3. 集成电路

集成电路是一种采用特殊工艺，将晶体管、电阻、电容等元件集成在硅基片上而形成的具有一定功能的器件，英文缩写为 IC，也俗称芯片。

（1）模拟集成电路是指由电容、电阻、晶体管等元件集成在一起用来处理模拟信号的模拟集成电路。有许多的模拟集成电路，如集成运算放大器、比较器、对数和指数放大器、模拟乘（除）法器、锁相环、电源管理芯片等。模拟集成电路的主要构成电路有：放大器、滤波器、反馈电路、基准源电路、开关电容电路等。模拟集成电路主要是通过有经验的设计师进行手动的电路调试、模拟而得到，与此相对应的数字集成电路大部分是通过使用硬件描述语言在 EDA 软件的控制下自动地综合产生。

（2）数字集成电路是将元件和连线集成于同一半导体芯片上而制成的数字逻辑电路或系统。根据数字集成电路中包含的门电路或元、器件数量，可将数字集成电路分为小规模集成（SSI）电路、中规模集成（MSI）电路、大规模集成（LSI）电路、超大规模集成（VLSI）电路和特大规模集成（ULSI）电路。小规模集成电路包含的门电路在 10 个以内，或元件数不超过 100 个；中规模集成电路包含的门电路为 11～100 个，或元件数为 101～1000 个；大规模集成电路包含的门电路为 100 个以上，或元件数为 1000～10000 个；超大规模集成电路包含的门电路为 1 万个以上，或元件数为 10000～100000 个；特大规模集成电路的元件数为 100000～1000000 个。数字集成电路包括基本逻辑门、触发器、寄存器、译码器、驱动器、计数器、整形电路、可编程逻辑器件、微处理器、单片机、DSP 等。

3.1.2 元件类型定义

很多的 Altium 用户，特别是新的用户对这三者（PCB 封装、CAE 原理图符号和元件类型）非常容易搞混淆，总之，只要记住 PCB 封装和 CAE（逻辑封装）只是一个具体的封装，不具有任何电气特性，它是元件类型的一个组成部分，是元件类型在设计中的一个实体表现。所以当建好一个 PCB 封装或者 CAE 封装时，需要注明该封装所属元件类。元件既可在原理图库中创建，也可以在 PCB 库中创建。

PCB 封装是一个实际零件在 PCB 上的脚印图形，如图 3-1 所示，有关这个脚印图形的相关资料都存放在库文件 XXX.PcbLib 中，它包含各个引脚之间的间距及每个引脚在 PCB 各层的参数、元件外框图形、元件的基准点等等信息。所有的 PCB 封装只能在 Altium 的封装库中建立。

CAE 封装是零件在原理图中的一个电子符号，如图 3-2 所示。有关它的资料都存放在库文件 XXX.SchLib 中，这些资料描述了这个电子符号各个引脚的电气特性及外形等。CAE 封装只能在原理图库编辑器中建立。

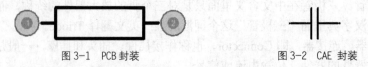

图 3-1　PCB 封装　　　　　　　　　　图 3-2　CAE 封装

元件类型在库管理器中用元件图标来表现，它不像 PCB 封装和 CAE 封装那样每一个封装名都有唯一的元件封装与其对应，而元件类型是一个类的概念，所以在 Altium 系统中称它为元件类型。

对于元件封装，Altium 巧妙地使用了这种类的管理方法来管理同一个类型的元件有多种封装的情况。在 Altium 中，一个元件类型（也就是一个类）中可以最多包含 4 种不同的 CAE 封装和 16 种不同的 PCB 封装，当然这些众多的封装中每一个的优先权都不同。

3.2 元件的创建

当将一个元件添加到当前的工程设计中时，从库中去寻找的不是 PCB 封装名，也不是 CAE 封装名，而是包含这个元件封装的元件类型名，元件类型的资料存放在库文件 XXX.IntLib 中。当调用某元件时，系统一定会先从 XXX. IntLib 库中按照输入的元件类型名寻找该元件的元件类型名称，然后再依据这个元件类型中包含的资料里所指示的 PCB 封装名称或 CAE 封装名称到库 XXX.PcbLib 或 XXX. SchLib 中去找出这个元件类型的具体封装，进而将该封装调入当前的设计中。

3.2.1 创建集成元件库

Altium Designer 16 为用户提供了集成形式的库文件，将原理图元件库和与其对应的模型库文件如 PCB 元件封装库、SPICE 和信号完整性模型等集成到一起。通过集成库文件，极大地方便用户设计过程中的各种操作。创建一个新的集成元件库的方法如下。

（1）选择菜单栏中的"文件"→"New（新建）"→"Project（工程）"命令，弹出"New Project（新建工程）"对话框，在该对话框中显示了工程文件类型，如图 3-3 所示。

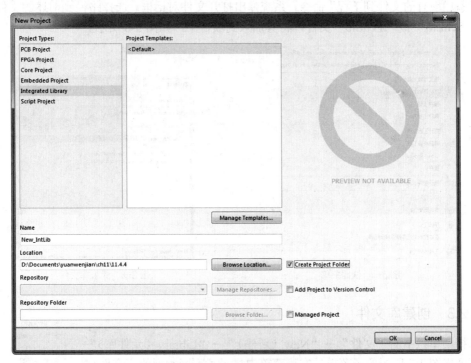

图 3-3 "New Project（新建工程）"对话框

（2）默认选择"Interated Library（集成工程文件）"选项及"Default（默认）"选项，在"Name（名称）"文本框中输入文件名称"New_IntLib"，在"Location（路径）"文本框中选择文件路径。完成设置后，单击 OK 按钮，关闭该对话框。

（3）将这个新的集成库文件包工程，命名为"Integrated_Library.LibPkg"并保存，如图 3-4 所示。该库文件包工程中目前还没有文件加入，用户需要在该工程中加入原理图元件库和 PCB 元件封装库。

图 3-4　创建集成库文件

3.2.2　添加库文件

在"Projects"（工程）面板中，右击".LibPkg"选项，在弹出的图 3-5 所示的快捷菜单中单击"添加现有的文件到工程"命令，系统弹出打开文件对话框。选择路径到前述的文件夹下，打开".SchLib"和".PcbLib"文件，将其加入到项目中，如图 3-6 所示。

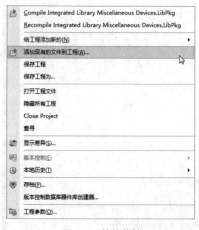

图 3-5　快捷菜单

图 3-6　添加库文件

3.2.3　创建库文件

图 3-7　创建库文件菜单

选择菜单栏中的"文件"→"New（新建）"→"Library（元件库）"命令，弹出图 3-7 所示的子菜单，在该菜单中显示了不同类型的库文件。

1. 原理图库文件

选择"原理图库"命令，启动原理图库文件编辑器，并创建一个新的原理图库文件，默认名称命名为 SchLib1.SchLib，如图 3-8 所示。

进入原理图库文件编辑器之后，单击工作面板标签栏中的"SCH Library（SCH 元件库）"，即可显示"SCH Library（SCH 元件库）"面板。原理图库文件面板是原理图库文件编辑环境中的专用面板，几乎包含了用户创建的库文件的所有信息，用来对库文件进行编辑管理，如图 3-9 所示。

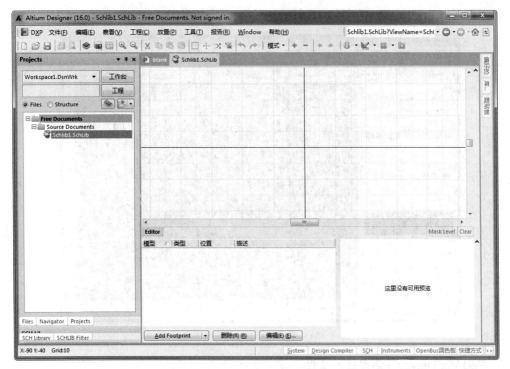

图 3-8　创建原理图库文件

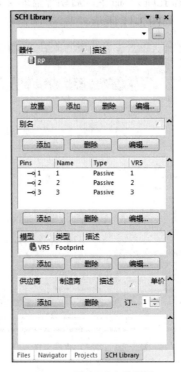

图 3-9　原理图库文件面板

2. PCB 封装库文件

选择 "PCB 元件库" 命令，启动封装库文件编辑器，并创建一个新的 PCB 封装库文件，默认名称为 PcbLib1.PcbLib，如图 3-10 所示。

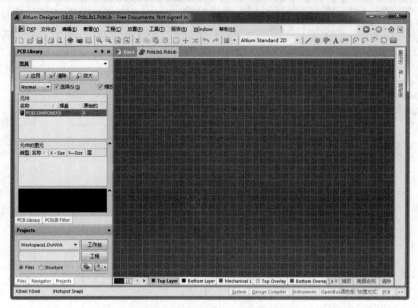

图 3-10　创建封装库文件

3．Pad Via Library（焊盘库）文件

选择"Pad Via Library（焊盘孔库）"命令，启动焊盘库文件编辑器，并创建一个新的焊盘库文件，命名为 PvLib1.PvLib，如图 3-11 所示。

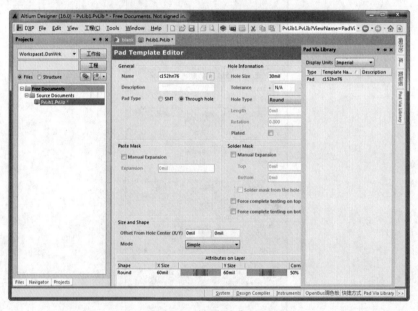

图 3-11　创建焊盘库文件

4．VHDL 库文件

选择"VHDL 库"命令，启动 VHDL 库文件编辑器，并创建一个新的 VHDL 库文件，命名为 VHDLLibrary1.VHDLIB，如图 3-12 所示。

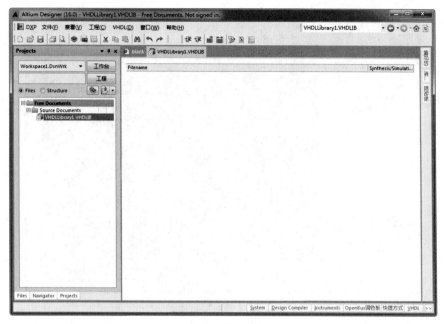

图 3-12　创建 VHDL 库文件

5．仿真模型库文件

选择"仿真模型文件"命令，启动仿真模型库文件编辑器，并创建一个新的仿真模型库文件，命名为 SimModel1. SimModel，如图 3-13 所示。

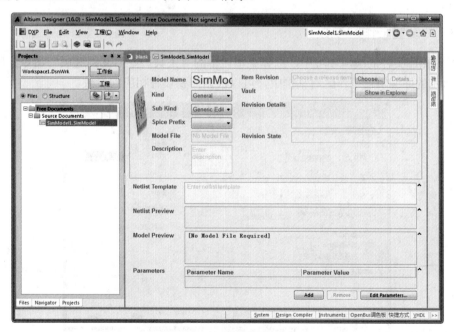

图 3-13　创建仿真模型库文件

6．PCB 3D 库文件

选择"PCB 3D 库"命令，启动 PCB 3D 库文件编辑器，并创建一个新的 PCB 3D 库文件，命名为 PCB3DviewLib1.PCB3DLib，如图 3-14 所示。

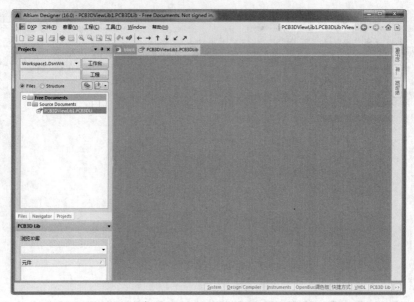

图 3-14　创建 PCB 3D 库文件

3.3　CAE 元件的绘制

Altium Designer 16 中提供的原理图库编辑器可以用来创建、修改 CAE 原理图元件以及管理元件库。

3.3.1　设置工作区参数

在原理图库文件的编辑环境中，选择菜单栏中的"工具"→"文档选项"命令，则弹出的图 3-15 所示的库编辑器工作区对话框中，可以根据需要设置相应的参数。

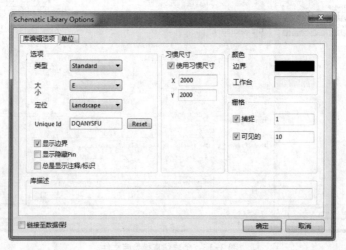

图 3-15　设置工作区参数

该对话框与原理图编辑环境中的"文档选项"对话框的内容相似，所以这里只介绍其中个别选项的含义，其他选项用户可以参考原理图编辑环境中的"文档选项"对话框进行设置。

☑ "显示隐藏 Pin（显示隐藏引脚）"复选框：用于设置是否显示库元件的隐藏引脚。隐藏引脚被显示出来，并没有改变引脚的隐藏属性。要改变其隐藏属性，只能通过引脚属性对话框来完成。

☑"习惯尺寸"选项组：用于用户自定义图纸的大小。

☑"库描述"文本框：用于输入原理图元件库文件的说明。在该文本框中输入必要的说明，可以为系统进行元件库查找提供相应的帮助。

3.3.2　创建新的元件

1. 元件重命名

在原理图库面板列表中选中 Componet_1，选择菜单栏中的"工具"→"重新命名元件"命令，在弹出的"Rename Component（重命名元件）"对话框中输入新的可以唯一确定元件的名字，如图 3-16 所示。

在"SCH Library（SCH 元件库）"面板上，直接单击原理图符号名称栏下面的 编辑 按钮，弹出"Library Component Properties（库元件属性）"对话框，如图 3-17 所示，在"Symbol Reference（参考符号）"栏输入元件名称。

图 3-16　"Rename Component（重命名元件）"对话框

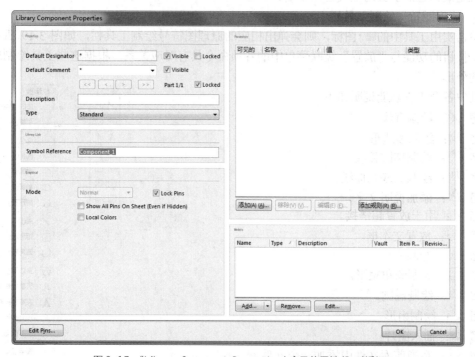

图 3-17　"Library Component Properties（库元件属性）"对话框

2. 创建新元件

要在一个打开的库中创建新的原理图元件，包括 3 种方法。

（1）选择菜单栏中的"工具"→"新器件"命令。

（2）单击"实用"工具栏中的"产生器件"按钮 ▦。

（3）在"SCH Library（SCH 元件库）"面板上，直接单击原理图符号名称栏下面的 添加 按钮。

执行上述命令后，弹出"New Component Name（新元件名称）"对话框，如图 3-18 所示，可以在此对话框内输入要绘制的库文件名称。但是因为一个新的库都会带有一个空的元件图纸，默认名称为 Component_1，因此创建的新元件默认名称为 Component_2，在该对话框中同时可以修改元件名称。

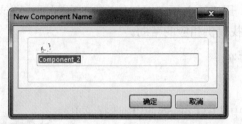

图 3-18 "New Component Name（新元件名称）"对话框

3. 确定绘制原点

选择菜单栏中的"编辑"→"跳转"→"原点"命令，或按快捷键"J+O"将图纸原点调整到设计窗口的中心。检查屏幕左下角的状态线以确定是否定位到了原点。

Altium 公司提供的元件均创建于穿过图纸中心的十字线标注的点旁。元件的参考点是在摆放元件时所抓取的点。对于一个原理图元件来说，参考点是最靠近原点的电气连接点（热点），通常就是最靠近的引脚的电气连接末端。

4. 原理图符号绘制工具栏

单击实用工具中的 ⤨- 图标，则会弹出相应的原理图符号绘制工具栏，如图 3-19 所示，其中各个按钮的功能与"放置"级联菜单中的各项命令具有对应关系，根据这些工具绘制原理图符号的外形。

其中各个工具功能说明如下。

- ☑ ╱：绘制直线。
- ☑ ⬠：绘制多边形。
- ☑ ⌒：绘制椭圆弧线。
- ☑ ∿：绘制贝塞儿曲线。
- ☑ A：添加说明文字。
- ☑ ℬ：用于放置超链接。
- ☑ 🄰：放置文本框。
- ☑ ▢：绘制矩形。
- ☑ ▢：绘制圆角矩形。
- ☑ ◯：绘制椭圆。
- ☑ ◗：绘制扇形。
- ☑ 🖼：插入图片。
- ☑ ⬛：在当前库文件中添加一个元件。
- ☑ ⬤：在当前元件中添加一个元件子部分。
- ☑ ¹ᵒ｜：放置引脚。

图 3-19 原理图符号绘制工具

3.3.3 添加引脚

元件引脚赋予元件电气属性并且定义元件连接点，引脚同样拥有图形属性。在原理图编辑器中为元件摆放引脚步骤如下。

（1）选择菜单栏中的"放置"→"引脚"命令或者按快捷键"P，P"或者单击"放置引脚"

按钮 ，引脚出现在指针上且随指针移动，与指针相连一端是与元件实体相接的非电气结束端。在放置过程中，按下 Space 键可以改变引脚排列的方向。

> 放置引脚时，一定要保证具有电气特性的一端，即带有"×"号的一端朝外，这可以通过在放置引脚时按空格键旋转来实现。

（2）摆放过程中，放置引脚前，按"Tab"键编辑引脚属性，弹出"管脚属性"（软件中的管脚应改为引脚，管脚指二级管、三级管的引脚，集成电路应使用引脚，但为与软件对应，文中对话框采用管脚）对话框。如图 3-20 所示。如果在放置引脚前定义引脚属性，定义的设置将会成为默认值，引脚编号以及那些以数字方式命名的引脚名在放置下一个引脚时会自动加一。

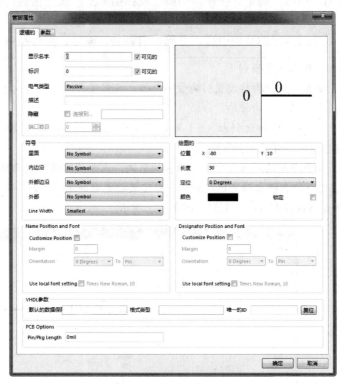

图 3-20 "引脚属性"对话框

"管脚属性"对话框中各项属性含义如下。

☑ "显示名字"文本框：用于设置库元件引脚的名称。在该栏输入唯一可以确定的引脚编号，如果希望在原理图图纸上放置元件时引脚名及编号可见，勾选"可见的"复选框。另外，在"参数选择"对话框"逻辑的"标签页中，已经勾选了"Single '\' Negation（简单\否定）"复选框。

☑ "标识"文本框：用于设置库元件引脚的编号，应该与实际的引脚编号相对应。

☑ "电气类型"下拉列表框：用于设置库元件引脚的电气特性。有 Input（输入）、IO（输入输出）、Output（输出）、OpenCollector（打开集流器）、Passive（中性的）、Hiz（脚）、Emitter（发射器）和 Power（激励）8 个选项。在这里，选择"Passive"（中性的）选项，表示不设置电气特性。电气类型下拉框中选择选项来设置引脚电气连接的电气类型。当编译项目进行电气规则检查时以及分析一个原理图文件检查器电气配线错误时会用到这个引脚电气类型。默认情况下，所有的引脚都是"Passive"电气类型。

☑ "描述"文本框：用于填写库元件引脚的特性描述。

☑ "隐藏"复选框：用于设置引脚是否为隐藏引脚。若勾选该复选框，则引脚将不会显示出来。此时，应在右侧的"连接到"文本框中输入与该引脚连接的网络名称。

☑ "符号"选项组：根据引脚的功能及电气特性为该引脚设置不同的 IEEE 符号，作为读图时的参考。可放置在原理图符号的内部、内部边沿、外部边沿或外部等不同位置，没有任何电气意义。

☑ "VHDL 参数"选项组：用于设置库元件的 VHDL 参数。

☑ "绘图的"选项组：用于设置该引脚的位置、长度、方向、颜色等基本属性。在长度栏中设置引脚的长度，单位是"百分之几英寸"。

完成参数设置后，单击"确定"按钮。引脚出现在指针上，按空格键可以以 90° 为增量旋转调整引脚。

（3）放置这个元件所需要的其他引脚，并确定引脚名、编号、符号及电气类型正确。

添加引脚注意事项如下。

（1）要在放置引脚后设置引脚管脚属性，只需双击这个引脚或者在原理图库面板里的引脚列表中双击引脚管脚。

（2）在字母后加反斜杠（\）可以定义让引脚中名字的字母上面加线，例如，M\C\L\R\/VPP 会显示为 $\overline{\text{MCLR/VPP}}$。

（3）如果希望隐藏器件中的电源和地引脚，点开"隐藏"复选框。当这些引脚被隐藏时，这些引脚会被自动地连接到图中被定义的电源和地。例如，当元件摆放到图中时，VCC 脚会被连接到 VCC 网络，如图 3-21 所示。

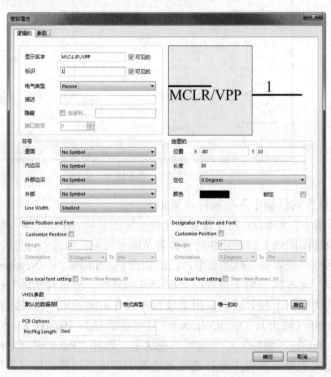

图 3-21　隐藏元件中的电源和地

（4）要查看隐藏的引脚，选择菜单栏中的"查看"→"显示隐藏引脚"命令或按下快捷键 V，H，所有被隐藏的引脚会在设计窗口中显示，引脚的名字和默认标识符也会显示。

课堂练习——绘制
三极管

3.3.4　课堂练习——绘制三极管

绘制图 3-22 所示的三极管符号。

操作提示：

（1）单击"实用"工具中的 下拉列表中的"放置线"按钮 ，绘制元件外形。

（2）单击"实用"工具中的 下拉列表中的"放置引脚"按钮 ，放置 3 个引脚。

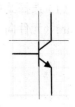

3.4　PCB 封装的绘制

图 3-22　绘制三极管符号

在绘制元件封装前，应该了解元件封装的相关参数，如外形尺寸、焊盘类型、引脚排列、安装方式等。

3.4.1　PCB 库编辑器的环境设置

进入 PCB 库编辑器后，需要根据要绘制的元件封装类型对编辑器环境进行相应的设置。

选择菜单栏中的"工具"→"器件库选项"命令，或者在工作区单击鼠标右键，在弹出的快捷菜单中单击"器件库选项"命令，系统将弹出图 3-23 所示的"板选项"对话框。

单击"确定"按钮，关闭该对话框，完成"库选项"对话框的设置。

图 3-23　"板选项"对话框

3.4.2　绘制 PCB 元件封装

由于某些电子元件的引脚非常特殊，或者设计人员使用了一个最新的电子元件，用 PCB 元件向导往往无法创建新的元件封装。这时，可以根据该元件的实际参数手动创建引脚封装。手动创建元件引脚封装，需要用直线或曲线来表示元件的外形轮廓，然后添加焊盘来形成引脚连接。元件封装的参数可以放置在 PCB 的任意工作层上，但元件的轮廓只能放置在顶层丝印层上，焊盘只能放在信号层上。当在 PCB 上放置元件时，元件引脚封装的各个部分将分别放置到预先定义的图层上。

下面用 PCB 元件向导来创建规则的 PCB 元件封装。由用户在一系列对话框中输入参数，然后根据这些参数自动创建元件封装。

（1）选择菜单栏中的"工具"→"元件向导"命令，系统将弹出图 3-24 所示的"Component Wizard（元件向导）"对话框。

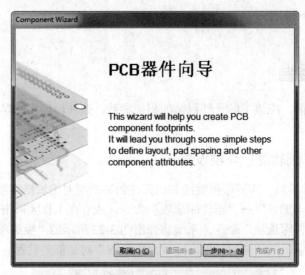

图 3-24　"Component Wizard（元件向导）"对话框

（2）单击"下一步"按钮，进入元件封装模式选择界面。在模式类表中列出了各种封装模式，如图 3-25 所示。在该对话框中选择封装模式，在"选择单位"下拉列表框中，选择单位。

图 3-25　元件封装样式选择界面

按照参数信息依次单击"下一步"按钮，最后进入封装制作完成界面，如图 3-26 所示。单击"完成"按钮，退出封装向导。

图 3-26 封装制作完成界面

至此，完成了 PCB 封装的制作，工作区内显示封装图形，如图 3-27 所示。

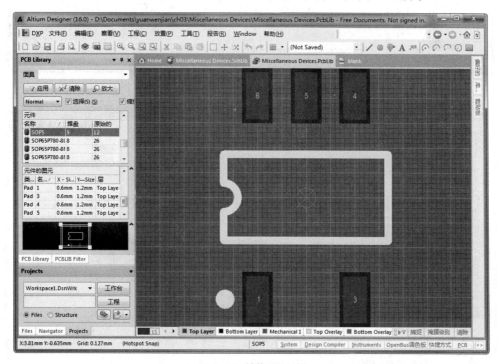

图 3-27 封装图形示例

3.4.3 创建 3D 元件封装

为了更真实地演示电路板的模型化，PCB 封装元件除了包括平面图形，还包括三维实体模型，本节讲述 3D 元件封装的绘制。

（1）选择菜单栏中的"工具"→"IPC Compliant Footprint Wirzard（IPC 兼容封装向导）"命令，系统将弹出图 3-28 所示的"IPC Compliant Footprint Wirzard（IPC 兼容封装向导）"对话框。

（2）单击"Next（下一步）"按钮，进入元件封装类型选择界面。在类型表中列出了各种封装类型，如图 3-29 所示。

图 3-28 "IPC Compliant Footprint Wirzard（IPC 兼容封装向导）"对话框

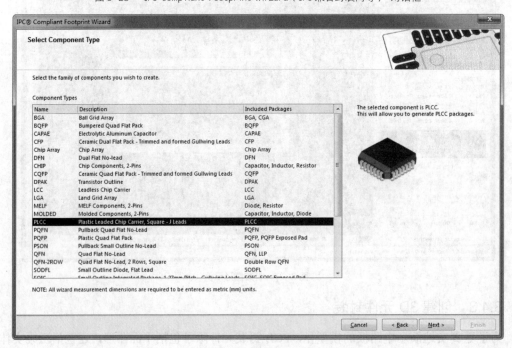

图 3-29 元件封装类型选择界面

（3）根据封装参数信息，依次单击"Next（下一步）"按钮，进入封装路径制作完成界面，如图 3-30 所示。单击"Finish（完成）"按钮，退出封装向导。

图 3-30　封装制作完成界面

至此，完成了 3D 元件封装的制作，工作区内显示的封装图形如图 3-31 所示。

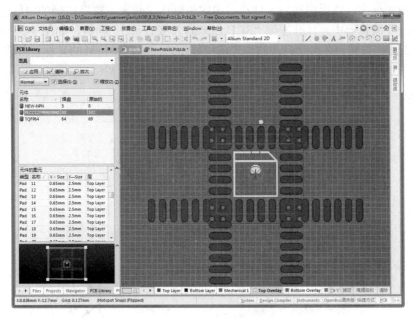

图 3-31　PLCC 的封装图形

与使用"元件向导"命令创建的封装符号相比，IPC 模型不单单是线条与焊盘组成的平面符号，而是实体与焊盘组成的三维模型。在键盘中输入"3"，切换到三维界面，显示图 3-32 所示的 IPC 模型。

3.4.4　课堂练习——绘制封装元件

绘制图 3-33 所示的 PCB 封装元件。

课堂练习——绘制
封装元件

图 3-32 显示三维 IPC 模型

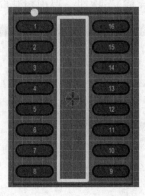

图 3-33 SOIC127P600-16N

操作提示：

在"IPC Compliant Footprint Wirzard（IPC 兼容封装向导）"对话框中根据向导创建封装元件。

3.5 放置元件

原理图有两个基本要素，即元件符号和线路连接。绘制原理图的主要操作就是将元件符号放置在原理图图纸上，然后用线将元件符号中的引脚连接起来，建立正确的电气连接。

在原理图库编辑器中，打开左侧"SCH Library（SCH 库）"面板，如图 3-34 所示。在"器件"栏下单击 放置 按钮，在自动打开的原理图中显示悬浮原理图符号的光标，在适当位置单击，即可在原理图中放置元件，如图 3-35 所示。

图 3-34 "SCH Library（SCH 库）"面板

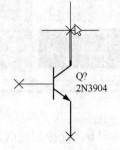

图 3-35 放置元件

3.6 搜索元件

在放置元件符号前，需要知道元件符号在哪一个元件库中，并载入该元件库。**Altium**

Designer 16 提供了强大的元件搜索能力，帮助用户轻松地在元件库中定位元件。

1. 查找元件

选择菜单栏中的"工具"→"发现器件"命令，或在"库"面板中单击"查找"按钮，或按快捷键"T+O"，系统将弹出图 3-36 所示的"搜索库"对话框。在该对话框中用户可以搜索需要的元件。搜索元件需要设置的参数如下。

（1）"范围"下拉列表框：用于选择查找类型。有 Components（元件）、Footprints（PCB 封装）、3D Models（3D 模型）和 Database Components（数据库元件）4 种查找类型。

（2）若点选"可用库"单选钮，系统会在已经加载的元件库中查找；若点选"库文件路径"单选钮，系统会按照设置的路径进行查找；若点选"精确搜索"单选钮，系统会在上次查询结果中进行查找。

（3）"路径"选项组：用于设置查找元件的路径。只有在点选"库文件路径"单选钮时才有效。单击"路径"文本框右侧的 按钮，系统将弹出"浏览文件夹"对话框，供用户设置搜索路径。若勾选"包含子目录"复选框，包含在指定目录中的子目录也会被搜索。"文件面具"文本框用于设定查找元件的文件匹配符，"*"表示匹配任意字符串。

图 3-36 "搜索库"对话框

（4）"Advanced（高级）"选项：用于进行高级查询，如图 3-37 所示。在该选项文本框中，可以输入一些与查询内容有关的过滤语句表达式，有助于使系统进行更快捷、更准确的查找。在文本框中输入"*+关键词"或直接输入元件关键词，单击"查找"按钮后，系统开始搜索。

2. 显示找到的元件及其所属元件库

查找到元件后的"库"面板如图 3-38 所示。可以看到，符合搜索条件的元件名、描述、所属库文件及封装形式在该面板上被一一列出，供用户浏览参考，找到所需元件后，单击"Stop（停止）"按钮，停止搜索。

3. 加载找到元件的所属元件库

选中需要的元件（不在系统当前可用的库文件中），单击鼠标右键，在弹出的右键快捷菜单中单击放置元件命令，或者单击"库"面板右上方的按钮，系统会弹出图 3-39 所示的"Confirm（确认）"对话框。单击"是"按钮，则元件所在的库文件被加载。单击"否"按钮，则只使用该元件而不加载其元件库。

图 3-37 "Advanced（高级）"选项

图 3-38 查找元件

图 3-39 是否加载库文件确认框

3.7 元件的属性设置

在原理图上放置的所有元件都具有自身的特定属性，在放置好每一个元件后，应该对其属性进行正确的编辑和设置，以免生成后面的网络表及产生 PCB 的制作错误。

通过对元件的属性进行设置，一方面可以确定后面生成的网络报表的部分内容，另一方面也可以设置元件在图纸上的摆放效果。此外，在 Altium Designer 16 中还可以设置部分布线规则，编辑元件的所有引脚。元件属性设置具体包含元件的基本属性设置、元件的外观属性设置、元件的扩展属性设置、元件的模型设置、元件引脚的编辑 5 个方面的内容。

3.7.1 手动设置

双击原理图中的元件，或者选择菜单栏中的"编辑"→"改变"命令，在原理图的编辑窗口中，光标变成十字形，将光标移到需要设置属性的元件上单击，系统会弹出相应的属性设置对话框。图 3-40 所示是"Properties for Schematic Component in sheet[MCU Circuit.SchDoc]（属性设置）"对话框。

在该对话框中可以对自己所创建的库元件进行特性描述，以及其他属性参数设置，主要设置以下 10 项。

☑ "Designator（默认符号）"文本框：默认库元件标号，即把该元件放置到原理图文件中时，系统最初默认显示的元件标号。这里设置为"U？"，并勾选右侧的"Visible（可用）"复选框，则放置该元件时，序号"U？"会显示在原理图上。

☑ "Comment（元件）"下拉列表框：用于说明库元件型号。这里设置为"MCM6264P"，并勾选右侧的"Visible（可见）"复选框，则放置该元件时，"MCM6264P"会显示在原理图上。

☑ "Description"（描述）"文本框：用于描述库元件功能。这里输入"8K×8-Bit Fast Static RAM"。

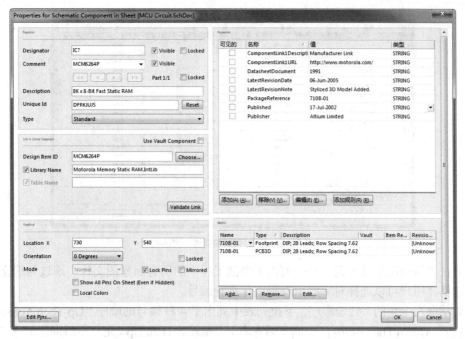

图 3-40　Properties for Schematie Component in sheet[MCU Circuit.SchDoc]（属性设置）对话框

☑ "**Type**（类型）"下拉列表框：用于选择库元件符号类型。这里采用系统默认设置 "Standard（标准）"。

☑ "**Library Name**（元件库名称）" 选项组：库元件在系统中的标识符。

☑ "**Show All Pins On Sheet**（Even if Hidden）（在原理图中显示全部引脚）" 复选框：勾选该复选框后，在原理图上会显示该元件的全部引脚。

☑ "**Lock Pins**（锁定引脚）" 复选框：勾选该复选框后，所有的引脚将和库元件成为一个整体，不能在原理图上单独移动引脚。建议用户勾选该复选框，这样对电路原理图的绘制和编辑会有很大好处，同时减少不必要的麻烦。

☑ "**Parameters**（参数）" 列表框：单击 添加(A) (A)... 按钮，可以为库元件添加其他的参数，如版本、作者等。

☑ "**Models**（模型）" 列表框：单击 Add... ▾ 按钮，可以为该库元件添加其他的模型，如 PCB 封装模型、信号完整性模型、仿真模型、PCB 3D 模型等。

☑ 单击左下角的 Edit Pins... 按钮，则会打开元件引脚编辑器，可以对该元件所有引脚进行一次性的编辑设置，如图 3-41 所示。

在添加模型或其他参数时，让其他选项栏保持默认值。

3.7.2　自动设置

对于元件较多的原理图，当设计完成后，往往会发现元件的编号变得很混乱或者有些元件还没有编号。用户可以逐个手动更改这些编号，但是这样比较烦琐而且容易出现错误。因此，Altium Designer 16 提供了元件编号管理的功能。

选择菜单栏中的 "工具" → "注释" 命令后，会弹出图 3-41 所示的对话框，设置对元件进行重新编号。

"注释" 对话框分为两部分：左面是 "原理图注释配置"，右面是 "提议更改列表"。

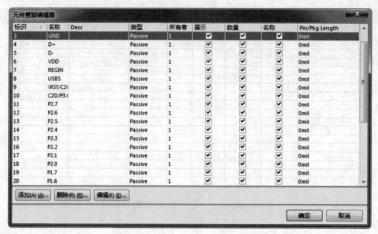

图 3-41 "元件管脚编辑器"对话框

（1）在"原理图注释配置"栏中列出了当前工程中的所有原理图文件，通过勾选文件名前面的复选框，用户可以选择对哪些原理图进行重新编号。

在对话框左上角的"处理顺序"下拉列表中列出了 4 种编号的顺序"Up Then Across（先向上后左右）""Down Then Across（先向下后左右）""Across Then Up（先左右后向上）"和"Across Then Down（先左右后向下）"。

在"匹配选项"栏中列出了元件的参数名称，通过参数名前面的复选框可以选择是否根据这些参数进行编号。

（2）在"提议更改列表"中，在"当前的"栏中列出了当前的元件编号，在"被提及的"栏中列出了新的编号。

对原理图重新编号方法如下。

（1）选择要进行编号的原理图。

（2）选择编号的顺序和参照的参数，单击 Reset All 按钮，对编号进行重置，弹出"Information（信息）"对话框，提示用户编号发生了哪些变化。单击 OK 按钮确认，重置后，所有的元件编号将被消除，如图 3-42 所示。

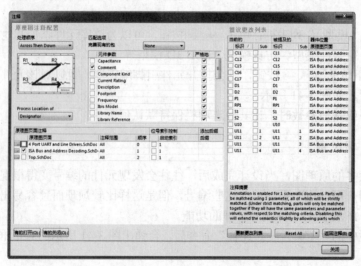

图 3-42 重置后的元件编号

（3）单击 更新更改列表 按钮，重新编号，弹出图3-43所示的"Information（信息）"对话框，提示用户相对前一次状态和相对初始状态发生的改变。

图3-43 "Information（信息）"对话框

（4）从"提议更改列表"栏中可以发现，重新编号后，哪些编号发生了变化。如果对这种编号满意，则单击 接收更改(创建ECO) 按钮，在弹出的"工程更改顺序"对话框中更新修改，如图3-44所示。

（5）在"工程更改顺序"属性对话框中，单击 生效更改 按钮，可以验证修改的可行性，如图3-45所示。

图3-44 "工程更改顺序"对话框

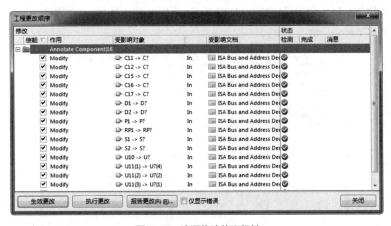

图3-45 验证修改的可行性

（6）单击 报告更改(R) (B)... 按钮，将弹出"报告预览"对话框，如图3-46所示，在其中可以输出修改报表。

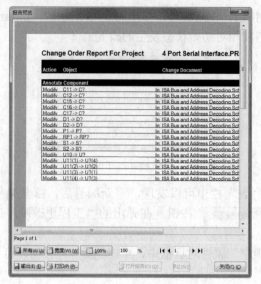

图 3-46 "报告预览"对话框

（7）单击 [执行更改] 按钮，即可执行修改变化，这样对元件的重新编号便完成了。

3.8 课堂案例——制作串行接口元件

课堂案例——制作
串行接口元件

在本例中，将创建一个串行接口元件的原理图符号。本例将主要学习圆和弧线的绘制方法。串行接口元件共有 9 个插针，分成两行，一行 4 根，另一行 5 根，在元件的原理图符号中，它们用小圆圈来表示。

（1）选择菜单栏中的"文件"→"New（新建）"→"Library（库）"→"原理图库"命令，创建一个名为"Schlib1.SchLib"的原理图库文件，一个空的图纸在设计窗口中被打开。

选择"保存为"命令并单击鼠标右键，将新建的原理图库文件命名为"CHUANXINGJIEKOU.SchLib"，如图 3-47 所示。进入工作环境，原理图元件库内，已经存在一个自动命名的 Component_1 元件。

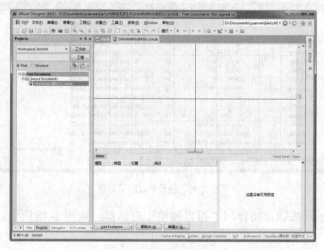

图 3-47 新建原理图文件

（2）选择菜单栏中的"工具"→"重命名器件"命令，打开"Rename Component（重命名元件）"对话框，输入新元件名称"CHUANXINGJIEKOU"，如图 3-48 所示，然后单击"确定"按钮，关闭该对话框。元件库浏览器中多出了一个元件 CHUANXINGJIEKOU。

图 3-48 "Rename Component（重命名元件）"对话框

（3）绘制串行接口的插针

① 选择菜单栏中的"放置"→"椭圆"命令，或者单击工具条的 ◯（放置椭圆）按钮，这时鼠标变成十字形状，并带有一个椭圆图形，在原理图中绘制一个圆。

② 双击绘制好的圆，打开"椭圆形"对话框，在对话框中设置边框颜色为黑色，如图 3-49 所示。

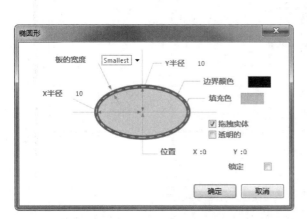
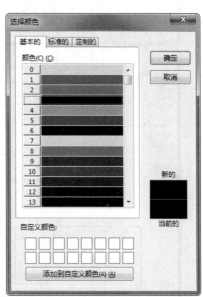

图 3-49 设置圆的属性

③ 重复以上步骤，在图纸上绘制其他 8 个圆，如图 3-50 所示。

（4）绘制串行接口外框

① 选择菜单栏中的"放置"→"线"命令，或者单击工具条的 ╱（放置线）按钮，这时鼠标变成十字形状。在原理图中绘制 4 条长短不等的直线作为边框，如图 3-51 所示。

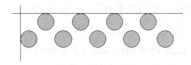

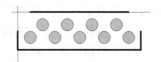

图 3-50 放置所有圆   图 3-51 放置直线边框

② 选择菜单栏中的"放置"→"椭圆弧"命令，或者单击工具条的 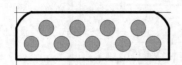 （放置椭圆弧）按钮，这时鼠标变成十字形状。绘制两条弧线将上面的直线和两侧的直线连接起来，如图 3-52 所示。

（5）放置引脚

单击原理图符号绘制工具条中的"放置管脚"按钮 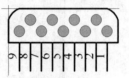，绘制 9 个引脚，如图 3-53 所示。

图 3-52　放置圆弧边框　　　　　　　图 3-53　放置引脚

（6）编辑元件属性

① 选择菜单栏中的"工具"→"器件属性"命令，或从原理图库面板里元件列表中选择元件然后单击"编辑"按钮。打开图 3-54 所示的"Library Component Properties（库元件属性）"对话框。在"Default Designator"（默认的标识符）栏输入预置的元件序号前缀（在此为"U？"）。

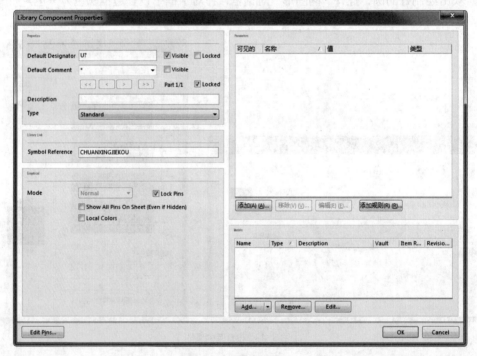

图 3-54　设置元件属性

② 在对话框右下角选择"Add（添加）"按钮下拉列表中的"Footprint"，如图 3-55 所示，弹出"PCB 模型"对话框，如图 3-56 所示。在弹出的对话框中单击"浏览"按钮，弹出"浏览库"对话框，如图 3-57 所示。

③ 在"浏览库"对话框中，选择所需元件封装"VTUBE-9"，如图 3-58 所示。

④ 单击"确定"按钮，回到"PCB 模型"对话框，如图 3-59 所示。

⑤ 单击"确定"按钮，退出对话框。返回"Library Component Properties（库元件属性）"对话框。如图 3-60 所示。单击单击"OK（确定）"按钮，返回编辑环境。

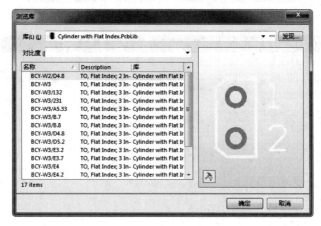

图 3-55 添加封装　　　　　　　　　　图 3-56 "PCB 模型" 对话框

图 3-57 "浏览库" 对话框

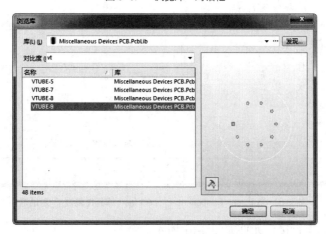

图 3-58 选择元件封装

图 3-59 "PCB 模型"对话框

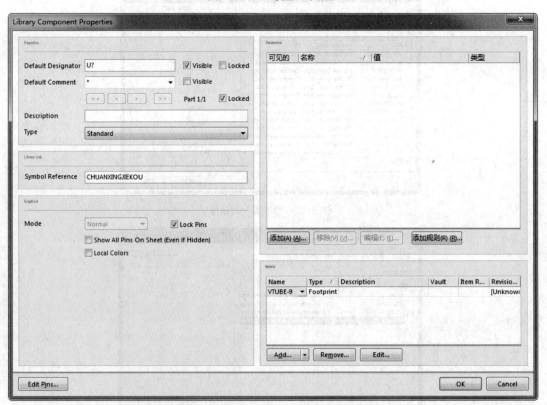

图 3-60 "Library Component Properties（库元件属性）"对话框

（7）绘制完成的串行接口元件如图 3-61 所示。

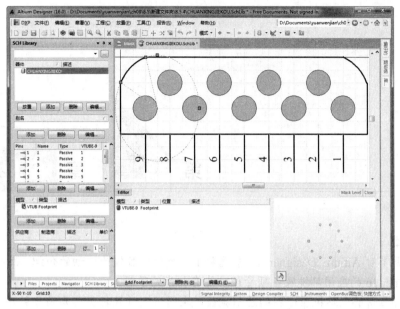

图 3-61　串行接口元件

3.9　课后习题

1. 元件类型和 CAE 原理图符号及 PCB 封装的关系如何？
2. 在原理图库文件的编辑过程中，创建自定义的元件需要哪些步骤？
3. 创建自定义元件封装有几种方法？分别简述其步骤。
4. 元件的编号设置包括几种方法？
5. 绘制图 3-62 所示的 LCD 元件原理图符号。
6. 绘制图 3-63 所示的封装元件 DIP-14，并添加 3D 元件封装。

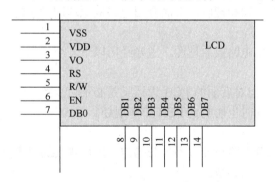

图 3-62　LCD 元件

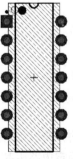

图 3-63　封装元件

习题 5

习题 6

第 **4** 章 原理图设计

前面的章节对 Altium Designer 16 系统做了一个总体且较为详细的介绍，目的是让读者对 Altium Designer 16 的应用环境及各项管理功能有初步的了解。

本章将详细讲解电路板原理图的绘制流程，在图纸上放置好所需要的各种元件并且对它们的属性进行相应的编辑之后，根据电路设计的具体要求，用户可以着手将各个元件连接起来，以建立电路的实际连通性。

知识重点

📖 元件放置

📖 原理图图纸设置

📖 原理图连接工具

📖 打印输出

4.1 电路板总体设计流程

为了让用户对电路图设计过程有一个整体的认识和理解，下面介绍电路板原理图设计的总体设计流程。

通常情况下，从接到设计要求书到最终制作出电路板原理图，主要经历以下 6 个步骤。

1. 案例分析

这个步骤严格来说并不是 PCB 设计的内容，但对后面的 PCB 设计又是必不可少的。案例分析的主要任务是来决定如何设计原理图电路，同时也影响到 PCB 如何规划。

2. 电路仿真

在设计电路原理图之前，有时候会对某一部分电路设计并不十分确定，因此需要通过电路仿真来验证，还可以用于确定电路中某些重要元件的参数。

3. 绘制原理图元件

Altium Designer 16 虽然提供了丰富的原理图元件库，但不可能包括所有元件，必要时需动手设计原理图元器件，建立自己的元件库。

4. 绘制元件封装

与原理图元件库一样，Altium Designer 16 也不可能提供所有元件的封装，需要时自行设计并建立新的元件封装库。

5．绘制电路原理图

找到所有需要的原理图元件后，就可以开始绘制原理图了。根据电路复杂程度决定是否需要使用层次原理图。完成原理图后，用 ERC（电气规则检查）工具查错，找到出错原因并修改原理图电路，重新查错到没有原则性错误为止。

6．文档整理

对原理图及元器件清单等文件予以保存，以便以后维护、修改。

4.2　创建、保存和打开原理图文件

Altium Designer 16 为用户提供了一个十分友好且宜用的设计环境，它打破了传统的 EDA 设计模式，采用了以工程为中心的设计环境。在一个工程中，各个文件之间互有关联，当工程被编辑以后，工程中的电路原理图文件或 PCB 文件都会被同步更新。因此，要进行一个 PCB 的整体设计，就要在进行电路原理图设计时，创建一个新的 PCB 工程。

1．新建原理图文件

启动软件后，进入图 4-1 所示的 Altium Designer 16 集成开发环境窗口。

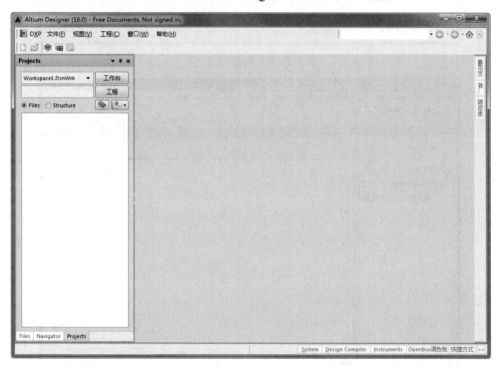

图 4-1　Altium Designer 16 集成开发环境窗口

创建新原理图文件有两种方法。

（1）菜单创建

在图 4-1 的集成开发环境中，选择菜单栏中的"文件"→"New（新建）"命令，如图 4-2 所示。在弹出的下一级菜单中新建原理图电路原理图、VHDL 设计文档、PCB 文件、原理图库、PCB 库、PCB 专案等。

在图 4-2 所示的子菜单中，选择"原理图"选项，在当前工程 PCB-Project1. PrjPCB 下建立电路原理图文件，系统默认文件名为"Sheet1. SchDoc"，同时在右边的设计窗口中将打开

Sheetl.SchDoc 的电路原理图编辑窗口。新建的原理图文件如图 4-3 所示。

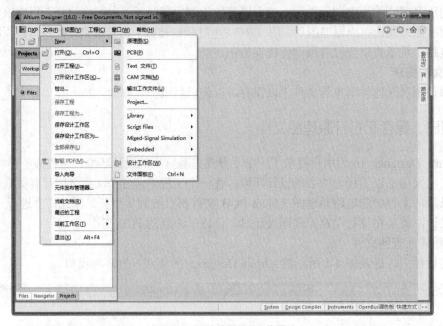

图 4-2　设计管理器主工作面

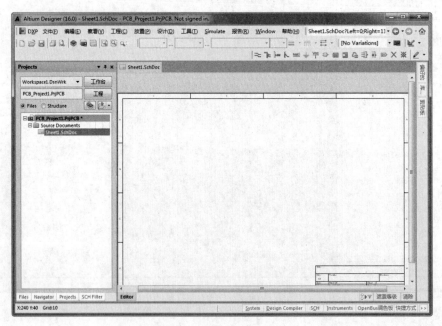

图 4-3　新建的原理图文件

（2）"Files（文件）"面板创建

单击集成开发环境窗口右下角的"System（系统）"选项，弹出图 4-4 所示的菜单。

在"System（系统）"菜单中，单击"Files（文件）"，打开"Files（文件）"面板，如图 4-5 所示。再在"Files（文件）"面板中单击"Schematic Sheet（原理图文件）"，在当前项目 PCB-Project1. PrjPCB 下建立电路原理图文件，默认文件名为 Sheetl.SchDoc，同时在右边的设计窗口中打开 Sheetl.SchDoc 的电路原理图编辑窗口。

图 4-4　"System（系统）"菜单　　　　　图 4-5　"Files（文件）"面板

2. 文件的保存

选择菜单栏中的"文件"→"保存"命令，打开图 4-6 所示的"Save[Sheet 1.SchDoc]As（保存文件）"对话框。

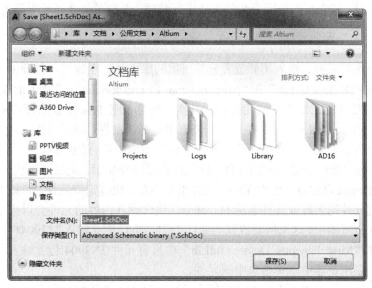

图 4-6　"Save[Sheet 1.SchDoc]As（保存文件）"对话框

在保存原理图文件对话框中，用户可以更改设计项目的名称、所保存的文件路径等，文件默认类型为 Advanced Schematic binary（高级二进制原理图），后缀名为".SchDoc"。

3. 文件的打开

选择菜单栏中的"文件"→"打开"命令，打开图 4-7 所示的"Choose Document to open

（打开文件）"对话框。选择将要打开的原理图文件，将其打开。

图 4-7 "Choose Document to Open（打开文件）"对话框

4.3 元件放置

在元件库中找到元件后，加载该元件库，以后就可以在原理图上放置该元件了。在 Altium Designer 16 中有两种元件放置方法，分别是通过"库"面板放置和菜单命令放置。

在放置元件之前，用户应该先选择所需元件，并且确认所需元件所在的库文件已经被装载。若没有装载库文件，请先按照前面介绍的方法进行装载，否则系统会提示所需要的元件不存在。

4.3.1 通过"库"面板放置元件

（1）打开"库"面板，载入所要放置元件所属的库文件。在这里，需要的元件全部在元件库"Miscellaneous Devices.IntLib"和"Miscellaneous Connectors.IntLib"中，加载这两个元件库。

（2）选择想要放置元件所在的元件库。其实，所要放置的元件晶体管 2N3904 在元件库"Miscellaneous Devices.IntLib"中。在下拉列表框中选择该文件，该元件库出现在文本框中，这时可以放置其中含有的元件。在后面的浏览器中将显示库中所有的元件。

（3）在浏览器中选中所要放置的元件，该元件将以高亮显示，此时可以放置该元件的符号。"Miscellaneous Devices.IntLib"元件库中的元件很多，为了快速定位元件，可以在上面的文本框中输入所要放置元件的名称或元件名称的一部分，包含输入内容的元件会以列表的形式出现在浏览器中。这里所要放置的元件为 2N3904，因此输入"*3904*"字样。在元件库"Miscellaneous Devices.IntLib"中只有元件·2N3904 包含输入字样，它将出现在浏览器中，单击选中该元件。

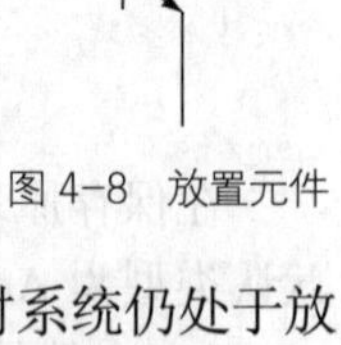

（4）选中元件后，在"库"面板中将显示元件符号和元件模型的预览。确定该元件是所要放置的元件后，单击该面板上方的按钮，光标将变成十字形状并附带着元件 2N3904 的符号出现在工作窗口中，如图 4-8 所示。

图 4-8 放置元件

（5）移动光标到合适的位置，单击，元件将被放置在光标停留的位置。此时系统仍处于放置元件的状态，可以继续放置该元件。在完成选中元件的放置后，单击鼠标右键或者按"Esc"键退出元件放置的状态，结束元件的放置。

（6）完成多个元件的放置后，可以对元件的位置进行调整，设置这些元件的属性。然后重复刚才的步骤，放置其他元件。

4.3.2 通过菜单命令放置元件

选择菜单栏中的"放置"→"元件"命令，系统将弹出图 4-9 所示的"放置端口"对话框。在该对话框中，可以设置放置元件的有关属性。通过菜单命令放置元件的操作步骤如下。

（1）在"放置端口"对话框中，单击"物理元件"下拉列表框右侧的 选择 按钮，系统将弹出图 4-10 所示的"浏览库"对话框。在元件库"Miscellaneous Devices.IntLib"中选择元件 2N3904。

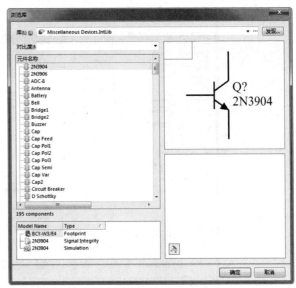

图 4-9 "放置端口"对话框   图 4-10 "浏览库"对话框

（2）单击"确定"按钮，在"放置端口"对话框中将显示选中的内容。此时，在该对话框中还显示了被放置元件的部分属性。

☑ "逻辑符号"文本框：用于设置该元件在库中的名称。

☑ "标识"文本框：用于设置被放置元件在原理图中的标号。这里放置的元件为晶体管，因此采用"Q?"作为元件标识。

☑ "注释"文本框：用于设置被放置元件的说明。

☑ "封装"下拉列表框：用于选择被放置元件的封装。如果元件所在的元件库为集成元件库，则显示集成元件库中该元件对应的封装，否则用户还需要另外给该元件设置封装信息。当前被放置元件不需设置封装。

（3）完成设置后，单击"确定"按钮，后面的步骤和通过"库"面板放置元件的步骤完全相同，这里不再赘述。

4.3.3 放置仿真元件

Altium Designer 16 提供了多种电源和仿真激励源，存放在"Simulation Sources.Intlib"集成库中，供用户选择。在使用时，均被默认为理想的激励源，即电压源的内阻为零，而电流源的内阻为无穷大。

仿真激励源就是仿真时输入到仿真电路中的测试信号，根据观察这些测试信号通过仿真电路后的输出波形，用户可以判断仿真电路中的参数设置是否合理。

直流电压源"VSRC"与直流电流源"ISRC"分别用来为仿真电路提供一个不变的电压信号或不变的电流信号，符号形式如图4-11所示。

图 4-11　直流电压/电流源符号

这两种电源通常在仿真电路上电时，或者需要为仿真电路输入一个阶跃激励信号时使用，以便用户观测电路中某一节点的瞬态响应波形。

需要设置的仿真参数是相同的，双击新添加的仿真直流电压源，在出现的对话框中设置其属性参数，如图4-12所示。

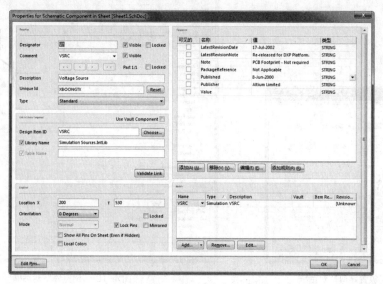

图 4-12　属性设置对话框

在图 4-12 所示的窗口双击"Models（模型）"栏下的"Simulation（仿真）"选项，即可出现"Sim Model-Voltage Source/DC Source"对话框，通过该对话框可以查看并修改仿真模型，如图4-13所示。

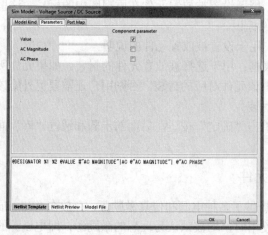

图 4-13　"Sim Model-Voltage Source/DC Source" 对话框

在"Parameters（参数）"标签页，各项参数的具体含义如下。

☑ "Value（值）"：用于设置 Res Semi 半导体电阻的阻值。

☑ "AC Magnitude（交流幅度）"：交流小信号分析的电压幅度。

☑ "AC Phase（交流相位）"：交流小信号分析的相位值。

4.3.4 课堂练习——放置同相回路电路元件

在原理图文件中，放置图 4-14 所示的元件。

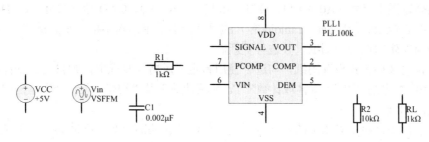

图 4-14 放置元件

操作提示：

（1）打开"库"面板，加载通用元件库与仿真元件库。

（2）在元件过滤框输入元件关键词，放置元件。

4.4 原理图图纸设置

在原理图绘制过程中，用户可以根据所要设计的电路图的复杂程度，首先对图纸进行设置。虽然在进入电路原理图编辑环境时，Altium Designer 16 会自动给出默认的图纸相关参数，但是在大多数情况下，这些默认的参数不一定适合用户的要求，尤其是图纸尺寸的大小。用户可以根据设计对象的复杂程度来对图纸的大小及其他相关参数重新定义。

选择菜单栏中的"设计"→"文档选项"命令，或在编辑窗口中右击，在弹出的快捷菜单中选择"选项"→"文档选项"命令，或按快捷键"D+O"，系统将弹出"文档选项"对话框，如图 4-15 所示。

图 4-15 "文档选项"对话框

在该对话框中，有"方块电路选项""参数""单位"和"Template"4 个选项卡，利用其中的选项可进行以下设置。

1．设置图纸尺寸

单击"方块电路选项"选项卡，这个选项卡的右半部分为图纸尺寸的设置区域。Altium Designer 16 给出了两种图纸尺寸的设置方式，一种是标准风格，另一种是自定义风格，用户可以根据设计需要选择这两种设置方式，默认的格式为标准风格。

使用标准风格方式设置图纸，可以在"标准风格"下拉列表框中选择已定义好的图纸标准尺寸，包括公制图纸尺寸（A0～A4）、英制图纸尺寸（A～E）、CAD 标准尺寸（CAD A～CAD E）及其他格式（Letter、Legal、Tabloid 等）的尺寸，然后单击对话框右下方的"从标准更新"按钮，对目前编辑窗口中的图纸尺寸进行更新。

使用自定义风格方式设置图纸，勾选"使用自定义风格"复选框，则自定义功能被激活，在"定制宽度""定制高度""X 区域计数""Y 区域计数"及"刃带宽"5 个文本框中可以分别输入自定义的图纸尺寸。

在设计过程中，除了对图纸的尺寸进行设置外，往往还需要对图纸的其他选项进行设置，如图纸的方向、标题栏样式和图纸的颜色等。这些设置可以在"方块电路选项"选项卡左侧的"选项"选项组中完成。

2．设置图纸方向

图纸方向可通过"定位"下拉列表框设置，可以设置为水平方向（Landscape），即横向；也可以设置为垂直方向（Portrait），即纵向。一般在绘制和显示时设为横向，在打印输出时可根据需要设为横向或纵向。

3．设置图纸标题栏

图纸标题栏是对设计图纸的附加说明，可以在该标题栏中对图纸进行简单的描述，也可以作为以后图纸标准化时的信息。Altium Designer 16 中提供了两种预先定义好的标题块，即 Standard（标准格式）和 ANSI（美国国家标准格式）。

4．设置图纸参考说明区域

在"方块电路选项"选项卡中，通过"显示零参数"复选框可以设置是否显示参考说明区域。勾选该复选框表示显示参考说明区域，否则不显示参考说明区域。一般情况下应该选择显示参考说明区域。

5．设置图纸边框

在"方块电路选项"选项卡中，通过"显示边界"复选框可以设置是否显示边框。勾选该复选框表示显示边框，否则不显示边框。

6．设置显示模板图形

在"方块电路选项"选项卡中，通过"显示绘制模板"复选框可以设置是否显示模板图形。勾选该复选框表示显示模板图形，否则表示不显示模板图形。所谓显示模板图形，就是显示模板内的文字、图形、专用字符串等，如自己定义的标志区块或者公司标志。

7．设置边框颜色

在"方块电路选项"选项卡中，单击"板的颜色"显示框，然后在弹出的"选择颜色"对话框中选择边框的颜色，如图 4-16 所示，单击"确定"按钮即可完成修改。

8．设置图纸颜色

在"方块电路选项"选项卡中，单击"方块电路颜色"显示框，然后在弹出的"选择颜色"对话框中选择图纸的颜色，如图 4-16 所示，单击"确定"按钮即可完成修改。

9. 设置图纸网格点

进入原理图编辑环境后，编辑窗口的背景是网格型的，这种网格就是可视网格，是可以改变的。网格为元件的放置和线路的连接带来了极大的方便，使用户可以轻松地排列元件、整齐地走线。Altium Designer 16 提供了"捕捉""可见的"和"电栅格"3 种网格。

在图 4-16 所示的"文档选项"对话框中，"栅格"和"电栅格"选项组用于对网格进行具体设置，如图 4-17 所示。

图 4-16 "选择颜色"对话框

图 4-17 网格设置

"捕捉"复选框：用于控制是否启用捕捉网格。所谓捕捉网格，就是光标每次移动的距离大小。勾选该复选框后，光标移动时，以右侧文本框的设置值为基本单位，系统默认值为 10 个像素点，用户可根据设计的要求输入新的数值来改变光标每次移动的最小间隔距离。

"可见的"复选框：用于控制是否启用可视网格，即在图纸上是否可以看到的网格。勾选该复选框后，可以对图纸上网格间的距离进行设置，系统默认值为 10 个像素点。取消勾选该复选框，则表示在图纸上将不显示网格。

"使能"复选框：如果勾选了该复选框，则在绘制连线时，系统会以光标所在位置为中心，以"栅格范围"文本框中的设置值为半径，向四周搜索电气节点。如果在搜索半径内有电气节点，则光标将自动移到该节点上，并在该节点上显示一个圆亮点，搜索半径的数值可以自行设定。取消勾选该复选框，则取消了系统自动寻找电气节点的功能。

选择菜单栏中的"查看"→"栅格"命令，其子菜单中有用于切换 3 种网格启用状态的命令，如图 4-18 所示。单击其中的"设置跳转栅格"命令，系统将弹出图 4-19 所示的"Choose a snap grid size（选择捕获网格尺寸）"对话框。在该对话框中可以输入捕获网格的参数值。

图 4-18 "栅格"命令子菜单图

4-19 "Choose a snap grid size（选择捕获网格尺寸）"
对话框

10．设置图纸所用字体

在"方块电路选项"选项卡中，单击"更改系统字体"按钮，系统将弹出图 4-20 所示的"字体"对话框。在该对话框中对字体进行设置，将会改变整个原理图中的所有文字，包括原理图中的元件引脚文字和注释文字等。通常字体采用默认设置即可。

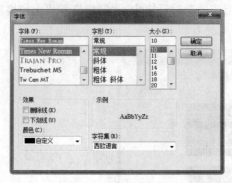

图 4-20 "字体"对话框

11．设置图纸参数信息

图纸的参数信息记录了电路原理图的参数信息和更新记录。这项功能可以使用户更系统、更有效地对自己设计的图纸进行管理。

建议用户对此项进行设置。当设计项目中包含很多图纸时，图纸参数信息就显得非常有用了。

12．添加参数

在"文档选项"对话框中，单击"参数"选项卡，即可对图纸参数信息进行设置，如图 4-21 所示。

在要填写或修改的参数上双击，或选中要修改的参数后单击"编辑"按钮，系统会弹出相应的"参数属性"对话框，用户可以在该对话框中修改各个设定值。图 4-22 所示是"ModifiedDate（修改日期）"参数的"参数属性"对话框，在"值"选项组中填入修改日期后，单击"确定"按钮，即可完成该参数的设置。

完成图纸设置后，单击"文档选项"对话框中的"确定"按钮，进入原理图绘制的流程。

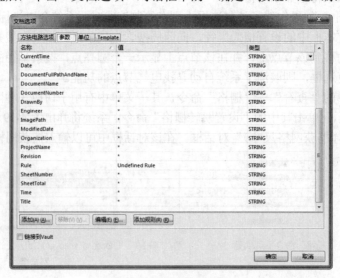

图 4-21 "参数"选项卡

图 4-22 "参数属性"对话框

13. 设置单位

在"文档选项"对话框中，单击"单位"选项卡，即可对图纸单位进行设置，如图 4-23 所示。

图 4-23 "单位"选项卡

该选项卡中主要有"使用英制单位系统"和"使用公制单位系统"，勾选其中一个复选框，选择不同单位系统。

14. 设置模板

在"文档选项"对话框中，单击"Template（模板）"选项卡，即可对图纸单位进行选择，如图 4-24 所示。

在"Template Files（模板文件）"选项组下拉菜单中选择"A"和"A0"等模板，单击 Update From Template 按钮，更新模板文件。

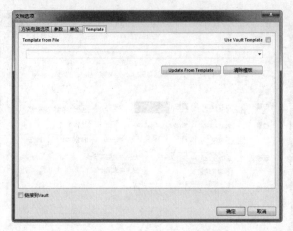

图 4-24 "Template（模板）"选项卡

4.5 原理图连接工具

绘制电路原理图主要通过电路图绘制工具来完成，因此，熟练使用电路图绘制工具是必须的。启动电路图绘制工具的方法主要有两种。

1. 使用布线工具栏

选择菜单栏中的"察看"→"Toolbars（工具栏）"→"布线"命令，如图 4-25 所示，即可打开"布线"工具栏，如图 4-26 所示。

图 4-25 启动布线工具栏的菜单命令

图 4-26 "布线"工具栏

2. 使用菜单命令

执行菜单命令"放置"或在电路原理图的图纸上单击鼠标右键选择"放置"选项，将弹出绘制电路图菜单命令，如图 4-27 所示。这些菜单命令与布线工具栏的各个按钮相互对应，功能完全相同。

4.5.1 绘制导线

导线是电路原理图中最基本的电气组件之一，原理图中的导线具有电气连接意义。下面介绍绘制导线的具体步骤和导线的属性设置。

1. 启动绘制导线命令

启动绘制导线命令如下，主要有 4 种方法。

（1）单击"布线"工具栏中的 ≈（放置线）按钮，进入绘制导线状态。

（2）执行菜单命令"放置"→"线"，进入绘制导线状态。

（3）在原理图图纸空白区域单击鼠标右键，在弹出的菜单中选择"放置"→"线"命令。

（4）使用快捷键"P+W"。

图 4-27 "放置"菜单命令

2. 绘制导线

进入绘制导线状态后，光标变成十字形，系统处于绘制导线状态。绘制导线的具体步骤如下。

（1）将光标移动到需要绘制导线的起点，若导线的起点是元件的引脚，当光标靠近元件引脚时，会自动移动到元件的引脚上，同时出现一个红色的×表示电气连接的意义。单击鼠标左键确定导线起点。

（2）移动光标到导线折点或终点，在导线折点处或终点处单击鼠标左键确定导线的位置，每转折一次都要单击鼠标一次。导线转折时，可以通过按"Shift+空格键"来切换选择导线转折的模式，共有 3 种模式，分别是直角、45°角和任意角，如图 4-28 所示。

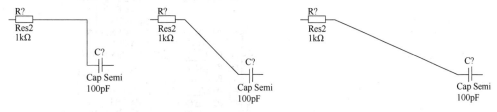

图 4-28 直角、45°角和任意角转折

（3）绘制完第一条导线后，单击鼠标右键第一根导线结束绘制。此时系统仍处于绘制导线状态，将鼠标移动到新的导线的起点，按照第上面的方法继续绘制其他导线。

（4）绘制完所有的导线后，单击鼠标右键退出绘制导线状态，光标由十字形变成箭头。

3. 导线属性设置

在绘制导线状态下，按"Tab"键，弹出"线"对话框，如图 4-29 所示。或者在绘制导线完成后，双击导线同样会弹出导线属性对话框。

在导线属性对话框中，主要对导线的颜色和宽度进行设置。单击"颜色"右边的颜色框，弹出"选择颜色"对话框，如图 4-30 所示。选中合适的颜色作为导线的颜色即可。

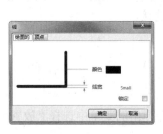

图 4-29 "线"对话框

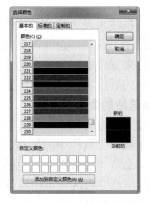

图 4-30 "选择颜色"对话框

导线的宽度设置是通过"线宽"右边的下拉按钮来实现的。有四种选择：Smallest（最细）、Small（细）、Medium（中等）、Large（粗）。一般不需要设置导线属性，采用默认设置即可。

课堂练习——导线
连接单片机电路

4.5.2 课堂练习——导线连接单片机电路

在原理图文件中，绘制图 4-31 所示的原理图。

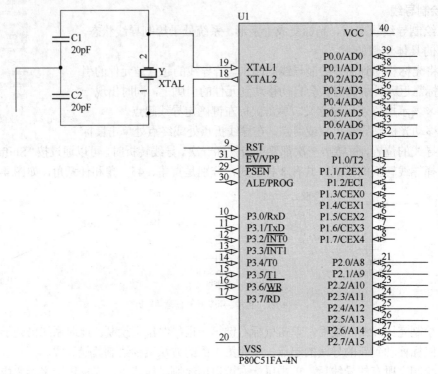

图 4-31 绘制原理图

操作提示：

（1）利用"库"面板加载元件库，查找元件。

（2）放置元件，布局元件，连接导线。

4.5.3 绘制总线

总线就是用一条线来表达数条并行的导线，如常说的数据总线、地址总线等，绘制总线是为了简化原理图，便于读图。总线本身没有实际的电气连接意义，必须由总线接出的各个单一导线上的网络名称来完成电气意义上的连接。由总线接出的各单一导线上必须放置网络名称，具有相同网络名称的导线表示实际电气意义上的连接。

1. 启动绘制总线的命令

启动绘制总线的命令有以下 4 种方法。

（1）单击"布线"工具栏中的 按钮。

（2）执行菜单命令"放置"→"总线"。

（3）在原理图图纸空白区域单击鼠标右键，在弹出的菜单中选择"放置"→"总线"命令。

（4）使用快捷键"P+B"。

2．绘制总线

启动绘制总线命令后，光标变成十字形，在合适的位置单击鼠标左键确定总线的起点，然后拖动鼠标，在转折处单击鼠标左键或在总线的末端单击鼠标左键确定，绘制总线的方法与绘制导线的方法基本相同。

3．总线属性设置

在绘制总线状态下，按"Tab"键，弹出"总线"对话框，如图4-32所示。在绘制总线完成后，如果想要修改总线属性，双击总线，同样弹出"总线"对话框。

图4-32 "总线"对话框

"总线"对话框的设置与导线设置相同，都是对总线颜色和总线宽度的设置。在此不再重复讲述。一般情况下采用默认设置即可。

4.5.4 绘制总线分支

总线分支是单一导线进出总线的端点。导线与总线连接时必须使用总线分支，总线和总线分支没有任何的电气连接意义，只是让电路图看上去更有专业水平，因此电气连接功能要由网路标号来完成。

1．启动总线分支命令

启动总线分支命令主要有以下4种方法。

（1）单击"布线"工具栏中的 按钮。

（2）执行菜单命令"放置"→"总线进口"。

（3）在原理图图纸空白区域单击鼠标右键，在弹出的菜单中选择"放置"→"总线进口"命令。

（4）使用快捷键"P+U"。

2．绘制总线分支

绘制总线分支的步骤如下。

（1）执行绘制总线分支命令后，光标变成十字形，并有分支线"/"悬浮在游标上。如果需要改变分支线的方向，按空格键即可。

（2）移动光标到所要放置总线分支的位置，光标上出现两个红色的十字叉，单击鼠标左键即可完成第一个总线分支的放置。依次可以放置所有的总线分支。

（3）绘制完所有的总线分支后，单击鼠标右键或按"Esc"键退出绘制总线分支状态。光标由十字形变成箭头。

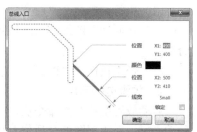

图4-33 "总线入口"对话框

3．总线分支属性设置

在绘制总线分支状态下，按"Tab"键，弹出"总线入口"对话框，如图4-33所示，或者在退出绘制总线分支状态后，双击总线分支同样弹出"总线入口"对话框。

在"总线入口"对话框中，可以设置总线分支的颜色和线宽。位置一般不需要设置，采用默认设置即可。

4.5.5 课堂练习——总线连接单片机电路

在原理图文件中，添加图4-34所示的电气连接。

课堂练习——总线连接单片机电路

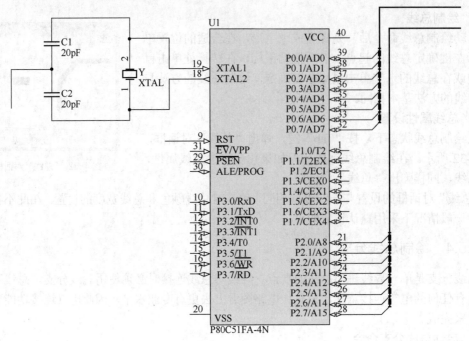

图 4-34　连接原理图

🧑‍🎓 **操作提示：**

在元件引脚与总线间添加总线分支，连接电路。

4.5.6　放置电路节点

电路节点是用来表示两条导线交叉处是否连接的状态。如果没有节点，那么两条导线在电气意义上是不相通的，若有节点则认为两条导线在电气意义上连接的。

1．启动放置电路节点命令

启动放置电路节点命令有 3 种方式。

（1）执行菜单命令"放置"→"手动连接"。

（2）在原理图图纸空白区域单击鼠标右键，在弹出的菜单中选择"放置"→"手动连接"命令。

（3）使用快捷键"P+J"。

2．放置电路节点

启动放置电路节点命令后，光标变成十字形，且光标上有一个红色的圆点，如图 4-35 所示。移动光标，在原理图的合适位置单击鼠标左键完成一个节点的放置。单击鼠标右键退出放置节点状态。

一般在布线时系统会在 T 形交叉处自动加入电路节点，免去手动放置节点的麻烦。但在十字交叉处，系统无法判断两根导线是否相连，就不会自动放置电路节点。如果导线确实是连接的，就需要采用上面讲的方法手工放置电路节点。

3．电路节点属性设置

在放置电路节点状态下，按"Tab"键，弹出"连接"对话框，如图 4-36 所示，或者在退出放置节点状态后，双击节点也可以打开节点属性对话框。

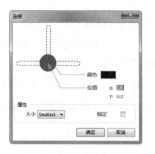

图 4-35　手工放置电路节点　　　　　图 4-36　"连接"对话框

在该对话框中，可以设置节点的颜色和大小。单击"颜色"选项可以改变节点的颜色；在"大小"下拉菜单中可以设置节点的大小；"位置"一般采用默认的设置即可。

4.5.7　放置网络标签

在原理图绘制过程中，元件之间的电气连接除了可以使用导线，还可以通过设置网络标签的方法来实现。

网络标签具有实际的电气连接意义，具有相同网络标签的导线或元件引脚不管在图上是否连接在一起，其电气关系都是连接在一起的。特别是在连接的线路比较远，或者线路过于复杂，而使走线比较困难时，使用网络标签代替实际走线可以大大简化原理图。

需要注意的是，网络标签命令只局限于在单图纸中进行，不同图纸中的相同名称的网络，不代表相连，是没有任何关系的。

（1）选择菜单栏中的"放置"→"网络标号"命令，或单击"布线"工具栏中的 Net（放置网络标号）按钮，也可以按快捷键"P+N"，这时鼠标变成十字形状，并带有一个初始标号"Net Label1"。

（2）移动光标到需要放置网络标签的导线上，当出现红色米字标志时，单击鼠标左键即可完成放置，如图 4-37 所示。此时鼠标仍处于放置网络标签的状态，重复操作即可放置其他的网络标签。单击鼠标右键或者按"Esc"键便可退出操作。

（3）设置网络标签的属性。在放置网络标签的过程中，用户便可以对网络标签的属性进行编辑。双击网络标签或者在鼠标处于放置网络标签的状态时按"Tab"键即可打开网络标签的属性编辑对话框，如图 4-38 所示。在该对话框中可以对"Net"的颜色、位置、旋转角度、名称及字体等属性进行设置。属性编辑结束后单击"确定"按钮即可关闭该对话框。

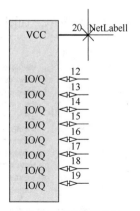
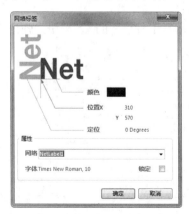

图 4-37　放置网络标签　　　　　　　图 4-38　网络标签属性设置

用户也可在工作窗口中直接改变"网络"的名称，具体操作步骤如下。

（1）单击"工具"→"设置原理图参数"菜单命令，打开"参数选择"对话框，选择"Schematic（原理图）"→"General（常规设置）"标签，选中"使能 In-Place 编辑（能够在当前位置编辑）"复选框（系统默认即为选中状态），如图 4-39 所示。

图 4-39　选中"使能 In-Place 编辑"复选框

（2）此时在工作窗口中用鼠标左键单击网络标签的名称，过一段时间后再一次单击网络标签的名称即可对该网络标签的名称进行编辑。

4.5.8　放置电源和接地符号

放置电源和接地符号一般不采用绘图工具栏中的放置电源和接地菜单命令。通常利用电源和接地符号工具栏完成电源和接地符号的放置。下面首先介绍电源和接地符号工具栏，然后介绍放置电源和接地符号，最后介绍放置电源和接地符号的属性。

1．电源和接地符号工具栏

执行菜单栏命令"察看"→"工具栏"，选中"实用"选项，在编辑窗口上出现图 4-40 所示的一行工具栏。

单击"实用"工具栏中的 按钮，弹出电源和接地符号工具栏菜单，如图 4-41 所示。

图 4-40　选中"实用"选项后出现的工具栏

图 4-41　电源和接地符号工具栏

在电源和接地工具栏中，单击图中的电源和接地图标按钮，可以得到相应的电源和接地符号，非常方便易用。

2．放置电源和接地符号

放置电源和接地符号主要有 5 种方法。

（1）单击"布线"工具栏中的 ┵ 或 ┯ 按钮。

（2）执行菜单命令"放置"→"电源端口"。

（3）在原理图图纸空白区域单击鼠标右键，在弹出的菜单中选择"放置"→"电源端口"命令。

（4）使用电源和接地符号工具栏。

（5）使用快捷键"P+O"。

放置电源和接地符号的步骤如下。

（1）启动放置电源和接地符号后，光标变成十字形，同时一个电源或接地符号悬浮在光标上。

（2）在适合的位置单击鼠标左键或按"Enter"键，即可放置电源和接地符号。

（3）单击鼠标右键或按"Esc"键退出电源和接地放置状态。

3．设置电源和接地符号的属性

启动放置电源和接地符号命令后，按"Tab"键弹出"电源端口"对话框，或者在放置电源和接地符号完成后，双击需要设置的电源符号或接地符号，如图 4-42 所示。该对话框中各参数说明如下。

☑ 颜色：用来设置电源和接地符号的颜色。单击右边的颜色块，可以选择颜色。

☑ 定位：用来设置电源的和接地符号的方向，在下拉菜单中可以选择需要的方向，有 0 Degrees（0°）、90 Degrees（90°）、180 Degrees（180°）、270 Degrees（270°）。方向的设置也可以通过在放置电源和接地符号时按空格键实现，每按一次空格键就变化 90°。

☑ 位置：可以定位 X、Y 的坐标，一般采用默认设置即可。

☑ 类型：单击电源类型的下拉菜单按钮，出现七种不同的电源类型。和电源与接地工具栏中的图示存在一一对应的关系。

☑ 属性：在网络标号中键入所需要的名字，比如 GND、VCC 等 。

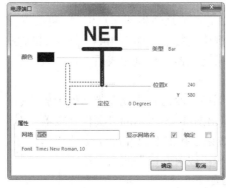

图 4-42　"电源端口"对话框

4.5.9　课堂练习——连接同相回路电路

在原理图文件中，添加图 4-43 所示的网络连接。

课堂练习——连接
同相回路电路

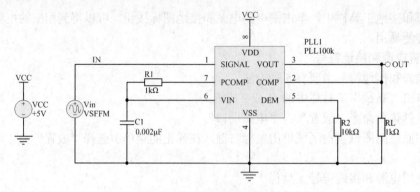

图 4-43　添加电路网络连接

💡**操作提示：**

利用"布线"工具栏命令绘制电源和接地符号及网络标签。

4.6　线束

Altium Designer 5.8 引进一种叫作 Signal Harnesses 的新方法来建立元件之间的连接和降低电路图的复杂性。该功能支持将多个导线、总线包裹在一起进行连接。在导线、总线连接较多且复杂的原理图中，可以使用信号线束将这些线路汇集在一起，结合各种网络标识符进行图纸内或跨图纸连接。

4.6.1　线束连接器

线束连接器是端子的一种，连接器又称插接器，由插头和插座组成。连接器是汽车电路中线束的中继站。线束与线束、线束与电器部件之间一般采用连接器进行连接，汽车线束连接器是连接汽车各个电器与电子设备的重要部件，为了防止连接器在汽车行驶中脱开，所有的连接器均采用了闭锁装置。其操作步骤如下。

（1）选择菜单栏中的"放置"→"线束"→"线束连接器"命令，或单击"布线"工具栏中的（放置线束连接器）按钮 ，或按快捷键"P+H+C"，此时光标变成十字形状，并带有一个线束连接器符号。

（2）将光标移动到想要放置线束连接器的起点位置，单击鼠标左键确定线束连接器的起点。然后拖动光标，单击鼠标左键确定终点，如图 4-44 所示。此时系统仍处于绘制结束接器状态，用同样的方法绘制另一个结束连接器。绘制完成后，单击鼠标右键退出绘制状态。

（3）设置线束连接器的属性。双击总线或在光标处于放置总线的状态时按"Tab"键，弹出图 4-45 所示的"套件连接器"对话框，在该对话框中可以对线束连接器的属性进行设置。"套件连接器"对话框包括"属性"和"线束入口"两个选项卡。

"属性"选项卡的各参数如下。

☑ 位置：用于表示方块电路左上角顶点的位置坐标，用户可以输入设置。

☑ X-Size、Y-Size：用于设置方块电路的长度和宽度。

☑ 板的颜色：用于设置方块电路边框的颜色。单击后面的颜色块，可以在弹出的对话框中

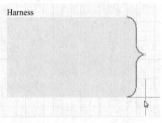

图 4-44　放置线束连接器

设置颜色。

☑ 填充色：用于设置方块电路内部的填充颜色。

☑ 初级位置：用于设置线束连接器的宽度。

☑ 线束类型：用于设置该连接器所代表的文件名。

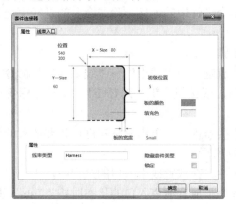

图 4-45 "套件连接器" 对话框

单击图 4-44 中的"线束入口"标签，弹出"线束入口"选项卡，如图 4-46 所示。在该选项卡中可以为连接器添加、删除和编辑与其余元件连接的入口。单击"添加"按钮，在该对话框中自动添加线束入口，如图 4-47 所示。

图 4-46 "线束入口" 选项卡　　　　　　　图 4-47 添加入口

选择菜单栏中的"放置"→"线束"→"预定义的线束连接器"命令，弹出图 4-48 所示的"Place Predefined Harness Connector（放置预定义的线束连接器）"对话框。

图 4-48 "Place Predefined Harness Connector（放置预定义的线束连接器）"对话框

在该对话框中可精确定义线束连接器的名称、端口、线束入口等。

4.6.2 线束入口

线束通过"线束入口"的名称来识别每个网路或总线。**Altium Designer** 正是使用这些名称而非线束入口顺序来建立整个设计中的连接。除非命名的是线束连接器，网络命名一般不使用线束入口的名称。

放置线束入口的操作步骤如下。

（1）选择菜单栏中的"放置"→"线束"→"线束入口"命令，或单击"布线"工具栏中的 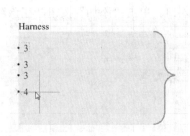 （放置线束入口）按钮，或按组合键"P+H+E"，此时光标变成十字形状，出现一个线束入口随鼠标移动而移动。

（2）移动鼠标到线束连接器内部，单击鼠标左键选择要放置的位置，只能在线束连接器左侧的边框上移动，如图 4-49 所示。

（3）设置线束入口的属性。在放置线束入口的过程中，用户可以对线束入口的属性进行设置。双击线束入口或在光标处于放置线束入口的状态时按"Tab"键，弹出图 4-50 所示的"套件入口"对话框，在该对话框中可以对线束入口的属性进行设置。

图 4-49 调整总线入口分支线的方向

图 4-50 "套件入口"对话框

☑ 文本颜色：用于设置图纸入口名称文字的颜色，同样，单击后面的颜色块，可以在弹出的对话框中设置颜色。

☑ 文本类型：用于设置线束入口中文本显示类型。单击后面的下三角按钮，有 Full（全程）和 Prefix（前缀）2 个选项供选择。

☑ 文本字体：用于设置线束入口的文本字体。单击下面的按钮，弹出图 4-51 所示的"字体"对话框。

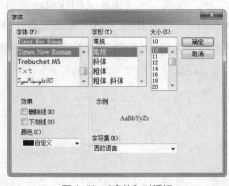

图 4-51 "字体"对话框

☑ 名称：用于设置线束入口的名称。

☑ 位置：用于设置线束入口距离线束连接器边框的距离。
☑ 线束类型：用于设线束入口的输入输出类型。

4.6.3　信号线束

信号线束是一组具有相同性质的并行信号线的组合，通过信号线束，线路，连接到同一电路图上另一个线束接头；或连接到电路图入口或端口，以使信号连接到另一个原理图。

其操作步骤如下。

（1）选择菜单栏中的"放置"→"线束"→"信号线束"命令，或单击"布线"工具栏中的 (放置信号线束）按钮，此时光标变成十字形状。

（2）将光标移动到想要完成电气连接的元件的引脚上，单击鼠标左键放置信号线束的起点。出现红色的符号表示电气连接成功，如图4-52所示。移动光标，多次单击鼠标左键可以确定多个固定点，最后放置信号线束的终点。此时光标仍处于放置信号线束的状态，重复上述操作可以继续放置其他的信号线束。

（3）设置信号线束的属性。在放置信号线束的过程中，用户可以对信号线束的属性进行设置。双击信号线束或在光标处于放置信号线束的状态时按"Tab"键，弹出图4-53所示的"信号套件"对话框，在该对话框中可以对信号线束的属性进行设置。

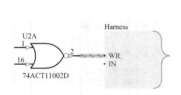

图4-52　放置信号线束

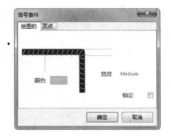

图4-53　"信号套件"对话框

4.7　打印输出

为方便原理图的浏览、交流，经常需要将原理图打印到图纸上。Altium Designer 16 提供了直接将原理图打印输出的功能。

在打印之前首先进行页面设置。选择菜单栏中的"文件"→"页面设置"命令，即可弹出"Schematic Print Properties（原理图打印属性）"对话框，如图4-54所示。

其中各项设置说明如下。

1. "打印纸"栏

设置纸张，具体包括以下3个选项。
☑ "尺寸"：选择所用打印纸的尺寸。
☑ "肖像图"：选中该复选框，将使图纸竖放。
☑ "风景图"：选中该复选框，将使图纸横放。

2. "页边"栏

设置页边距，共有下面两个选项。

图4-54　"Schematic Print Properties"对话框

☑ "水平"：设置水平页边距。

☑ "竖直"：设置垂直页边距。

3. "缩放比例" 栏

设置打印比例，有下面两个选项。

☑ "缩放模式" 下拉菜单：选择比例模式，有下面两种选择。选择 "Fit Document On Page"，系统自动调整比例，以便将整张图纸打印到一张图纸上。选择 "Scaled Print"，由用户自己定义比例的大小，这时整张图纸将以用户定义的比例打印，有可能是打印在一张图纸上，也有可能打印在多张图纸上。

☑ "缩放"：当选择 "Scaled Print（按比例打印）" 模式时，用户可以在这里设置打印比例。

4. "修正" 栏

修正打印比例。

5. "颜色设置" 栏

设置打印的颜色，有单色、颜色和灰的 3 种选择。

单击 预览(M) 按钮，可以预览打印效果。

单击 打印设置 按钮，可以进行打印机设置，如图 4-55 所示。

设置、预览完成后，即可单击 打印(P) 按钮，打印原理图。

此外，执行菜单命令 "文件" → "打印"，或单击工具栏中的 （打印）按钮，也可以实现打印原理图的功能。

图 4-55 打印机设置对话框

4.8 课堂案例——超声波雾化器电路原理图的绘制

课堂案例——超声波雾化器电路原理图绘制

超声波雾化器是以超声波环能的方法产生高频震动使水面产生雾化，在雾化的工程中产生水雾不断向周围蒸发使空气中保持一定的湿度。

本实例主要包括由电阻、电容、电感元件组成的大功率高频振荡器，三极管和电容器构成的电容三点式震荡电路。

本节将从实际操作的角度出发，通过一个具体的实例来说明怎样使用原理图编辑器来完成电路的设计工作。

（1）启动 Altium Designer 16，打开 "Files（文件）" 面板，在 "新的" 选项栏中单击 "Blank Project（PCB）（空白工程文件）" 选项，则在 "Projects（工程）" 面板中显示新建的工程文件，系统提供的默认文件名为"PCB_Project1.PrjPCB"，如图 4-56 所示。

（2）在工程文件"PCB_Project1.PrjPCB"上单击鼠标右键，在弹出的快捷菜单中单击"保存工程为"命令，在弹出的保存文件对话框中输入文件名"超声波雾化器电路.PrjPcb"，并保存在指定的文件夹中。此时，在"Projects（工程）"面板中，工程文件名变为"超声波雾化器.PrjPCB"。该工程中没有任何内容，可以根据设计的需要添加各种设计文档。

（3）在工程文件"超声波雾化器电路.PrjPCB"上单击鼠标右键，在弹出的快捷菜单中单击"给工程添加新的"→"Schematic（原理图）"命令。在该工程文件中新建一个电路原理图文件，系统默认文件名为"Sheet1.SchDoc"。在该文件上单击鼠标右键，在弹出的快捷菜单中单击"保存为"命令，在弹出的保存文件对话框中输入文件名"超声波雾化器电路.SchDoc"。此时，在"Projects（工程）"面板中，原理图文件名变为"超声波雾化器电路.SchDoc"，如图 4-57 所示。在创建原理图文件的同时，也就进入了原理图设计环境。

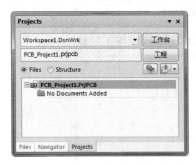

图 4-56　新建工程文件

图 4-57　创建新原理图文件

（4）选择菜单栏中的"设计"→"文档选项"命令，系统将弹出图 4-58 所示的"文档选项"对话框，对图纸参数进行设置。将图纸的尺寸及标准风格设置为"A4"，放置方向设置为"Landscape（水平）"，标题块设置为"Standard（标准）"，单击对话框中的 更改系统字体 按钮，系统将弹出"字体"对话框。在该对话框中，设置字体为"Arial"，设置字形为"常规"，大小设置为"10"，单击"确定"按钮关闭对话框。其他选项均采用系统默认设置。

图 4-58　"文档选项"对话框

（5）在"库"面板中单击 Libraries... 按钮，系统将弹出图 4-59 所示的"可用库"对话框。在该对话框中单击 添加库(A)(A)... 按钮，打开相应的选择库文件对话框，如图 4-60 所示，在该对话框中打开确定的库文件夹选择系统库文件 "Miscellaneous Devices.IntLib" 和 "Miscellaneous Connectors.IntLib"，
单击 打开(O) 按钮，完成元件库的添加，结果如图 4-61 所示，单击 关闭(C) 按钮，关闭该对话框。

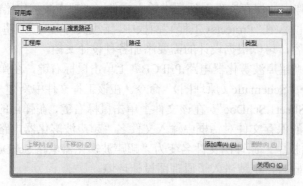

图 4-59 "可用库" 对话框

图 4-60 "打开" 对话框

图 4-61 "可用库" 对话框

　　在绘制原理图的过程中，元件库的添加是最基本的操作，可在原理图编辑初始即添
加所有库，对于复杂电路，也可先添加部分已知元件库，在绘制过程中，依次添加所需
元件库。在绘制原理图的过程中，放置元件的基本原则是根据信号的流向放置，从左到
右，或从上到下。首先应该放置电路中的关键元件，然后放置电阻、电容等外围元件。
在本例中，设定图纸上信号的流向是从左到右，关键元件包括单片机芯片、地址锁存芯
片、扩展数据存储器。

（6）放置超声波换能器。打开"库"面板，在元件库名称栏选择"Miscellaneous Devices.IntLib"，在过滤条件文本框中输入"Sp"，如图 4-62 所示，选择扬声器符号"Speaker"，单击  按钮，将选择的扬声器符号放置在原理图纸上，表示超声波换能器符号。

（7）放置电流表。这里使用的电流表不知道所在元件库名称、所在的库文件位置，因此在整个元件库中进行搜索。打开"库"面板中单击 查找... 按钮，弹出"搜索库"对话框，在"过滤框"中输入"meter"，如图 4-63 所示。

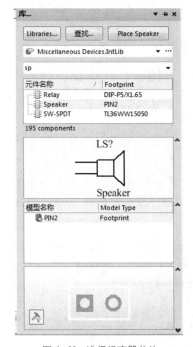

图 4-62　选择扬声器芯片

图 4-63　"搜索库"对话框

（8）单击 查找...(S) 按钮，在"库"面板中显示搜索结果，如图 4-64 所示。

（9）单击 Place Meter 按钮，将选择的计量表符号放置在原理图纸上，代替电流表符号。

（10）放置变压器。这里使用的变压器所在的库文件为"Miscellaneous Devices.IntLib"，在元件列表中选择"Trans CT"，如图 4-65 所示。单击 Place Trans CT 按钮，将选择的变压器符号放置在原理图纸上。

（11）放置空心线圈。这里使用的线圈所在的库文件为"Miscellaneous Devices.IntLib"，在元件列表中选择"Inductor Iron"，如图 4-66 所示。单击 Place Inductor Iron 按钮，将选择的空心线圈符号放置在原理图纸上。

　　　　在放置过程中按"空格"键可 90° 翻转元件，单击 X、Y 键元件分别关于 X、Y 轴对称翻转。

（12）打开"库"面板，在当前元件库名称栏中选择"Miscellaneous Devices.IntLib"，在元件列表中选择"2N3904"，如图 4-67 所示。单击 Place 2N3904 按钮，将选择的三极管元件放置在原理图纸上。

（13）放置熔断器。这里使用的熔断器所在的库文件为"Miscellaneous Devices.IntLib"，在元件列表中选择"Fuse 1"，如图 4-68 所示。单击 Place Fuse 1 按钮，将选择的熔断器放置在原理图纸上。

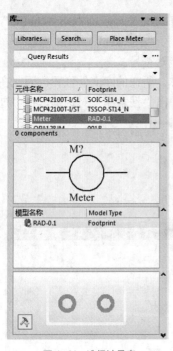

图 4-64　选择计量表

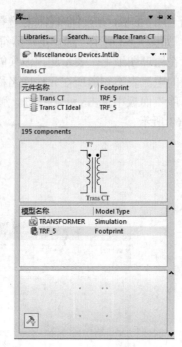

图 4-65　选择变压器

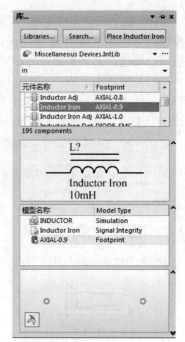

图 4-66　选择线圈

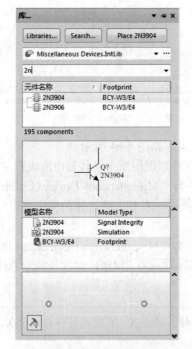

图 4-67　选择三极管芯片

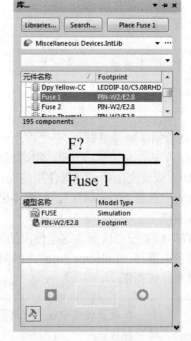

图 4-68　选择熔断器

（14）放置可变电位器。这里使用的熔断器所在的库文件为自定义的"可变电阻.SchLib"，加载结果如图 4-69 所示。

（15）在加载的"可变电阻.SchLib"中选择"RP"，如图 4-70 所示，单击 Place RP 按钮，将选择的可变电位器放置在原理图纸上。

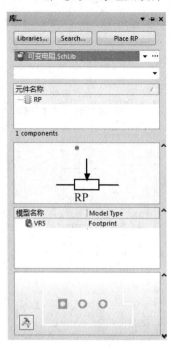

图 4-69 "可用库"对话框

图 4-70 选择可变电阻

放置的元件符号结果如图 4-71 所示。

（16）放置外围元件。在本例中，除了上所述元件符号，还需要其余常见元件符号。剩余元件有 3 个无极性电容元件、1 个极性电容元件、两个二极管和一个电阻均布在电路四周，这些元件都放置在库文件"Miscellaneous Devices.IntLib"中。打开"库"面板，在当前元件库名称栏中选择"Miscellaneous Devices.IntLib"，在元件列表中选择电容"Cap""Cap Pol2"，二极管"Diode"，电阻"Res 2"，如图 4-72～图 4-75 所示。将元件一一进行放置，最终结果如图 4-76 所示。

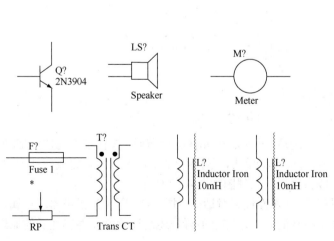

图 4-71 放置元件

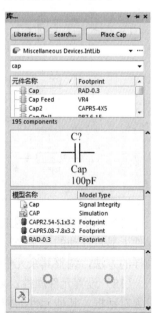

图 4-72 选择电容元件

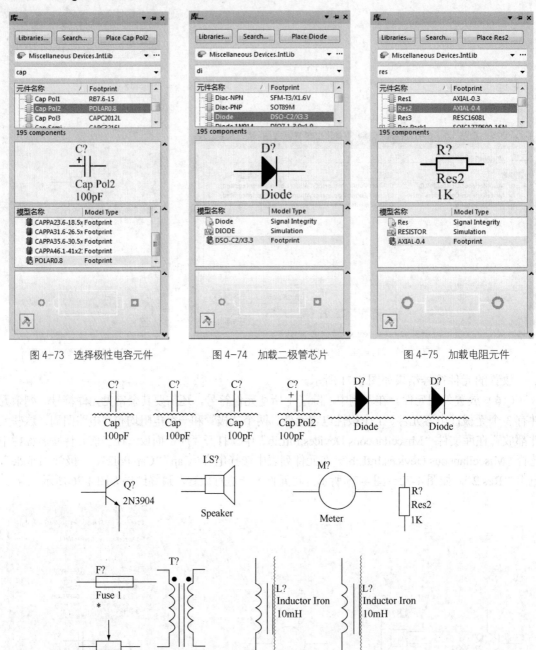

图 4-73　选择极性电容元件　　　　图 4-74　加载二极管芯片　　　　图 4-75　加载电阻元件

图 4-76　放置元件

（17）元件布局。在图纸上放置好元件之后，再对各个元件进行布局，按住选中元件并拖动，元件上显示浮动的十字光标，表示选中元件，拖动鼠标至对应位置，放开鼠标，完成元件定位，同样的方法，调整其余元件位置，完成布局后的原理图如图 4-77 所示。

（18）设置元件属性。双击元件打开元件属性设置对话框，图 4-78 所示为扬声器芯片属性设置对话框。其他元件的属性设置采用同样的方法，这里不再赘述。设置好元件属性后的原理图如图 4-79 所示。

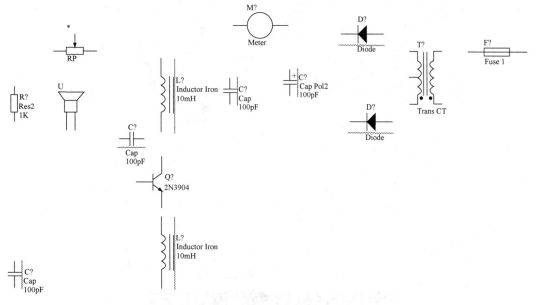

图 4-77 元件布局

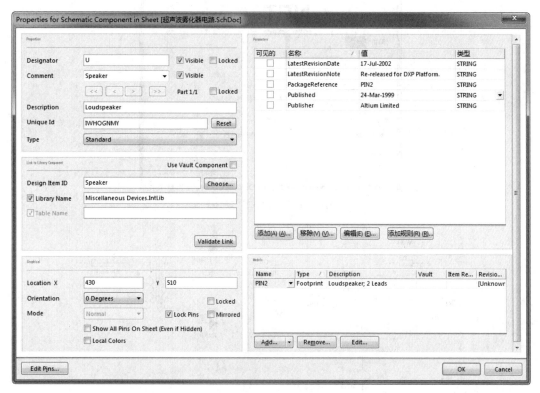

图 4-78 设置芯片属性

（19）放置电源和接地符号。单击"布线"工具栏中的 ^{Ucc}（VCC 电源符号）按钮，弹出"电源端口"符号，在"网络"文本框输入"100V"，如图 4-80 所示。

（20）单击"布线"工具栏中的 _┷（GND 接地符号）按钮，放置原理图符号，结果如图 4-81 所示。

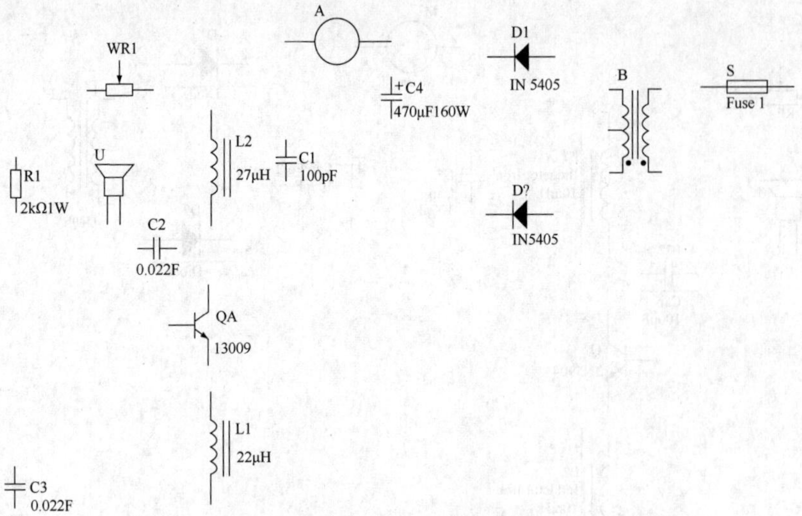

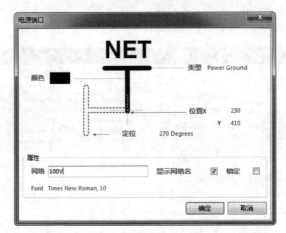

图 4-79　设置好元件属性后的原理图

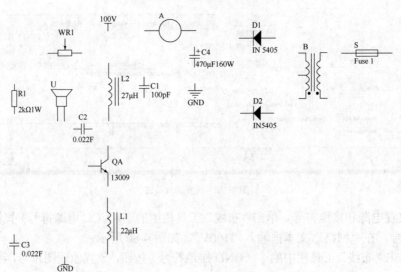

图 4-80　"电源端口"对话框

图 4-81　放置原理图符号

（21）连接导线。单击"布线"工具栏中的 ≋ （放置线）按钮，根据电路设计的要求把各个元件连接起来，如图 4-82 所示。

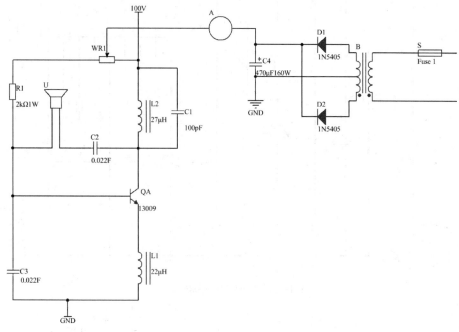

图 4-82　连接导线

（22）至此就绘制完超声波雾化器电路原理图了，保存电路图即可。

4.9　课后习题

1. 原理图的创建方式有几种，分别是什么？
2. 原理图的图纸单位如何设置？
3. 原理图有几种连接方式，分别是什么？
4. 原理图的电气节点添加条件是什么？
5. 线束如何应用？
6. 线束与总线有何异同？
7. 电源与接地符号的操作有何异同？
8. 电源的参数如何设置？
9. 仿真元件与一般元件有何异同？
10. 网络标签的添加条件是什么？
11. 绘制图 4-83 所示的电饭煲饭熟报知器电路。
12. 绘制图 4-84 所示的电容器装载与卸除电路。

习题 11

习题 12

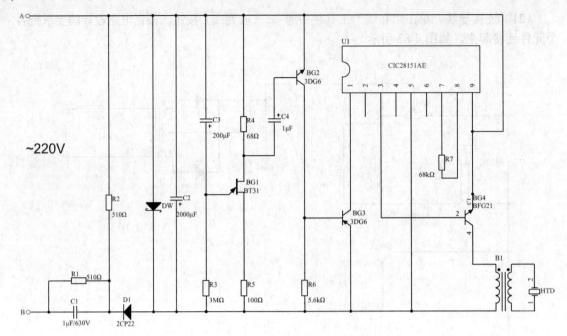

图 4-83　电饭煲饭熟报知器电路

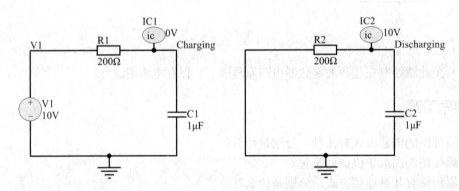

图 4-84　电容器装载与卸除电路

第 **5** 章 原理图的分析

内容指南

Altium Designer 16 中提供了一些原理图的高级分析方法，若用户掌握了这些分析操作方法，再复杂的电路图也变得更加得心应手了。

本章将详细介绍原理图分析操作，这些操作提高了原理图的正确性，更加贴近应用，为后面的电路板设计节省了检测步骤。

知识重点

📖 原理图的编译

📖 报表输出

📖 信号完整性分析

5.1 原理图的电气检测

利用 Altium Designer 16 的原理图编辑器绘制好电路原理图以后，并不能立即把它传送到 PCB 编辑器中，以生成 PCB（印制电路板）文件。因为实际应用中的电路设计都比较复杂，一般或多或少都会有一些错误或者疏漏之处。

Altium Designer 16 和其他的 Altium 家族软件一样有电气检测法则，可以对原理图的电气连接特性进行自动检查，检查后的错误信息将在 "Messages（信息）" 工作面板中列出，同时也在原理图中标注出来。

5.1.1 原理图的编译参数

Altium Designer 16 提供了编译器这个强大的工具，系统根据用户的设置，会对整个电路图进行电气检查，对检测出的错误生成各种报表和统计信息，帮助用户进一步修改和完善设计工作。

编译器的环境设置通过 "参数选择" 对话框中的 "Schematic（原理图）" → "Compiler（编译）" 标签页来完成，如图 5-1 所示，各参数区域介绍如下。

1. "错误和警告" 选项区域

该区域用来设置编译过程中出现的错误是否显示出来，并可以选择颜色加以标记。系统错误有 3 种，分别是 Fatal Error（致命错误）、Error（错误）和 Warning（警告）。此选项区域采用系统默认即可。

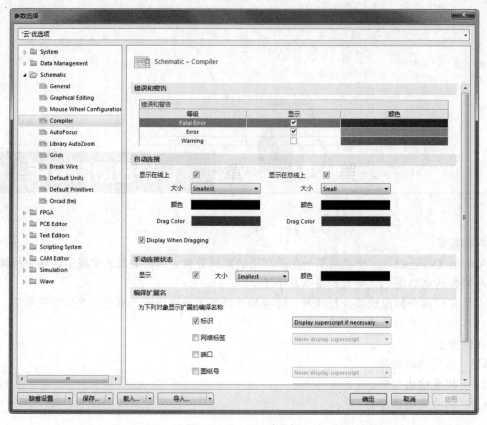

图 5-1　Complier 选项卡

2. "自动连接"选项区域

该区域主要用来设置在电路原理图连线时，在导线的"T"字形连接处，系统自动添加电气节点的显示方式。有 2 个复选框供选择。

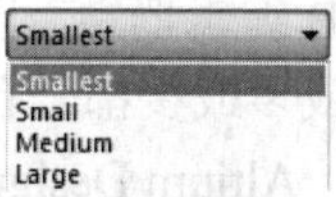

☑ "显示在线上"：在导线上显示，若选中此复选框，导线上的"T"字形连接处会显示电气节点。电气节点的大小用"大小"设置，有四种选择，如图 5-2 所示。在"颜色"中可以设置电气节点的颜色。

图 5-2　电气节点大小设置

☑ "显示在总线上"：在总线上显示，若选中此复选框，总线上的"T"字形连接处会显示电气节点。电气节点的大小和颜色设置操作与前面的相同。

3. "编译扩展名"选项区域

该区域主要用来设置要显示对象的扩展名。若选中"标识"复选框后，在电路原理图上会显示标识的扩展名。其他对象的设置操作同上。

5.1.2　原理图的编译

原理图的自动检测机制只是对用户所绘制原理图中的连接进行检测，系统并不知道原理图到底要设计成什么样子，所以如果检测后的"Messages（信息）"工作面板中并无错误信息出现，这并不表示该原理图的设计完全正确。用户还需将网络表中的内容与所要求的设计反复对照和修改，直到完全正确为止。

1. 原理图的编译

对原理图各种电气错误等级设置完毕后，用户便可以对原理图进行编译操作，随即进入原

理图的调试阶段。选择菜单栏中的"工程"→"Compile Document...（文件编译）"命令，进行
文件的编译，系统的自动检测结果将出现在"Messages（信息）"面板中，如图5-3所示。

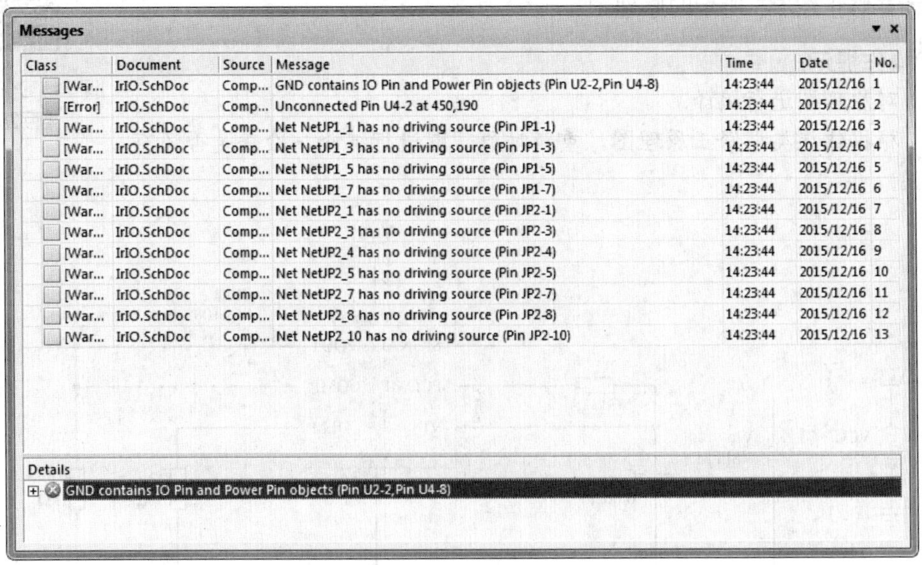

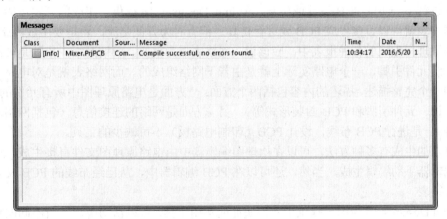

图5-3　编译后的"Messages"面板

在"Message（信息）"面板中双击错误选项，系统在"Details（细节）"选项下列出了该项
错误的详细信息。同时，工作窗口将跳到该对象上。除了该对象外，其他所有对象处于被遮挡
状态，跳转后只有该对象可以进行编辑。

2. 原理图的修正

当原理图绘制无误时，"Messages（信息）"面板中将显示无错误信息。当出现错误的等
级为"Error（错误）"或"Fatal Error（严重的错误）"时，"Messages（信息）" 面板将自动
弹出。错误等级为"Warning（警告）"时，用户需自己打开"Messages（信息）"面板对错误
进行修改。

完成原理图修改后，选择菜单栏中的"工程"→"Recompile（重新编译）"命令，对该原
理图进行重新编译。此时"Message（信息）"面板将出现在工作窗口的下方，显示编译成功信
息，如图5-4所示。

图5-4　编译后的"Messages"面板

5.1.3 课堂练习——编译同相回路电路

编译并修正图 5-5 所示的原理图。

操作提示：

（1）对原理图进行编译。

（2）根据错误类型修正原理图，重新对原理图进行编译，检查是否还有其他错误。

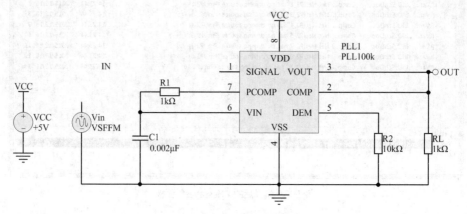

图 5-5　要编译的电路原理图

5.2　报表输出

当电路原理图设计完成并且经过编译检测之后，用户应该充分利用系统所提供的这种功能来创建各种原理图的报表文件。借助于这些报表，用户能够从不同的角度，更好地去掌握整个工程的有关设计信息，以便为下一步的设计工作做好充足的准备。

5.2.1 网络表

网络表有多种格式，通常为一个 ASCII 码的文本文件，网络表用于记录和描述电路中的各个元件的数据以及各个元件之间的连接关系。在以往低版本的设计软件中，往往需要生成网络表，以便进行下一步的 PCB 设计或仿真。Altium Designer 16 提供了集成的开发环境，用户不用生成网络表就可以直接生成 PCB 或进行仿真。但有时为方便交流，还是要生成网络表。

在由原理图生成的各种报表中，应该说，网络表最为重要。所谓网络，指的是彼此连接在一起的一组元件引脚，一个电路实际上就是由若干网络组成的。而网络表就是对电路或者电路原理图的一个完整描述，描述的内容包括两个方面：一方面是电路原理图中所有元件的信息（包括元件标识、元件引脚和 PCB 封装形式等）；另一方面是网络的连接信息（包括网络名称、网络节点等），是进行 PCB 布线，设计 PCB（印制电路板）不可缺少的工具。

网络表的生成有多种方法，可以在原理图编辑器中由电路原理图文件直接生成，也可以利用文本编辑器手动编辑生成，当然，还可以在 PCB 编辑器中，从已经布线的 PCB 文件中导出相应的网络表。

Altium Designer 16 为用户提供了方便快捷的实用工具，可以帮助用户针对不同的项目设计需求，创建多种格式的网络表文件。在这里，需要创建的是用于 PCB 设计的网络表。

具体来说，网络表包括两种，一种是基于单个原理图文件的网络表，另一种则是基于整个项目的网络。

1．网络表选项设置

选择菜单栏中的"工程"→"工程参数"命令，打开项目管理选项对话框。单击"Options（选项）"标签，打开"Options（选项）"标签页，如图 5-6 所示。

图 5-6　"Options"标签页

在该标签页内可以进行网络表的有关选项设置。

（1）"Output Path（输出路径）"文本框：用于设置各种报表（包括网络表）的输出路径，系统会根据当前项目所在的文件夹自动创建默认路径。例如，在图 5-6 中，系统自动创建默认路径，单击右侧的 ◎（打开）图标，可以对默认路径进行更改。

（2）"ECO 日志路径"文本框：用于设置 ECO Log 文件的输出路径，系统会根据当前项目所在的文件夹自动创建默认路径。单击右侧的 ◎（打开）图标，可以对默认路径进行更改。

（3）"输出选项"选项组：用于设置网络表的输出选项，一般保持默认设置即可。

（4）"网络表选项"选项组：用于设置创建网络表的条件。

☑ "允许端口命名网络"复选框：用于设置是否允许用系统产生的网络名代替与电路输入/输出端口相关联的网络名。如果所设计的工程只是普通的原理图文件，不包含层次关系，可勾选该复选框。

☑ "允许方块电路入口命名网络"复选框：用于设置是否允许用系统生成的网络名代替与图纸入口相关联的网络名，系统默认勾选。

☑ "允许单独的管脚网络"复选框：用于设置生成网络表时，是否允许系统自动将管脚号添加到各个网络名称中。

☑ "附加方块电路数目到本地网络"复选框：用于设置生成网络表时，是否允许系统自动将图纸号添加到各个网络名称中。当一个工程中包含多个原理图文档时，勾选该复选框，便于查找错误。

☑ "高水平名称取得优先权" 复选框：用于设置生成网络表时排序的优先权。勾选该复选框系统以名称对应结构层次的高低决定优先权。

☑ "电源端口名称取得优先权" 复选框：用于设置生成网络表时的排序优先权。勾选该复选框，系统将对电源端口的命名给予更高的优先权。本例中，使用系统默认的设置即可。

2．创建工程网络表

工程的网络表文件是相对于整个工程文件，网络表的信息包括整个工程下所有文件信息。

（1）选择菜单栏中的"设计" → "工程的网络表" → "PCAD（生成工程网络表）"命令，如图 5-7 所示。

（2）系统自动生成了当前工程的网络表文件 ".NET"，并存放在当前工程下的 "Generated \Netlist Files" 文件夹中。双击打开该工程网络表文件 ".NET"，结果如图 5-8 所示。

该网络表是一个简单的 ASCII 码文本文件，由一行一行的文本组成。内容分成了两大部分，一部分是元件的信息，另一部分则是网络的信息。

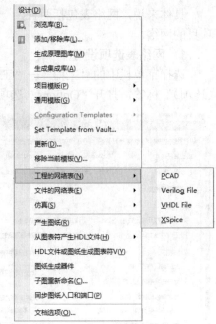

图 5-7　创建工程网络表菜单命令

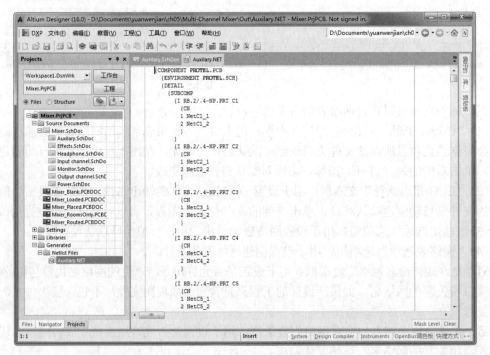

图 5-8　创建项目的网络表文件

元件的信息由若干小段组成，每一元件的信息为一小段，用方括号分隔，由元件的标识、封装形式、型号、管脚、数值等组成，如图 5-9 所示，空行则是由系统自动生成的。

网络的信息同样由若干小段组成，每一网络的信息为一小段，用方括号分隔，由网络名称和网络中所有具有电气连接关系的元件引脚所组成，如图 5-10 所示。

图 5-9　一个元件的信息组成　　　　　　　图 5-10　一个网络的信息组成

5.2.2　基于单个原理图文件的网络表

原理图文件的网络表包括当前编辑窗口中的原理图信息，不包括该工程下其余的原理图信息。

选择菜单栏中的"设计"→"文件的网络表"→"PCAD（生成工程网络表）"命令，系统自动生成了当前原理图的网络表文件".NET"，并存放在当前工程下的"Generated\Netlist Files"文件夹中。双击打开该原理图的网络表文件".NET"，结果如图 5-11 所示。

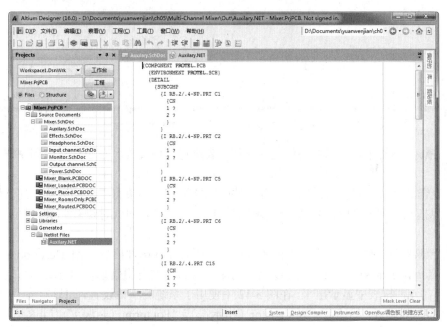

图 5-11　创建原理图文件的网络表

该网络表的组成形式与上述基于整个工程的网络表是一样的，在此不再重复。

由于该项目不只有一个原理图文件，因此，基于原理图文件的网络表".NET"与基于整个工程的网络表名称相同，但所包含的内容不完全相同。

5.2.3　生成元件报表

元件报表主要用来列出当前工程中用到的所有元件的标识、封装形式、库参考等，相当于一份元件清单。依据这份报表，用户可以详细查看工程中元件的各类信息，同时，在制作印制电路板时，也可以作为元件采购的参考。

1. 元件报表的选项设置

（1）选择菜单栏中的"报告"→"Bill of Materials（元件清单）"命令，系统弹出相应的元件报表对话框，如图 5-12 所示。

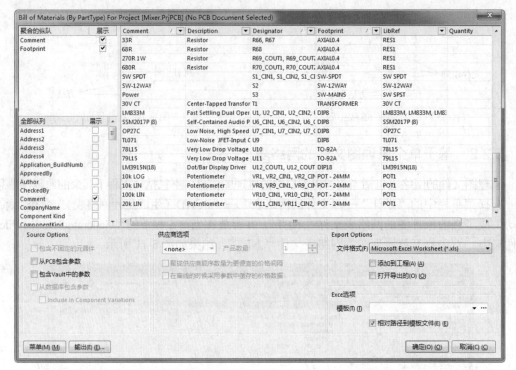

图 5-12 "Bill of Materials（元件报表）"对话框

（2）在该对话框中，可以对要创建的元件报表进行选项设置。左边有 2 个列表框，它们的含义不同。

☑ "聚合的纵队"列表框：用于设置元件的归类标准。如果将"全部纵队"列表框中的某一属性信息拖到该列表框中，则系统将以该属性信息为标准，对元件进行归类，显示在元件报表中。

☑ "全部纵队"列表框：用于列出系统提供的所有元件属性信息，如 Description（元件描述信息）、Component Kind（元件种类）等。对于需要查看的有用信息，勾选右侧与之对应的复选框，即可在元件报表中显示出来。在图 5-12 中使用了系统的默认设置，即只勾选了"Comment（注释）""Description（描述）""Designator（指示符）""Footprint（封装）""LibRef（库编号）"和"Quantity（数量）"6 个复选框。

例如，选择了"全部纵队"中的"Description（描述）"选项，单击鼠标左键将该项拖到"聚合的纵队"列表框中。此时，所有描述信息相同的元件被归为一类，显示在右边元件列表中。

另外，在右边元件列表的各栏中，都有一个下拉按钮，单击该按钮，同样可以设置元件列表的显示内容。

例如，单击元件列表中"Description（描述）"栏的下拉按钮 ▼，则会弹出图 5-13 所示的下拉列表。

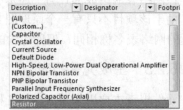

图 5-13 "Description（描述）"栏的下拉列表

在该下拉列表中，可以选择"All"（显示全部元件），也可以选择"Custom"（以定制方式显示），还可以只显示具有某一具体描述信息的元件。例如，我们选择了"Diode（二极管）"，则相应的元件列表如图 5-14 所示。

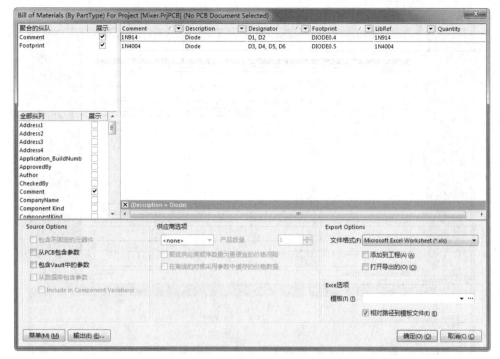

图 5-14　只显示描述信息为 "Diode" 的元件

在该列表框的下方，还有若干选项和按钮，功能如下。

☑ "文件格式"下拉列表框：用于为元件报表设置文件输出格式。单击右侧的下拉按钮 ▼，可以选择不同的文件输出格式，如 CVS 格式、Excel 格式、PDF 格式、html 格式、文本格式、XML 格式等。

☑ "添加到工程"复选框：若勾选该复选框，则系统在创建了元件报表之后会将报表直接添加到项目里面。

☑ "打开导出的报表"复选框：若勾选该复选框，则系统在创建了元件报表以后，会自动以相应的格式打开。

☑ "模板"下拉列表框：用于为元件报表设置显示模板。单击右侧的下拉按钮 ▼，可以使用曾经用过的模板文件，也可以单击 ⋯ 按钮重新选择。选择时，如果模板文件与元件报表在同一目录下，则可以勾选下面的 "Relative Path to Template File 相对路径（到模板文件）"复选框，使用相对路径搜索，否则应该使用绝对路径搜索。

图 5-15　"菜单"快捷菜单

☑ "菜单"按钮：单击该按钮，弹出图 5-15 所示的菜单。其中，选择"强制列查看"命令，则系统将根据当前元件报表窗口的大小重新调整各栏的宽度，使所有项目都可以显示出来。

☑ "输出"按钮：单击该按钮，可以将元件报表保存到指定的文件夹中。

设置好元件报表的相应选项后，就可以进行元件报表的创建、显示及输出了。元件报表可以以多种格式输出，但一般选择 Excel 格式。

2．元件清单的创建

（1）单击执行 菜单(M) (M) 菜单下的"报告"菜单命令，则弹出元件报表预览对话框，如图 5-16所示。

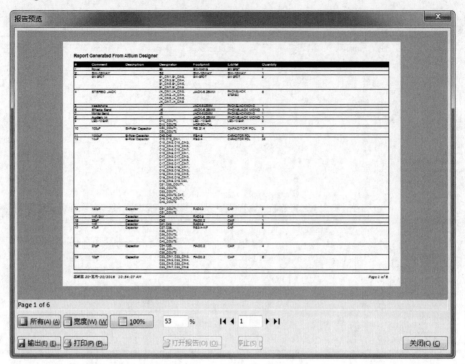

图 5-16 "报告预览" 对话框

（2）单击 输出(E) (E)... 按钮，可以将该报表进行保存，默认文件名为"×××.xls"，是一个 Excel 文件。

（3）单击 打开报告(O) (O)... 按钮，可以将该报表打开。

（4）单击 打印(P) (P)... 按钮，则可以将该报表进行打印输出。

（5）在元件报表对话框中，单击"模板"文本框右侧"…"按钮，在"X:\Program Files\AD 16\Template"目录下，选择系统自带的元件报表模板文件"BOM Default Template.XLT"，如图 5-17 所示。

图 5-17 "Choose Template Filename（选择元件报表模板）"对话框

（6）单击 打开(O) 按钮后，返回元件报表对话框。单击 确定(O)(O) 按钮，退出对话框。

3．简单报表的生成

Altium Designer 16 还为用户提供了简易的元件报表，不需要进行设置即可产生。选择菜单栏中的"报告"→"Simple BOM（简单报表）"命令，则系统同时产生两个文件".BOM"和".CSV"，并加入到工程中，如图 5-18 所示。

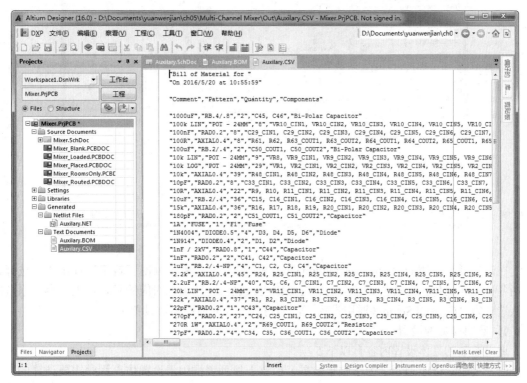

图 5-18　简易元件报表

5.3　电路仿真分析

所谓电路仿真，就是用户直接利用 EDA 软件自身所提供的功能和环境，对所设计电路的实际运行情况进行模拟的一个过程。在制作 PCB 之前，用户能够对原理图进行仿真，明确把握系统的性能指标并以此对各项参数进行适当调整，这样能节省大量的人力和物力。由于整个过程是在计算机上运行的，所以操作相当简便，免去了构建实际电路系统的不便，用户只需要输入不同的参数，就能得到不同情况下电路系统的性能，而且仿真结果真实、直观，便于用户查看和比较。

5.3.1　仿真设置

在电路仿真中，选择合适的仿真方式并对相应的参数进行合理的设置，是仿真能够正确运行并能获得良好的仿真效果的关键保证。

一般来说，仿真方式的设置包含两部分：一是各种仿真方式都需要的通用参数设置，二是具体的仿真方式所需要的特定参数设置，二者缺一不可。

在原理图编辑环境中，选择菜单栏中的"设计"→"仿真"→"Mixed Sim（混合仿真）"命令，则系统弹出图 5-19 所示的分析设定对话框。

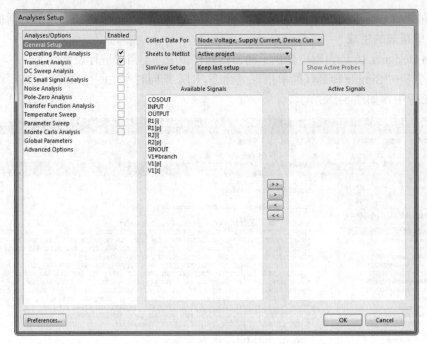

图 5-19　仿真分析设置对话框

在该对话框左侧的"Analyses/Options（分析/选项）"栏中，列出了若干选项供用户选择，包括各种具体的仿真方式。而对话框的右侧则用来显示与选项相对应的具体设置内容。系统的默认选项为"General Setup（通用设置）"，即仿真方式的通用参数设置。

1. 通用参数的设置

通用参数的具体设置内容有以下 5 项。

（1）"Collect Data For（为了收集数据）"：该下拉列表框用于设置仿真程序需要计算的数据类型。

☑ Node Voltage and Supply Current：将保存每个节点电压和每个电源电流的数据。

☑ Node Voltage，Supply and Device Current：将保存每个节点电压、每个电源和元件电流的数据。

☑ Node Voltage，Supply Current，Device Current and Power：将保存每个节点电压、每个电源电流以及每个元件的电源和电流的数据。

☑ Node Voltage，Supply Current and Subcircuit VARs：将保存每个节点电压、来自每个电源的电流源以及子电路变量中匹配的电压/电流的数据。

☑ Active Signals/Probe（积极信号/探针）：仅保存在 Active Signals 中列出的信号分析结果。由于仿真程序在计算上述这些数据时要占用很长的时间，因此，在进行电路仿真时，用户应该尽可能少地设置需要计算的数据，只需要观测电路中节点的一些关键信号波形即可。

单击右侧的"Collect Data For（为了收集数据）"下拉列表，可以看到系统提供了几种需要计算的数据组合，用户可以根据具体仿真的要求加以选择，系统默认为"Node Voltage，Supply Current，Device Current any Power"。

一般来说，应设置为"Active Signals（积极的信号）"，这样一方面可以灵活选择所要观测的信号，另一方面可以减少仿真的计算量，提高效率。

（2）"Sheets to Netlist（网表薄片）"：该下拉列表框用于设置仿真程序作用的范围。

☑ "Active sheet"：当前的电路仿真原理图。

☑ "Active project"：当前的整个项目。

（3）"SimView Setup"（仿真视图设置）：该下拉列表框用于设置仿真结果的显示内容。

☑ "Keep last setup"：按照上一次仿真操作的设置在仿真结果图中显示信号波形，忽略 "Active Signals" 栏中所列出的信号。

☑ "Show active signals"：按照 "Active Signals" 栏中所列出的信号，在仿真结果图中进行显示。

一般应设置为 "Show active signals"。

（4）"Available Signals"：该列表框中列出了所有可供选择的观测信号，具体内容随着 "Collect Data For" 列表框的设置变化而变化，即对于不同的数据组合，可以观测的信号是不同的。

（5）"Active Signals（积极的信号）"：该列表框列出了仿真程序运行结束后，能够立刻在仿真结果图中显示的信号。

在 "Active Signals（积极的信号）" 列表框中选中某一个需要显示的信号后，如选择 "IN"，单击□按钮，可以将该信号加入到 "Active Signals（积极的信号）" 列表框，以便在仿真结果图中显示。单击□按钮则可以将 "Active Signals（积极的信号）" 列表框中某个不需要显示的信号移回 "Available Signals（有用的信号）" 列表框。或者，单击□按钮，直接将全部可用的信号加入到 "Active Signals（积极的信号）" 列表框中。单击□按钮，则将全部活动信号移回 "Available Signals（有用的信号）" 列表框中。

上面讲述的是在仿真运行前需要完成的通用参数设置。而对于用户具体选用的仿真方式，还需要进行一些特定参数的设定。

2．仿真方式的具体参数设置

在 Altium Designer 16 系统中，共提供了 12 种仿真方式。

☑ 静态工作点分析（Operating Point Analysis）

☑ 瞬态分析（Transient Analysis）

☑ 直流扫描分析（DC Sweep Analysis）

☑ 交流小信号分析（AC Small Signal Analysis）

☑ 噪声分析（Noise Analysis）

☑ 零—极点分析（Pole-Zero Analysis）

☑ 传递函数分析（Transfer Function Analysis）

☑ 蒙特卡罗分析（Monte Carlo Analysis）

☑ 参数扫描（Parameter Sweep）

☑ 温度扫描（Temperature Sweep）

☑ 全局参数（Global Parameters）。

☑ 仿真高级参数（Advanced Options）。

5.3.2　课堂练习——静态工作点分析

绘制图 5-20 所示的电路图，完成电路的仿真分析。

课堂练习——静态工作点分析

💡**操作提示：**

选择菜单栏中的 "设计" → "仿真" → "Mixed Sim（混合仿真）" 命令，进行瞬态分析与静态工作点分析。

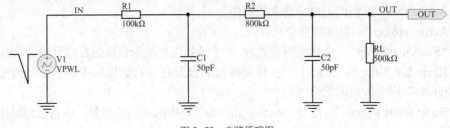

图 5-20　电路原理图

5.4　信号完整性分析

在高速数字系统中，由于脉冲上升/下降时间通常在十到几百皮秒，因此当受到诸如内连、传输时延和电源噪声等因素的影响时，电路容易造成脉冲信号失真的现象；在自然界中，存在着各种各样频率的微波和电磁干扰源，可能由于很小的差异导致高速系统设计的失败。

在电子产品向高密和高速电路设计方向发展的今天，解决一系列信号完整性的问题，成为当前每一个电子设计者所必须面对的问题。用户通常会采用在 PCB 制板前期，通过信号完整性分析工具尽可能将设计风险降到最低，从而也大大促进了 EDA 设计工具的发展。

5.4.1　信号完整性分析的概念

所谓信号完整性，顾名思义，就是指信号通过信号线传输后仍能保持完整，即仍能保持其正确的功能而未受到损伤的一种特性。具体来说，是指信号在电路中以正确的时序和电压做出响应的能力。当电路中的信号能够以正确的时序、要求的持续时间和电压幅度进行传送，并到达输出端时，说明该电路具有良好的信号完整性，而当信号不能正常响应时，就出现了信号完整性问题。

我们知道，一个数字系统能否正确工作，其关键在于信号定时是否准确，而信号定时与信号在传输线上的传输延迟，以及信号波形的损坏程度等有着密切的关系。差的信号完整性不是由某一个单一因素导致的，而是由板级设计中的多种因素共同引起的。仿真证实：集成电路的切换速度过快，端接元件的布设不正确，电路的互连不合理等都会引发信号完整性问题。

常见的信号完整性问题主要有以下 4 种。

1．传输延迟（Transmission Delay）

传输延迟表明数据或时钟信号没有在规定的时间内以一定的持续时间和幅度到达接收端。信号延迟是由驱动过载、走线过长的传输线效应引起的，传输线上的等效电容、电感会对信号的数字切换产生延时，影响集成电路的建立时间和保持时间。集成电路只能按照规定的时序来接收数据，延时足够长会导致集成电路无法正确判断数据，则电路将工作不正常甚至完全不能工作。

在高频电路设计中，信号的传输延迟是一个无法完全避免的问题，为此引入了一个延迟容限的概念，即在保证电路能够正常工作的前提下，所允许的信号最大时序变化量。

2．串扰（Crosstalk）

串扰是没有电气连接的信号线之间的感应电压和感应电流所导致的电磁耦合。这种耦合会使信号线起着天线的作用，其容性耦合会引发耦合电流，感性耦合会引发耦合电压，并且随着时钟速率的升高和设计尺寸的缩小而加大。这是由于信号线上有交变的信号电流通过时，会产生交变的磁场，处于该磁场中的其他信号线会感应出信号电压。

印刷电路板层的参数、信号线的间距、驱动端和接收端的电气特性及信号线的端接方式等都对串扰有一定的影响。

3．反射（Reflection）

反射就是传输线上的回波，信号功率的一部分经传输线传给负载，另一部分则向源端反射。在高速设计中，可以把导线等效为传输线，而不再是集总参数电路中的导线，如果阻抗匹配（源端阻抗、传输线阻抗与负载阻抗相等），则反射不会发生。反之，若负载阻抗与传输线阻抗失配就会导致接收端的反射。

布线的某些几何形状、不适当的端接、经过连接器的传输及电源平面不连续等因素均会导致信号的反射。由于反射，会导致传送信号出现严重的过冲（Overshoot）或下冲（Undershoot）现象，致使波形变形、逻辑混乱。

4．接地反弹（Ground Bounce）

接地反弹是指由于电路中较大的电流涌动而在电源与接地平面间产生大量噪声的现象。如大量芯片同步切换时，会产生一个较大的瞬态电流从芯片与电源平面间流过，芯片封装与电源间的寄生电感、电容和电阻会引发电源噪声，使得零电位平面上产生较大的电压波动（可能高达 2V），足以造成其他元件误动作。

由于接地平面的分割（分为数字接地、模拟接地、屏蔽接地等），可能引起数字信号传到模拟接地区域时，产生接地平面回流反弹。同样，电源平面分割也可能出现类似危害。负载容性的增大、阻性的减小、寄生参数的增大、切换速度增高，以及同步切换数目的增加，均可能导致接地反弹增加。

除此之外，在高频电路的设计中还存在有其他一些与电路功能本身无关的信号完整性问题，如电路板上的网络阻抗、电磁兼容性等。

因此，在实际制作 PCB 之前进行信号完整性分析，以提高设计的可靠性，降低设计成本，是非常必要的。

5.4.2　信号完整性分析工具

Altium Designer 16 包含一个高级信号完整性仿真器，能分析 PCB 设计并检查设计参数，测试过冲、下冲、线路阻抗和信号斜率。如果 PCB 上任何一个设计要求（由 DRC 指定的）有问题，即可对 PCB 进行反射或串扰分析，以确定问题所在。

Altium Designer 16 的信号完整性分析和 PCB 设计过程是无缝连接的，该模块提供了极其精确的板级分析。能检查整板的串扰、过冲、下冲、上升时间、下降时间和线路阻抗等问题。在制造 PCB 前，用最小的代价来解决高速电路设计带来的问题和 EMC/EMI （电磁兼容性/电磁抗干扰）等问题。

Altium Designer 16 的信号完整性分析模块的设计特性如下。

- ☑ 设置简单，可以像在 PCB 编辑器中定义设计规则一样定义设计参数。
- ☑ 通过运行 DRC，可以快速定位不符合设计需求的网络。
- ☑ 无需特殊的经验，可以从 PCB 中直接进行信号完整性分析。
- ☑ 提供快速的反射和串扰分析。
- ☑ 利用 I/O 缓冲器宏模型，无需额外的 SPICE 或模拟仿真知识。
- ☑ 信号完整性分析的结果采用示波器形式显示。
- ☑ 采用成熟的传输线特性计算和并发仿真算法。
- ☑ 用电阻和电容参数值对不同的终止策略进行假设分析，并可对逻辑块进行快速替换。
- ☑ 提供 IC 模型库，包括校验模型。
- ☑ 宏模型逼近使得仿真更快、更精确。

☑ 自动模型连接。

☑ 支持 I/O 缓冲器模型的 IBIS2 工业标准子集。

☑ 利用信号完整性宏模型可以快速地自定义模型。

5.4.3　信号完整性分析规则设置

Altium Designer 16 中包含了许多信号完整性分析的规则，这些规则用于在 PCB 设计中检测一些潜在的信号完整性问题。

在 Altium Designer 16 的 PCB 编辑环境中，执行"设计"→"规则"菜单命令，系统将弹出图 5-21 所示的"PCB 规则及约束编辑器"对话框。在该对话框中单击"Design Rules"前面的⊞按钮，选择其中的"Signal Integrity"规则设置选项，即可看到各种信号完整性分析的选项，可以根据设计工作的要求选择所需的规则进行设置。

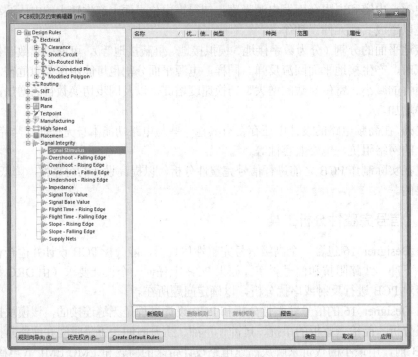

图 5-21　"PCB 规则及约束编辑器"对话框

在 PCB 设计规则设置对话框中列出了 Altium Designer 16 提供的所有设计规则，但是这仅仅是列出可以使用的规则，要想在 DRC 校验时真正使用这些规则，还需要在第一次使用时，把该规则作为新规则添加到实际使用的规则库中。

在需要使用的规则上单击鼠标右键，弹出快捷菜单，在该菜单中选择"新规则"命令，即可把该规则添加到实际使用的规则库中。如果需要多次用到该规则，可以为它建立多个新的规则，并用不同的名称加以区别。

要想在实际使用的规则库中删除某个规则，可以选中该规则并在右键快捷菜单中选择"删除规则"命令，即可从实际使用的规则库中删除该规则。

在右键快捷菜单中选择"Export Rules（输出规则）"命令，可以把选中的规则从实际使用的规则库中导出。在右键快捷菜单中选择"Import Rules（输入规则）"命令，系统弹出图 5-22 所示的"选择设计规则类型"对话框，可以从设计规则库中导入所需的规则。在右键快捷菜单中选择"报告"命令，则可以为该规则建立相应的报告文件，并可以打印输出。

在 Altium Designer 16 中包含有 13 条信号完整性分析的规则，读者可自行进行设置。

5.4.4 设定元件的信号完整性模型

使用 Altium Designer 16 进行信号完整性分析也是建立在模型基础之上的，这种模型就称为 Signal Integrity 模型，简称 SI 模型。

与封装模型、仿真模型一样，SI 模型也是元件的一种外在表现形式，很多元件的 SI 模型与相应的原理图符号、封装模型、仿真模型一起，被系统存放在集成库文件中。因此，同设定仿真模型类似，也需要对元件的 SI 模型进行设定。

元件的 SI 模型可以在信号完整性分析之前设定，也可以在信号完整性分析的过程中进行设定。

在 Altium Designer 16 中，提供了若干种可以设定

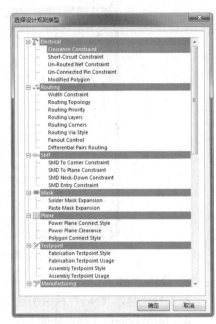

图 5-22 "选择设计规则类型"对话框

SI 模型的元件类型，如 IC（集成电路）、Resistor（电阻类元件）、Canacitor（电容类元件）、Connector（连接器类元件）、Diode（二极管类元件）以及 BJT（双极性三极管类元件）等，对于不同类型的元件，其设定方法是不同的。

单个的无源元件，如电阻、电容等，设定比较简单。按照前面讲解的模型的添加过程操作即可，这里不再赘述。

5.4.5 信号完整性分析器设置

在对信号完整性分析的有关规则，以及元件的 SI 模型设定有了初步了解以后，下面来看一下如何进行基本的信号完整性分析，在这种分析中，所涉及到的一种重要工具就是信号完整性分析器。

信号完整性分析可以分为两大步进行：第一步是对所有可能需要进行分析的网络进行一次初步的分析，从中可以了解到哪些网络的信号完整性最差；第二步是筛选出一些信号进行进一步的分析，这两步的具体实现都是在信号完整性分析器中进行的。

Altium Designer 16 提供了一个高级的信号完整性分析器，能精确地模拟分析已布好线的 PCB，可以测试网络阻抗、下冲、过冲、信号斜率等，其设置方式与 PCB 设计规则一样容易实现。

选择菜单栏中的"工具"→"Signal Integrity（信号完整性）"命令，系统开始运行信号完整信分析器，信号完整性分析器的界面主要由以下 4 个部分组成，如图 5-23 所示。

1. Net（网络列表）栏

网络列表栏中列出了 PCB 文件中所有可能需要进行分析的网络。在分析之前，可以选中需要进一步分析的网络，单击 > 按钮添加到右边的"Net（网络）"栏中。

2. Status（状态）栏

状态栏用来显示相应网络进行信号完整性分析后的状态，有 3 种可能。

Passed：表示通过，没有问题。

Not analyzed：表明由于某种原因导致对该信号的分析无法进行。

Failed：分析失败。

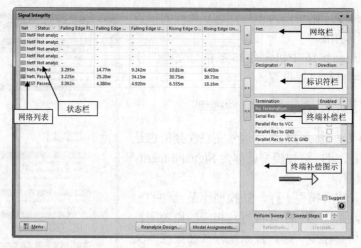

图 5-23　信号完整性分析器界面

3. Designator（标识符）栏

标识符栏显示"Net"栏中所选中网络的连接元件引脚及信号的方向。

4. Termination（终端补偿）栏

在 Altium Designer 16 中，对 PCB 进行信号完整性分析时，还需要对线路上的信号进行终端补偿的测试，目的是测试传输线中信号的反射与串扰，以便使 PCB 中的线路信号达到最优。

在"Termination（终端补偿）"栏中，系统提供了 8 种信号终端补偿方式，相应的图示则显示在图示栏中。

5.5　课堂案例——超声波雾化器电路报表的输出

选择菜单栏中的"文件"→"打开"命令，打开"超声波雾化器电路.PrjPcb"项目文件，打开原理图编辑环境，如图 5-24 所示。

课堂案例——超声波雾化器电路报表的输出

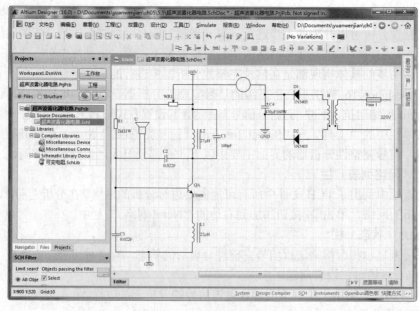

图 5-24　原理图绘制结果

1. 生成网络表

（1）选择菜单栏中的"设计"→"工程的网络表"→"PCAD（生成工程网络表）"命令，系统自动生成当前工程的网络表文件"超声波雾化器电路.NET"，并存放在当前工程的"Generated \Netlist Files"文件夹中。双击打开该工程网络表文件，结果如图 5-25 所示。

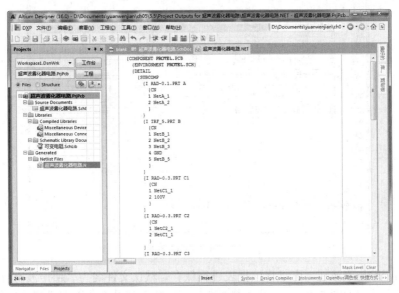

图 5-25 打开工程的网络表文件

（2）选择菜单栏中的"设计"→"文件的网络表"→"PCAD（生成原理图网络表）"命令，系统会自动生成当前原理图同名的网络表文件，并存放在当前工程下的"Generated\Netlist Files"文件夹中，由于该工程只有一个原理图文件，该网络表无论组成形式还是内容与上述基于整个工程的网络表是一样的，在此不再重复。

2. 生成元件清单

（1）打开原理图文件，选择菜单栏中的"报告"→"Bill of Materials（元件清单）"命令，系统将弹出相应的元件报表对话框，如图 5-26 所示。

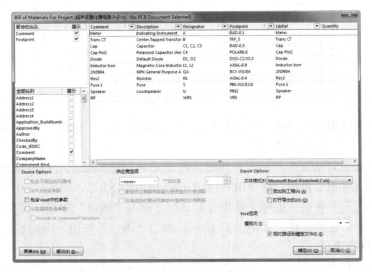

图 5-26 设置元件报表

（2）勾选"导出选项"下"添加到工程""打开导出的"复选框，单击"菜单"按钮，在弹出的菜单中单击"报告"命令，系统弹出"报告预览"对话框，如图 5-27 所示。

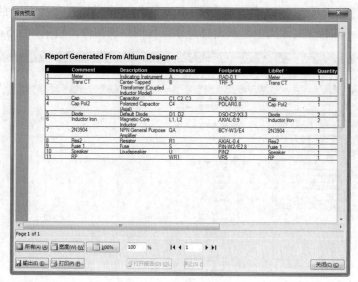

图 5-27 "报告预览"对话框

（3）单击"输出"按钮，可以将该报表进行保存，默认文件名为"超声波雾化器电路.xls"，是一个 Excel 文件，如图 5-28 所示；单击"打印"按钮，可以将该报表进行打印输出。

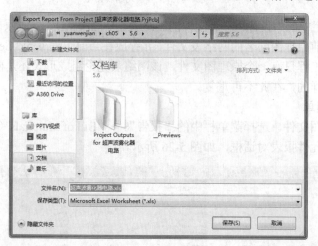

图 5-28 保存报表文件

（4）单击"打开报告"按钮，打开图 5-29 所示的报表文件。单击"关闭"按钮，关闭"报告预览"对话框，返回元件报表对话框。

（5）在元件报表对话框中，单击 ⋯ 按钮，在 "X:\Program Files\AD 16\Template" 目录下，选择系统自带的元件报表模板文件 "BOM Default Template.XLT"，如图 5-30 所示。

（6）单击"打开"按钮，返回元件报表对话框；单击"输出"按钮，保存输出的带模板的报表文件，自动打开报表文件，如图 5-31 所示，单击"确定"按钮，退出对话框。

3. 编译并保存项目

（1）选择菜单栏中的"工程"→"Compile PCB Projects（编译 PCB 项目）"命令，系统将自动生成信息报告，并在"Messages（信息）"面板中显示出来，项目完成结果如图 5-32 所示。本例没有出现任何错误信息，表明电气检查通过。

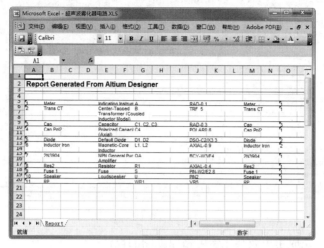

图 5-29　打开报表文件

图 5-30　选择模板文件

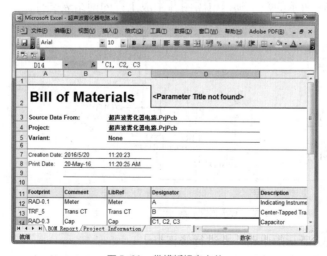

图 5-31　带模板报表文件

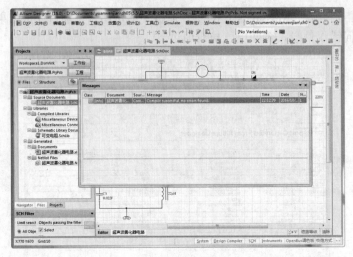

图 5-32　编译结果

（2）保存项目，完成超声波雾化器电路原理图的设计。

5.6　课后习题

1．Altium Designer 16 为用户提供了哪几种分析方式？
2．原理图的电气规则如何设置？
3．仿真分析包括几种分析方法？
4．电路图的报表输出包括几种，分别是什么？
5．电路图的常规仿真参数如何设置？
6．电路图的网络表包括几种？
7．文件的网络表文件与工程的网络表文件有何异同？
8．原理图如何进行电气编译？
9．什么是信号完整性分析？
10．电路图进行信号完整性分析需要哪些条件？
11．绘制图 5-33 所示的数字延迟电路图并生成工程的网络表文件。

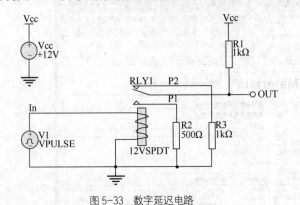

图 5-33　数字延迟电路

12．编译图 5-33 所示的电路，并进行修正。
13．对图 5-33 所示的电路进行瞬态特性分析与静态工作点分析。

习题 11

习题 12

习题 13

第 6 章　高级原理图设计

内容指南

本章主要介绍层次原理图的相关概念及设计方法、原理图之间的切换。对于大规模复杂的电路系统，最好采用层次原理图设计。层次原理图设计方法有 2 种，一种是自上而下的层次原理图设计，另一种是自下而上的层次原理图设计。

掌握层次原理图的设计思路和方法，对用户进行大规模电路设计来说非常重要。

知识重点

 📖 平坦式电路

 📖 层次式电路

 📖 图纸的电气连接

6.1　高级原理图设计

如果电路规模过大，使得幅面最大的页面图纸也容纳不下整个电路，就必须采用特殊的平坦式或层次式电路结构。但是在以下 4 种情况下，即使电路的规模不是很大，完全可以放置在一页图纸上，也往往采用平坦式或层次式电路结构。

（1）将一个复杂的电路设计分为几个部分，分配给几个工程技术人员同时进行设计。

（2）按功能将电路设计分成几个部分，让具有不同特长的设计人员负责不同部分的设计。

（3）采用的打印输出设备不支持幅面过大的电路图页面。

（4）目前自上而下的设计策略已成为电路和系统设计的主流，这种设计策略与层次式电路结构一致，因此相对复杂的电路和系统设计，大多采用层次式结构，使用平坦式电路结构的情况已相对减少。

6.2　平坦式电路

对于比较高级的电路，在设计时一般要采用平坦式和层次式电路结构。尤其是层次式电路结构，在电路和系统设计中得到广泛采用。

6.2.1　平坦式电路图特点

平坦式电路图设计，在电路规模较大时，将图纸按功能分成几部分，每部分绘制在一页图纸上，每张电路图之间的信号连接关系用"页间连接符"表示。

Altium 中平坦式电路结构的特点如下。

（1）每页电路图上都有"离图连接"，表示不同页面电路间的连接。不同电路上相同名称的"离图连接"在电学上是相连的。

（2）平坦式电路之间不同页面都属于同一层次，相当于在 1 个电路图文件夹中。如图 6-1 所示，3 张电路图都位于 1 个文件夹下。

6.2.2 平坦式电路图结构

平坦式电路在空间结构上看是在同一个层次上的电路，只是整个电路在不同的电路图纸上，每张电路图之间是通过端口连接器连接起来的。

平坦式电路表示不同页面之间的电路连接，在每页上都有"离图连接"，而且在不同页面上相同名称的端口连接器在电学上是相同的。平坦式电路虽然不是在同一页面上，但是它们是同一层次的，相当于在同一个电路图的文件夹中，结构如图 6-1 所示。

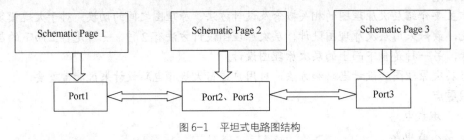

图 6-1　平坦式电路图结构

6.3　层次式电路

层次式电路在空间结构上是属于不同的空间层次的，在设计层次式电路时，一般是先在一张图纸上用框图的形式设计总体结构，然后在另一张图纸上设计每个子电路框图代表的结构，直到最后一层电路图不包含子电路框图为止。

6.3.1 层次式电路原理图的基本概念

层次式结构电路原理图的设计理念是将实际的总体电路进行模块划分，划分的原则是每一个电路模块都应具有明确的功能特征和相对独立的结构，而且还要有简单、统一的接口，便于模块间的连接。

针对每一个具体的电路模块，可以分别绘制相应的电路原理图，该原理图一般称之为子原理图，而各个电路模块之间的连接关系则采用一个顶层原理图来表示。顶层原理图主要由若干个原理图符号即图纸符号组成，用来表示各个电路模块之间的系统连接关系，描述了整体电路的功能结构。这样，把整个系统电路分解成顶层原理图和若干个子原理图以分别进行设计。

6.3.2 层次式原理图的基本结构和组成

Altium Designer 16 系统提供的层次式原理图设计功能非常强大，能够实现多层的层次化设计功能。用户可以将整个电路系统划分为若干个子系统，每一个子系统可以划分为若干个功能模块，而每一个功能模块还可以再细分为若干个基本的小模块，这样依次细分下去，就把整个系统划分成为多个层次，电路设计由繁变简。

图 6-2 所示是一个二级层次式原理图的基本结构图，由顶层原理图和子原理图共同组成，是一种模块化结构。

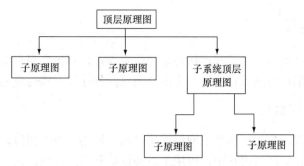

图 6-2　二级层次式原理图结构

其中，子原理图就是用来描述某一电路模块具体功能的普通电路原理图，只不过增加了一些输入输出端口，作为与上层进行电气连接的通道口。普通电路原理图的绘制方法在前面已经学习过，主要由各种具体的元件、导线等构成。

顶层电路图即母图的主要构成元素却不再是具体的元件，而是代表子原理图的图纸符号，如图 6-3 所示，是一个电路设计实例采用层次结构设计时的顶层原理图。

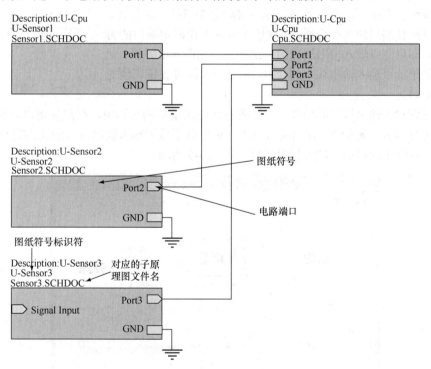

图 6-3　顶层原理图的基本组成

该顶层原理图主要由 4 个图纸符号组成，每一个图纸符号都代表一个相应的子原理图文件，共有 4 个子原理图。在图纸符号的内部给出了一个或多个表示连接关系的电路端口，对于这些端口，在子原理图中都有相同名称的输入输出端口与之相对应，以便建立起不同层次间的信号通道。

图纸符号之间也是借助于电路端口，可以使用导线或总线完成连接。而且，同一个工程的所有电路原理图（包括顶层原理图和子原理图）中，相同名称的输入输出端口和电路端口之间，在电气意义上都是相互连接的。

6.4 图纸的电气连接

原理图的高级连接不管是平坦式连接还是层次式连接，都包含多张原理图页，图纸间的电气连接使用输入输出端口与离图连接等，下面介绍这两种连接方式的使用方法。

6.4.1 放置电路端口

电路端口既可以表示单图纸内部的网络连接，与"网络标签"相似，也可以表示图纸间的网络连接。电路端口在多图纸设计中，可用于纵向连接和横向连接。横向连接时，可以忽略多图纸结构而把工程中所有相同名字的端口连接成同一个网络。纵向连接时，需和图表符、图纸入口相联系——将相应的图纸入口放到图纸的图表符内，这时端口就能将子图纸和父系图纸连接起来。

（1）选择菜单栏中的"放置"→"端口"命令，或单击"布线"工具栏中的（放置端口）按钮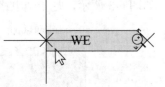，也可以按快捷键"P+R"，这时鼠标变成十字形状，并带有一个输入输出端口符号。

（2）移动光标到需要放置输入输出端口的元件引脚末端或导线上，当出现红色米字标志时，单击鼠标左键确定端口的一端位置。然后拖动鼠标使端口的大小合适，再次单击鼠标左键确定端口的另一端位置，即可完成输入输出端口的一次放置，如图 6-4 所示。此时鼠标仍处于放置输入输出端口的状态，重复操作即可放置其他的输入输出端口。

图 6-4 放置输入输出端口

（3）设置输入输出端口的属性。在放置输入输出端口的过程中，用户便可以对输入输出端口的属性进行编辑。双击输入输出端口或者在鼠标处于放置输入输出端口的状态时按"Tab"键即可打开输入输出端口的属性编辑对话框，如图 6-5 所示。

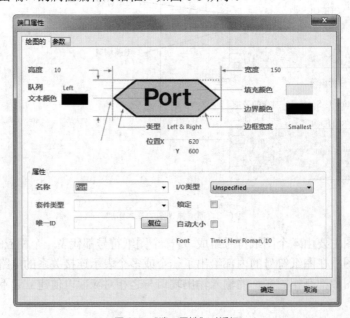

图 6-5 "端口属性"对话框

☑ "队列"：用于设置端口名称的位置，有 Center（居中）、Left（靠左）和 Right（靠右）3种选择。

☑ "文本颜色"：用于设置文本颜色。

☑ "宽度"：用于设置端口宽度。

☑ "填充颜色"：用于设置端口内填充颜色。

☑ "边界颜色"：用于设置边框颜色。

☑ "类型"：用于设置端口外观风格，包括 None（Horizontal）（水平）、Left（左）、Right（右）、Left & Right（左和右）、None（Vertical）（垂直）、Top（顶）、Bottom（底）和 Top & Bottom（顶和底）8 种选择。

☑ "位置"：用于设置端口位置。可以设置 x、y 坐标值。

☑ "名称"：用于设置端口名称。这是端口最重要的属性之一，具有相同名称的端口在电气上是连通的。

☑ "唯一 ID"：唯一的识别符。用户一般不需要改动此项，保留默认设置。

☑ "I/O 类型（输入/输出端口的类型）"：用于设置端口的电气特性，对后面的电气规则检查提供一定的依据。有 Unspecified（未指明或不确定）、Output（输出）、Input（输入）和 Bidirectional（双向型）4 种类型。

（4）端口属性设置。这里涉及工程里面关于端口范围的设置，选择菜单栏中的"工程"→"工程参数"命令，打开设置对话框，打开"Options（选项）"标签，如图 6-6 所示。在"网络识别符范围"区域可以选择网络标识符的作用范围，一般情况都是选择"Automatic（自动）"模式即可，AD 会自动判断。其他的还有"Flat（平放）""Hierarchical（横向）""Global（统一）"模式，在特殊情况下可根据需要选择。

图 6-6　工程参数设置对话框

6.4.2 课堂练习——绘制电源电路

绘制图 6-7 所示的 Power Sheet 原理图文件。

课堂练习——绘制电源电路

🌀 **操作提示：**

选择菜单栏中的"放置"→"端口"命令，为原理图添加电路端口符号。

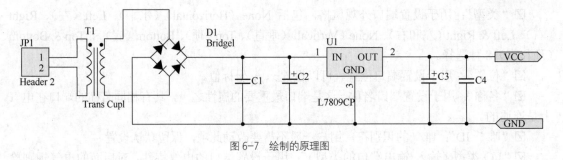

图 6-7　绘制的原理图

6.4.3 放置离图连接

在原理图编辑环境下，离图连接的作用其实跟网络标签是一样的，不同的是，网络标签用在了同一张原理图中，而离图连接用在同一工程文件下不同的原理图中。放置离图连接的操作步骤如下。

（1）选择菜单栏中的"放置"→"离图连接"命令，激活离图连接命令，此时光标变成十字形状，并带有一个离页连接符符号。

（2）移动光标到需要放置离页连接符的元件引脚末端或导线上，当出现红色交叉标志时，单击确定离页连接符的位置，即可完成离页连接符的一次放置。此时光标仍处于放置离页连接符的状态，重复操作即可放置其他的离页连接符。

（3）设置离页连接符属性。在放置连接符的过程中，用户可以对连接符的属性进行设置。双击连接符或者在光标处于放置状态时按"Tab"键，弹出图 6-8 所示的"关闭方块连接器"对话框。

图 6-8　"关闭方块连接器"对话框

其中各选项意义如下。

☑ "位置"：用于设置连接符位置，可以设置 x、y 坐标值。

☑ "颜色"：用于设置文本颜色。

☑ "定位"文本框：用于设定 PCB 布线指示符号在原理图上的放置方向，有"0 Degrees"（0°）、"90 Degrees"（90°）、"180 Degrees"（180°）和"270 Degrees"（270°）4 个选项。

☑ "类型"：用于设置外观风格，包括 Left（左）、Right（右）这两种选择。

☑ "网络"：用于设置连接符名称。这是离页连接符最重要的属性之一，具有相同名称的网络在电气上是连通的。

6.4.4　放置图表符

放置的图表符并没有具体的意义，只是层次式电路的转接枢纽，需要进一步进行设置，包括其标识符、所表示的子原理图文件，以及一些相关的参数等。

选择菜单栏中的"放置"→"图纸符号"命令，或者单击"布线"工具栏中的 (放置图表符) 按钮，执行此命令，光标变成十字形，并带有一个图表符。

移动光标到指定位置，单击鼠标左键确定图表符的一个顶点，然后拖动鼠标，在合适位置再次单击鼠标左键确定图表符的另一个顶点，如图 6-9 所示。

图 6-9　放置图表符

此时系统仍处于绘制图表符状态，用同样的方法绘制另一个图表符。绘制完成后，单击鼠标右键退出绘制状态。

双击绘制完成的方块电路图，弹出图表符属性设置对话框，如图 6-10 所示。在该对话框中设置方块图属性。

1. "属性"选项卡

☑ 位置：用于表示图表符左上角顶点的位置坐标，用户可以输入设置。

☑ "X-Size，Y-Size"（宽度，高度）：用于设置图表符的长度和宽度。

☑ 板的颜色：用于设置图表符边框的颜色。单击后面的颜色块，可以在弹出的对话框中设置颜色。

☑ Draw Solid（是否填充）：若选中该复选框，则图表符内部被填充；否则，图表符是透明的。

☑ 填充色：用于设置图表符内部的填充颜色。

☑ "Border Width（板宽度）"：用于设置图表符边框的宽度，有 4 个选项供选择：Smallest、Small、Medium 和 Large。

☑ 标志：用于设置图表符的名称，这里输入为"Load 3"。

☑ 文件名：用于设置该图表符所代表的下层原理图的文件名。

☑ 显示此隐藏的文本文件：该复选框用于选择是否显示隐藏的文本区域。选中该复选框，则显示隐藏的文本区域。

☑ Unique Id（唯一 ID）：由系统自动产生的唯一的 ID 号，用户不需去设置。

2."参数"选项卡

单击"参数"标签，弹出"参数"选项卡，如图 6-11 所示。

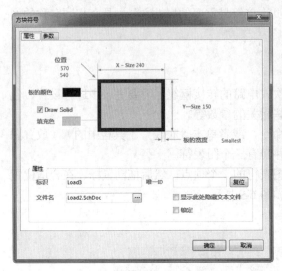

图 6-10　"方块符号"对话框

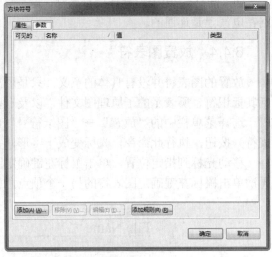

图 6-11　"参数"选项卡

在该选项卡中，用户可以为图表符的图纸符号添加、删除和编辑标注文字。

单击 添加(A) (A)… 按钮，系统弹出图 6-12 所示的"参数属性"对话框。

在该对话框中可以设置标注文字的"名称""内容""位置坐标""颜色""字体""方向"以及"类型"等。

图 6-12　"参数属性"对话框

6.4.5　放置图纸入口

图纸入口与图表符总是结伴出现在层次式电路中，垂直连接到图表符所调用的下层图纸端口。

（1）选中图表符，选择菜单栏中的"放置"→"添加图纸入口"命令，或者单击"布线"

工具栏中的 （放置图纸入口）按钮，光标变成十字形，在图表符的内部单击鼠标左键后，光标上出现一个图纸入口符号。移动光标到指定位置，单击鼠标左键放置一个入口，此时系统仍处于放置图纸入口状态，单击鼠标左键继续放置需要的入口。全部放置完成后，单击鼠标右键退出放置状态。

（2）双击放置的入口，系统弹出方块入口属性设置对话框，如图 6-13 所示。在该对话框中可以设置方块入口的属性。

☑ 填充色：用于设置图纸入口内部的填充颜色。单击后面的颜色块，可以在弹出的对话框中设置颜色。

☑ 文本颜色：用于设置图纸入口名称文字的颜色，同样，单击后面的颜色块，可以在弹出的对话框中设置颜色。

☑ 边：用于设置图纸入口在图表符中的放置位置。单击后面的下三角按钮，有 4 个选项供选择：Left、Right、Top 和 Bottom。

图 6-13 "方块入口"对话框

☑ 类型：用于设置图纸入口的箭头方向。单击后面的下三角按钮，有 8 个选项供选择，如图 6-14 所示。

☑ 板的颜色：用于设置图纸入口边框的颜色。

☑ 名称：用于设置图纸入口的名称。

☑ 位置：用于设置图纸入口距离方块图上边框的距离。

图 6-14 "形状"下拉菜单

☑ I/O 类型：用于设图纸入口的输入输出类型。单击后面的下三角按钮，有 4 个选项供选择：Unspecified（未指明）、Input（输入）、Output（输出）和 Bidirectional（双向）。

6.5 层次式电路的设计方法

层次式电路的设计方法按照设计顺序可分为自上而下、自下而上，本节详细讲述这两种设计方法。

6.5.1 自上而下的层次式原理图设计

采用自上而下的层次式电路的设计方法，首先创建顶层图，在顶层添加图表符代表每个模块，再将这些层次块代表的模块转换成子原理图，完成每个模块代表的下一层原理图并保存。这些原理图应该与上一层那些模块有同样的名字，这些名称应该确保能将原理图和模块链接起来。

自上而下的层次式电路主要还是以一般原理图绘图方法进行设计，主要是采用了特有的转换命令，下面详细介绍该命令。

选择菜单栏中的"设计"→"产生图纸"命令，在顶层原理图中执行此命令，光标变成十字形。移动光标到图表符与图纸入口组成的方块电路内部空白处，如图6-15所示；单击鼠标左键，系统会自动生成一个与该方块图同名的子原理图文件，在"Project（工程）"面板中显示自动创建一个新的原理图文件".SCH"，如图6-16所示。

按照一般绘图的方法绘制子原理图，同样的方法绘制其余模块。这样，就完成了自上而下绘制层次式电路的设计。

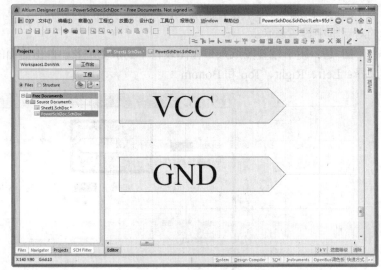

图6-15　在原理图中选择图表符　　　　　　　　图6-16　方块电路对应的下层电路

6.5.2　自下而上的层次式原理图设计

所谓自下而上的层次式原理图设计方法，就是先根据各个电路模块的功能，首先创建低层次的原理图，将低层次电路图转换成层次式电路特有的方块电路元件，然后利用该方块电路元件创建高层次的原理图，最后完成高层原理图的绘制。

（1）首先绘制完成需要转换模块的子原理图，选择菜单栏中的"设计"→"HDL文件或图纸生成图表符"命令，弹出图6-17所示的"Choose Document to Place（选择放置文件）"对话框，选择要生成的方块电路对应的电路。

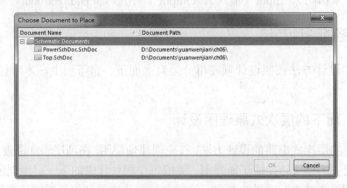

图6-17　"Choose Document to Place（选择放置文件）"对话框

（2）在对话框中选择一个子原理图文件后，单击 `OK` 按钮，光标上出现一个同名方块电路虚影，将其放置在电路图中，组成顶层电路，如图 6-18 所示。

按照同样的方法设置其余子原理图，将生成的方块电路元件放置到顶层原理图中，完成顶层原理图的绘制，这样就完成了自下而上绘制层次电路的设计。

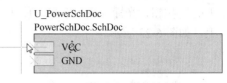

图 6-18　光标上出现的方块电路

6.6　层次式原理图编译

绘制完成的层次式电路原理图中一般都包含有顶层原理图和多张子原理图。用户在编辑时，常常需要在这些图中来回切换查看，以便了解完整的电路结构。Altium Designer 16 系统，提供了层次原理图切换的专用命令，以帮助用户在复杂的层次原理图之间方便地进行切换，实现多张原理图的同步查看和编辑。

6.6.1　编译项目文件

完成原理图绘制后进行编译操作是为了检查原理图的绘制结果是否有误，下面介绍两种检查方法。

1. 自动编译

（1）打开"Projects（工程）"面板，如图 6-19 所示。单击面板中相应的原理图文件名，在原理图编辑区内就会显示对应的原理图。

（2）打开项目文件，选择菜单栏中的"工程"→"Compile PCB Project .PRJPCB（编译工程文件）"命令，编译整个电路系统，在"Message（信息）"面板中显示编译信息，同时在"Projects（工程）"面板中显示原理图层次嵌套，如图 6-20 所示。

图 6-19　"Projects（工程）"面板

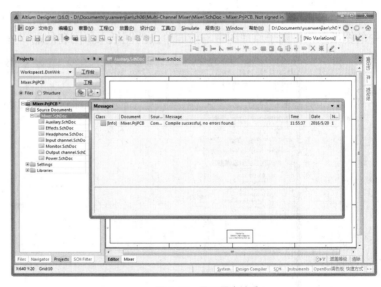

图 6-20　显示层次关系

2. 手动检测

（1）选择菜单栏中的"工具"→"上/下层次"命令，如图 6-21 所示，或者单击主工具栏

中的 按钮，光标变成十字形。移动光标至顶层原理图中的欲切换的子原理图对应的方块电路上，如图 6-22 所示。

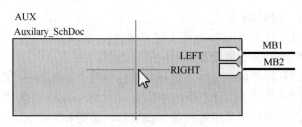

图 6-21 "上/下层次"菜单命令   图 6-22 图纸入口

（2）单击文件名后，系统自动打开子原理图，并将其切换到原理图编辑区内。单击该图表符中的图纸入口，则子原理图中与前面单击的图纸入口同名的端口处于高亮状态，如图 6-23 所示。

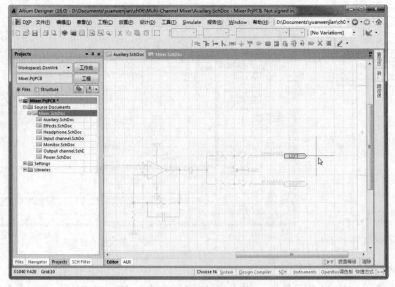

图 6-23 切换到子原理图

（3）移动光标到子原理图的一个输入输出端口上，用鼠标左键单击该端口，系统将自动打开并切换到顶层原理图，此时，顶层原理图中与前面单击的输入输出端口中同名的端口处于高亮状态。

6.6.2 层次式设计表检查

对于一个复杂的电路系统，可能是包含多个层次的层次式电路图，此时，层次式原理图的关系就比较复杂了，用户将不容易看懂这些电路图。为了解决这个问题，Altium Designer 16 提供了一种层次设计报表，通过报表，用户可以清楚地了解原理图的层次结构关系。

（1）选择菜单栏中的"报告"→"Report Project Hierarchy（工程文件层次报告）"命令，系统将生成层次式设计报表，如图 6-24 所示。

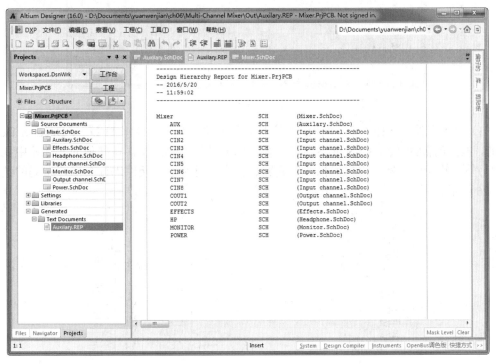

图 6-24 层次设计报表

（2）通过弹出的层次表中，检查上下层次关系及原理图名称是否有误。

6.7 课堂案例——存储器接口电路层次式原理图设计

课堂案例——存储器接口电路层次原理图设计

本例主要讲述自下而上的层次式原理图设计。在电路的设计过程中，有时候会出现一种情况，即事先不能确定端口，这时候就不能将整个工程的母图绘制出来，因此自上而下的方法就不能胜任了。因此可以利用自下而上的方法，先设计好原理图的子图，然后由子图生成母图。步骤要介绍如下。

（1）建立工作环境

① 在 Altium Designer 16 主界面中，选择菜单栏中的"文件"→"New（新建）"→"Project（工程）"→"工程"命令，在弹出的对话框中创建工程文件"存储器接口.PrjPCB"。

② 选择菜单栏中的"文件"→"New（新建）"→"原理图"命令，新建原理图文件。然

后选择菜单栏中的"文件"→"保存为"命令，将新建的原理图文件另存为"寻址.SchDoc"。

（2）加载元件库。选择菜单栏中的"设计"→"添加/移除库"命令，打开"可用库"对话框，然后在其中加载需要的元件库。本例中需要加载的元件库如图 6-25 所示。

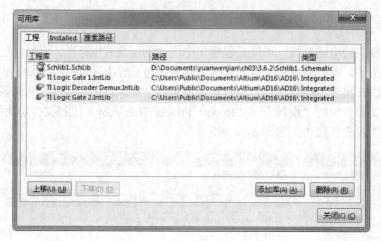

图 6-25　加载需要的元件库

（3）放置元件。选择"库"面板，在其中浏览刚刚加载的元件库 TI Logic Decoder Demux.IntLib，找到所需的译码器 SN74LS138D，然后将其放置在图纸上。在其他的元件库中找出需要的另外一些元件，然后将它们都放置到原理图中，再对这些元件进行布局，布局的结果如图 6-26 所示。

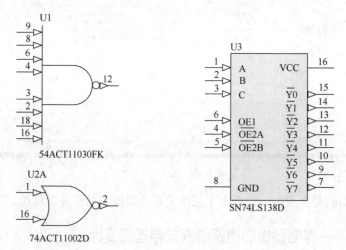

图 6-26　元件放置完成

（4）元件布线

① 连接导线。选择菜单栏中的"放置"→"线"命令，或单击"布线"工具栏中的 ≈ （放置线）按钮进入绘制导线状态，绘制导线，连接各元器件，如图 6-27 所示。

② 放置网络标签。选择菜单栏中的"放置"→"网络标号"命令，或单击"布线"工具栏中的"放置网络标号"按钮 Net1，在需要放置网络标签的管脚上添加正确的网络标签，并添加接地和电源符号，将输出的电源端接到输入端口 VCC 上，将接地端连接到输出端口 GND 上。至此，放置网络标签子图便设计完成了，如图 6-28 所示。

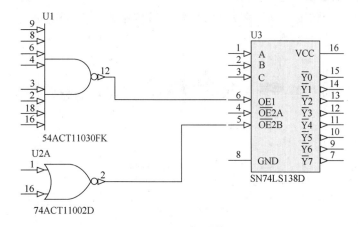

图 6-27 放置导线

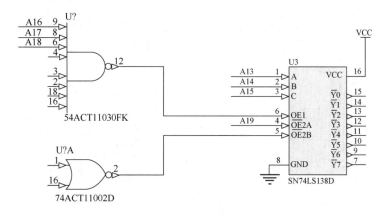

图 6-28 放置网络标签

由于本电路为接口电路，有一部分引脚会连接到系统的地址和数据总线。因此，在本图中的网络标签并不是成对出现的。

（5）放置输入输出端口

① 输入输出端口是子原理图和其他子原理图的接口。选择菜单栏中的"放置"→"端口"命令，或者单击"布线"工具栏中的"放置端口"按钮 ，系统进入到放置输入输出端口的命令状态。移动鼠标到目标位置，单击鼠标左键确定输入输出端口的一个顶点，然后拖动鼠标到合适位置再次单击鼠标左键确定输入输出端口的另一个顶点，这样就放置了一个输入输出端口。

② 双击放置完的输入输出端口，打开"端口属性"对话框，如图 6-29 所示。在该对话框中设置输入输出端口的名称、I/O 类型等参数。

③ 使用同样的方法，放置电路中所有的输入输出端口，如图 6-30 所示。这样就完成了"寻址"原理图子图的设计。

（6）绘制子原理图。绘制"存储"原理图子图和绘制"寻址"原理图子图采用同样的方法，"存储"原理图子图结果如图 6-31 所示。

（7）设计存储器接口电路母图

① 选择菜单栏中的"文件"→"新建"→"原理图"命令，新建原理图文件，然后选择菜单栏中的"文件"→"保存为"命令，将新建的原理图文件另存为"存储器接口.SchDoc"。

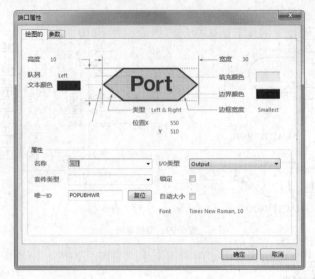

图 6-29 "端口属性"对话框

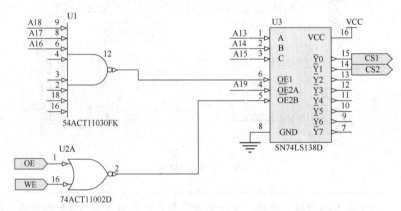

图 6-30 寻址原理图子图

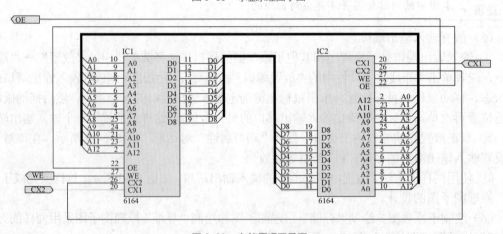

图 6-31 存储原理图子图

② 选择菜单栏中的"设计"→"HDL 文件或图纸生成图表符"命令，打开"Choose Document to Place"（选择文件位置）对话框，如图 6-32 所示。

③ 在"Choose Document to Place"（选择文件位置）对话框中列出了所有的原理图子图，

选择"存储.SchDoc"原理图子图，鼠标光标上就会出现一个方块图，移动光标到原理图中适当的位置，单击就可以将该方块图放置在图纸上，如图 6-33 所示。

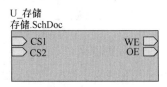

图 6-32　"Choose Document to Place（选择文件位置）"对话框

图 6-33　放置好的方块图

④ 同样的方法将"寻址.SchDoc"原理图生成的方块图放置到图纸中，如图 6-34 所示。

 在自上而下的层次式原理图设计方法中，在进行母图向子图转换时，不需要新建一个空白文件，系统会自动生成一个空白的原理图文件。但是在自下而上的层次原理图设计方法中，一定要先新建一个原理图空白文件，才能进行由子图向母图的转换。

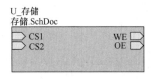

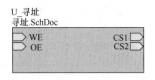

图 6-34　生成的母图方块图

⑤ 用导线将具有电气关系的端口连接起来，就完成了整个原理图母图的设计，如图 6-35 所示。

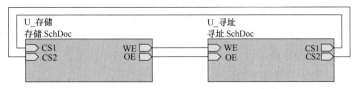

图 6-35　存储器接口电路母图

（8）选择菜单栏中的"工程"→"Compile PCB Project 存储器接口.PrjPcb"（编译存储器接口电路板项目.PrjPcb）命令，将原理图进行编译，在"Projects（工程）"工作面板中显示层次式原理图中母图和子图的关系。

本例主要介绍了采用自下而上方法设计原理图时，从子图生成母图的方法。

6.8　课后习题

1. Altium Designer 16 为复杂电路提供了哪几种简化方式？
2. 简述层次式原理图中顶层原理图的组成及各部分的功能。
3. 简述层次式原理图的基本结构。
4. 简述层次式原理图 2 种设计方法的步骤。
5. 简述层次式原理图之间的切换方法。
6. 将图 6-36 所示话筒放大电路转换为层次式电路。
7. 将图 6-36 所示话筒放大电路转换为平坦式电路。

习题 6

习题 7

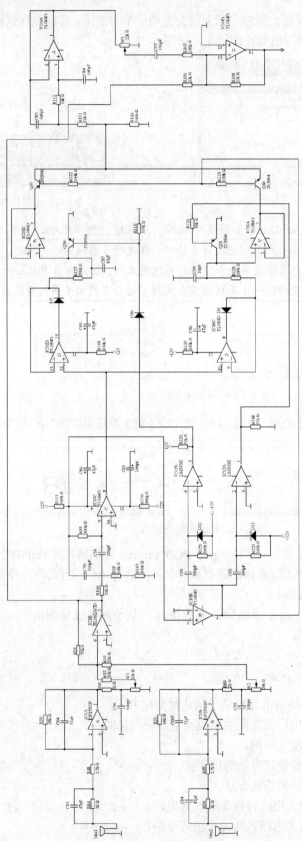

图 6-36　话筒放大电路

第 **7** 章 PCB 设计环境

内容指南

PCB 的设计是电路设计工作中最关键的阶段，只有真正完成 PCB 的设计才能进行实际电路的设计。因此，PCB 的设计是每一个电路设计者必须掌握的技能。

本章将主要介绍 PCB 设计的一些基本概念，以及 PCB 的设计方法和步骤等。通过本一章的学习，希望用户能够掌握电路板设计的过程。

知识重点

📖 PCB 封装元件

📖 多层 PCB 设计

📖 电路板边框设置

7.1 PCB 编辑器的功能特点

Altium Designer 16 的 PCB 设计能力非常强，能够支持复杂的 32 层 PCB 设计，但是在每一个设计中无须使用所有的层次。例如，如果项目的规模比较小时，双面走线的 PCB 就能提供足够的走线空间，此时只需要启动"Top Layer（顶层）"和"Bottom Layer（底层）"的信号层以及对应的机械层、丝印层等层次即可，无须任何其他的信号层和内部电源层。

Altium Designer 16 的 PCB 编辑器提供了一条设计 PCB 的快捷途径，PCB 编辑器通过它的交互性编辑环境将手动设计和自动化设计完美融合。PCB 的底层数据结构最大限度地考虑了用户对速度的要求，通过对功能强大的设计法则的设置，用户可以有效地控制 PCB 的设计过程。对于特别复杂的、有特殊布线要求的、计算机难以自动完成的布线工作，可以选择手动布线。总之，Altium Designer 16 的 PCB 设计系统功能强大而方便，它具有以下特点。

1. 丰富的设计法则

电子工业的飞速发展对 PCB 的设计人员提出了更高的要求。为了能够成功设计出一块性能良好的电路板，用户需要仔细考虑电路板阻抗匹配、布线间距、走线宽度、信号反射等各项因素，而 Altium Designer 16 强大的设计法则极大地方便了用户。Altium Designer 16 提供了超过 25 种设计法则类别，覆盖了设计过程中的方方面面。这些定义的法则可以应用于某个网络、某个区域，以至整个 PCB 上，这些法则互相组合能够形成多方面的复合法则，使用户迅速地完成 PCB 的设计。

2. 易用的编辑环境

和 Altium Designer 16 的原理图编辑器一样，PCB 编辑器完全符合 Windows 应用程序风格，操作起来非常简单，编辑工作非常自然直观。

3. 合理的元件自动布局功能

Altium Designer 16 提供了好用的元件自动布局功能，通过元件自动布局，计算机将根据原理图生成的网络报表对元件进行初步布局。用户的布局工作仅限于元件位置的调整。

4. 高智能的基于形状的自动布线功能

Altium Designer 16 在 PCB 的自动布线技术上有了很大的改进。在自动布线的过程中，计算机将根据定义的布线规则，并基于网络形状对电路板进行自动布线。自动布线可以在某个网络、某个区域直至整个电路板的范围内进行，这大大减轻了用户的工作量。

5. 易用的交互性手动布线

对于有特殊布线要求的网络或者特别复杂的电路设计，Altium Designer 16 提供了易用的手动布线功能。电气格点的设置使得手动布线时能够快速定位连线点，操作起来简单而准确。

6. 强大的封装绘制功能

Altium Designer 16 提供了常用的元件封装，对于超出 Altium Designer 16 自带元件封装库的元件，在 Altium Designer 16 的封装编辑器中可以方便地绘制出来。此外，Altium Designer 16 采用库的形式来管理新建封装，使得在一个设计项目中绘制的封装，在其他的设计项目中能够得到引用。

7. 恰当的视图缩放功能

Altium Designer 16 提供了强大的视图缩放功能，方便了大型的 PCB 绘制。

8. 强大的编辑功能

Altium Designer 16 的 PCB 设计系统有标准的编辑功能，用户可以方便地使用编辑功能，提高工作效率。

9. 万无一失的设计检验

PCB 文件作为电子设计的最终结果，是绝对不能出错的。Altium Designer 16 提供了强大的设计法则检验器（DRC），用户可以定义通过对 DRC 的规则进行设置，然后计算机自动检测整个 PCB 文件。此外，Altium Designer 16 还能够给出各种关于 PCB 的报表文件，方便随后的工作。

10. 高质量的输出

Altium Designer 16 支持标准的 Windows 打印输出功能，其 PCB 输出质量无可挑剔。

7.2 PCB 封装元件

Altium Designer 16 提供了强大的封装绘制功能，能够绘制各种各样的新型封装。考虑到芯片引脚的排列通常是有规则的，多种芯片可能有同一种封装形式，Altium Designer 16 提供了封装库管理功能，绘制好的封装可以被方便地保存和引用。

7.2.1 封装概述

电子元件种类繁多，其封装形式也是多种多样。所谓封装是指安装半导体集成电路芯片用的外壳，它不仅起着安放、固定、密封、保护芯片和增强导热性能的作用，还是沟通芯片内部世界与外部电路的桥梁。

芯片的封装在 PCB 上通常表现为一组焊盘、丝印层上的边框及芯片的说明文字。焊盘是封装中最重要的组成部分，用于连接芯片的引脚，并通过 PCB 上的导线连接到 PCB 上的其他焊盘，进一步连接焊盘所对应的芯片引脚，实现电路功能。在封装中，每个焊盘都有唯一的标号，以区别封装中的其他焊盘。丝印层上的边框和说明文字主要起指示作用，指明焊盘组所对应的芯片，方便 PCB 的焊接。焊盘的形状和排列是封装的关键组成部分，确保焊盘的形状和排列正确才能正确地建立一个封装。对于安装有特殊要求的封装，边框也需要绝对正确。

7.2.2 PCB 库编辑器

在"Project"（工程）面板的 PCB 库文件管理夹中出现了所需要的 PCB 库文件，双击该文件即可进入 PCB 库编辑器，如图 7-1 所示。

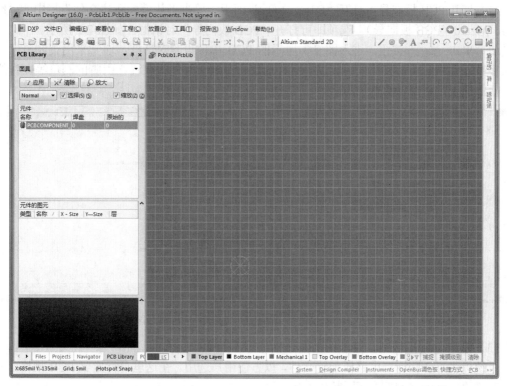

图 7-1 PCB 库编辑器

PCB 库编辑器的设置和 PCB 编辑器基本相同，只是菜单栏中少了"设计"和"自动布线"命令。工具栏中也少了相应的工具按钮。另外，在这两个编辑器中，可用的控制面板也有所不同。在 PCB 库编辑器中独有的"PCB Library（PCB 元件库）"面板，提供了对封装库内元件封装统一编辑、管理的界面。

7.3 新建 PCB 文件

PCB 文件的创建有以下 3 种方法。

（1）通过向导生成 PCB 文件。该方法可以在生成 PCB 文件的同时直接设置电路板的各种参数，省去了手动设置 PCB 参数的麻烦，是较常用的方法。

（2）利用模板生成 PCB 文件。在进行 PCB 设计时可以将常用的 PCB 文件保存为模板文件，这样在进行新的 PCB 设计时直接调用这些模板文件即可，模板文件的存在非常有利于将来的 PCB 设计。

（3）利用子菜单"新建"生成 PCB 文件。这需要用户手动生成一个 PCB 文件，生成后用户需单独对 PCB 的各种参数进行设置。

7.3.1 利用 PCB 板向导创建 PCB 文件

Altium Designer 16 提供了 PCB 板向导，以帮助用户在向导的指引下建立 PCB 文件，可以大大减少用户的工作量。尤其是在设计一些通用的标准接口板时，通过 PCB 板向导，可以完成外形、板层、接口等各项基本设置，十分便利。

下面就是通过向导创建 PCB 文件的具体步骤。

（1）打开 PCB 板向导。打开 "File（文件）" 面板，单击 "从模板新建文件" 栏中的 "PCB Board Wizard（PCB 板向导）" 选项即可打开 "PCB 板向导" 对话框，如图 7-2 所示。

（2）单击 ──步(N) >> (N) 按钮，进入图 7-3 所示的 PCB 单位设置对话框。通常采用英制单位，因为大多数元件封装的引脚都采用英制，这样的设置有利于元件的放置、引脚的测量等操作的进行，后面的设定将都以此单位为准。

图 7-2 "PCB 板向导" 对话框   图 7-3 选择电路板单位

（3）单击 ──步(N) >> (N) 按钮，进入图 7-4 所示的电路板配置文件对话框。

系统提供了一些标准电路板配置文件，以方便用户选用。在这里自行定义 PCB 规格，故选择自定义 "Custom（自定义）" 选项。

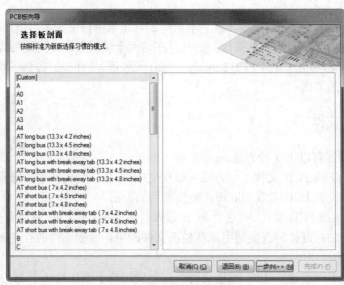

图 7-4 选择电路板配置文件

（4）单击 —步(N)>> (N) 按钮，进入图 7-5 所示的电路板详情对话框。

图 7-5　设置电路板详情

在该对话框中，可以选择设计电路板轮廓形状、电路板尺寸、尺寸标注放置的层面、边界导线宽度、尺寸线宽度、禁止布线区与板子边沿的距离等。

☑ "外形形状"选项栏：用于定义电路板的外形。有"矩形""圆形"和"定制的"3 个单选钮。

☑ "板尺寸"选项栏：用于定义 PCB 的尺寸，不同的外形选择对应不同的设置。矩形 PCB 可以进行"宽度"和"高度"的设置；圆形 PCB 可进行"半径"的设置；用户自定义的 PCB 可以进行"宽度"和"高度"的设置。

☑ "尺寸层"下拉列表框：一般保持默认的"Mechanical Layer 1（机械层）"设置。

☑ "边界线宽"文本框：通常情况下保持默认的"10 mil"设置。

☑ "尺寸线宽"文本框：用于设置尺寸线的宽度，通常保持默认的"10 mil"设置。

☑ "与板边缘保持距离"文本框：保持默认设置"50 mil"不变。

☑ "标题块和比例"复选框：用于定义是否在 PCB 上设置标题栏。

☑ "图例串"复选框：用于定义是否在 PCB 上添加图例字符串。

☑ "尺寸线"复选框：用于定义是否在 PCB 上设置尺寸线。

☑ "切掉拐角"复选框：用于定义是否截取 PCB 的一个角。勾选该复选框后，单击 —步(N)>> (N) 按钮即可对截取角进行详细的设置，如图 7-6 所示。

☑ "切掉内角"复选框：用于定义是否截取电路板的中心部位，该复选框通常是为了元件的散热而设置的。勾选该复选框后，单击"下一步"按钮即可对截取的中心部位进行详细设置，如图 7-7 所示。这里使用默认参数设置。

这里使用默认参数进入下一步参数设置。

（5）用户自定义类型设置完毕后，单击 —步(N)>> (N) 按钮即可进入电路板层数设置对话框，如图 7-8 所示。此处设置两个信号层（双面板的两个信号层通常为"Top Layer（顶层）"和"Bottom Layer（底层）"和两个内部电源层。

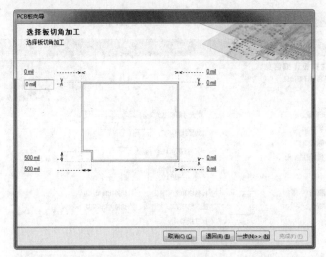

图 7-6　设置角切除

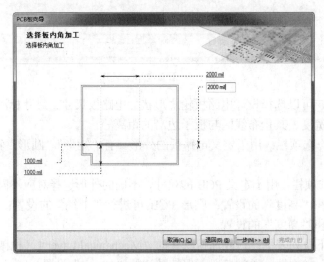

图 7-7　设置内部切除

图 7-8　电路板层数设置对话框

（6）单击 [一步(N)>> (N)] 按钮即可进入过孔类型设置对话框，如图 7-9 所示。有两种选择："仅通孔的过孔"和"仅盲孔和埋孔"。

图 7-9　过孔类型设置对话框

（7）单击 [一步(N)>> (N)] 按钮，进入选择元件和布线逻辑对话框，如图 7-10 所示。这里选择表面贴装元件，不将元件放在两面。

图 7-10　元件和布线逻辑设置对话框

（8）单击 [一步(N)>> (N)] 按钮，进入选择默认导线和过孔尺寸对话框，如图 7-11 所示。在该对话框中，可以对 PCB 走线最小线宽、最小过孔宽度以及最小孔径大小、最小的走线间距等进行设置。

（9）单击 [一步(N)>> (N)] 按钮，进入电路板向导完成画面，如图 7-12 所示。

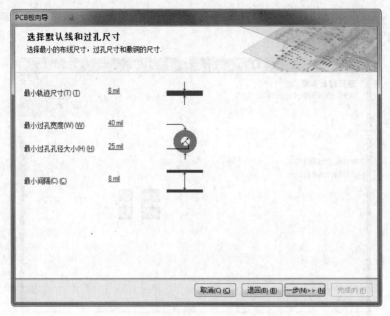

图 7-11 选择默认导线和过孔尺寸对话框

图 7-12 完成电路板向导

（10）单击 完成(F)(F) 按钮，系统根据前面的设置已经创建了一个默认名为"PCB1.PcbDoc"的文件，同时进入 PCB 编辑环境中，在工作区显示了 PCB 板形轮廓。

该设置过程中定义的各种规则适用于整个电路板，用户也可以在接下来的设计中对不满意之处进行修改。

至此，就利用 PCB 向导完成了 PCB 文件的创建。

7.3.2 利用菜单命令创建 PCB 文件

除了采用向导生成 PCB 文件外，用户也可以使用菜单命令直接创建 PCB 文件，此后再为该文件设置各种参数。创建一个空白 PCB 文件可以采用以下两种方式。

（1）单击"File（文件）"面板"新的"选项栏中的"PCB File（PCB 文件）"选项。

（2）单击菜单栏中的"文件"→"New（新建）"→"PCB（电路板文件）"命令。

新创建的 PCB 文件的各项参数均保持着系统默认值，进行具体设计时，我们还需要对该文件的各项参数进行设计，这些将在本章节后面的内容中介绍。

7.3.3　利用模板创建 PCB 文件

Altium Designer 16 还提供了通过模板生成 PCB 文件的方式创建一个 PCB 文件，其具体步骤如下。

（1）打开"File（文件）"面板，单击"从模板新建文件"栏中的"PCB Templates…（PCB 模板）"选项即可进入图 7-13 所示的选择模板对话框。

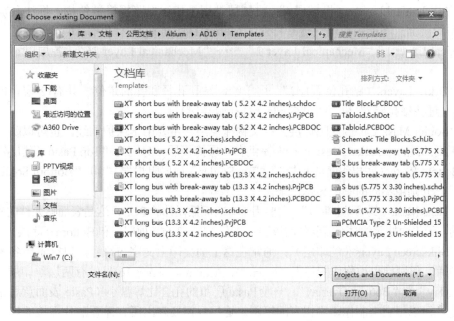

图 7-13　选择模板对话框

该对话框默认的路径是 Altium Designer 16 自带的模板路径，在该路径中 Altium Designer 16 为用户提供了很多个可用的模板。和原理图文件面板一样，在 Altium Designer 16 中没有为模板设置专门的文件形式，在该对话框中能够打开的都是后缀为"PrjPCB"和"PCBDOC"的文件，它们包含了模板信息。

（2）从对话框中选择所需的模板文件，然后单击"打开"按钮即可生成一个 PCB 文件，生成的文件出现在工作窗口中。

由于通过模板生成 PCB 文件的方式操作起来非常简单，因此建议用户在从事电子设计时将自己常用的 PCB 保存为模板文件，以便以后的工作。

7.4　电路板的板层

PCB 一般包括很多层，不同的层包含不同的设计信息。制板商通常是将各层分开做，其后经过压制、处理，最后生成各种功能的电路板。

7.4.1 电路板的分层

Altium Designer 16 提供了以下 8 种类型的工作层面。

☑ "Signal Layers（信号层）"：信号层即为铜箔层，主要完成电气连接。Altium Designer 16 提供有 32 层信号层，分别为 "Top Layer" "Mid Layer 1" "Mid Layer 2" …… "Mid Layer 30" 和 "Bottom Layer"，各层以不同的颜色显示。在设计双面板时，一般只使用 Top（顶层）和 Bottom（底层）两层，当 PCB 层数超过 4 层时，就需要使用 Mid（中间布线层）。

☑ "Internal Planes（中间层，也称内部电源与地线层）"：内部电源与地层也属于铜箔层，主要用于建立电源和地网络。Altium Designer 16 提供有 16 层 "Internal Planes"，分别为 "Internal Layer 1" "InternalLayer 2" …… "Internal Layer 16"，各层以不同的颜色显示。主要用于 4 层以上 PCB 作为电源和接地专用布线层，双面板不需要使用。

☑ "Mechanical Layers（机械层）"：机械层是用于描述电路板机械结构、标注及加工等说明所使用的层面，不能完成电气连接特性。Altium Designer 16 提供有 16 层机械层，分别为 "Mechanical Layer 1" "Mechanical Layer 2" …… "Mechanical Layer 16"，各层以不同的颜色显示。

☑ "Drkll Layers（钻孔位置层）"：用于绘制钻孔孔径和孔的定位，共有 2 层，即 "Drill Drawing（过孔钻孔层）" 和 "Drill Guide（过孔引导层）"。

☑ "Solder Mask Layers（阻焊层）"：又称掩模层，主要用于保护铜线，也可以防止零件被焊到不正确的地方。Altium Designer 16 提供有 4 层掩模层，分别为 "Top Paste（顶层锡膏防护层）" "Bottom Paste（底层锡膏防护层）" "Top Solder（顶层阻焊层）" 和 "Bottom Solder（底层阻焊层）"，分别用不同的颜色显示出来。

☑ "Paste Mask（锡膏防护层）"：主要用于有表面贴元件的 PCB，这是表面帖元件的安装工艺所需要的，无表面帖元件时不需要使用该层。共有 2 层：Top（顶层）和 Bottom（底层）。

☑ "Silkscreen Layers（丝印层）"：通常在这上面会印上文字与符号，以标示出各零件在板子上的位置。丝网层也被称作图标面（legend），Altium Designer 16 提供有两层丝印层。分别为 "Top Overlay" 和 "Bottom Overlay"。一般 Paste 层留的孔会比焊盘小（Paste 表面意思是指焊膏层，就是说可以用它来制作印刷锡膏的钢网，这层只需要露出所有需要贴片焊接的焊盘，并且开孔可能会比实际焊盘小）；然后，要往 PCB 上刷绿油（阻焊），这就是 Solder 层，Solder 层要把 Pad 露出来吧，这就是我们在只显示 Solder 层时看到的小圆圈或小方圈，一般比焊盘大（Solder 表面意思是指阻焊层，就是用它来涂敷绿油等阻焊材料，从而防止不需要焊接的地方沾染焊锡的，这层会露出所有需要焊接的焊盘，并且开孔会比实际焊盘要大）；这几层一般为黄色（铜）或白色（锡）。

☑ "Other Layers"（其他层）：其他层共有 8 层。

➢ Keep-Out Layer（禁止布线层）：禁止布线层。只有在这里设置了布线框，才能启动系统的自动布局和自动布线功能。

➢ Multi-Layer（多层）：设置更多层，横跨所有的信号板层。

➢ "Connect（连接层）" "DRC Error（错误层）"、2 个 "VisibleGrid（可视网格层）" "Pad Holes（焊盘孔层）" 和 "ViaHoles（过孔孔层）"。

1. 板层的显示

在 PCB 编辑器下方显示系统显示的所有层，如图 7-14 所示。显示的层不是一成不变的，可以根据设计的需要来控制板层的显示。

图 7-14 显示的板层

选择菜单栏中的"设计"→"板层颜色"命令，在弹出的对话框中，根据对复选框的选中状态，控制系统提供的所有层的显示，如图 7-15 所示。

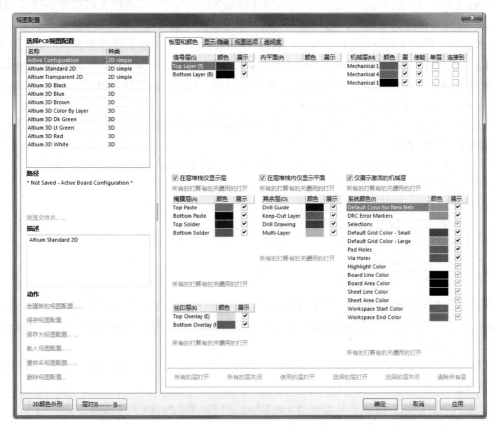

图 7-15 系统所有层的显示

2.常见的不同层数电路板

（1）"Single-Sided Boards（单面板）"

在最基本的 PCB 上元件集中在其中的一面，走线则集中在另一面上。因为走线只出现在其中的一面，所以就称这种 PCB 单面板（Singl-Sided Boards）。在单面板上通常只有底面也就是"Bottom Layer"覆上铜箔，元件的引脚焊在这一面上，主要完成电气特性的连接。顶层也就是"Top Layer"是空的，元件安装在这一面，所以又称为"元件面"。因为单面板在设计线路上有许多严格的限制（因为只有一面，所以布线间不能交叉而必须绕走独自的路径），布通率往往很低，所以只有早期的电路及一些比较简单的电路才使用这类的板子。

（2）"Double-Sided Boards（双面板）"

这种电路板的两面都有布线，不过要用上两面的布线则必须要在两面之间有适当的电路连接才行。这种电路间的"桥梁"叫作过孔（via）。过孔是在 PCB 上充满或涂上金属的小洞，它可以与两面的导线相连接。双面板通常无所谓元件面和焊接面，因为两个面都可以焊接或安装元件，但习惯地可以称"Bottom Layer（底层）"为焊接面，"Top Layer（顶层）"为元件面。因为双面板的面积比单面板大了一倍，而且因为布线可以互相交错（可以绕到另一面），因此它适合用在比单面板复杂的电路上。相对于多层板而言，双面板的制作成本不高，在给定一定面积的时候通常都能 100%布通，因此一般的都采用双面板。

（3）"Multi-Layer Boards（多层板）"

常用的多层板有 4 层板、6 层板、8 层板和 10 层板等。简单的 4 层板是在 Top Layer（顶层）和 Bottom Layer（底层）的基础上增加了电源层和地线层，这一方面极大程度地解决了电磁干扰问题，提高了系统的可靠性，另一方面可以提高布通率，缩小 PCB 的面积。6 层板通常是在 4 层板的基础上增加了两个信号层：Mid-Layer 1 和 Mid-Layer 2。8 层板则通常包括 1 个电源层、2 个地线层、5 个信号层（Top Layer、Bottom Layer、Mid-Layer 1、Mid-Layer 2 和 Mid-Layer 3）。10 层板通常包括 1 个电源层、3 个地线层、6 个信号层（Top Layer、Bottom Layer、Mid-Layer1、Mid-Layer2、Mid-Layer3 和 Mid-Layer4）。

多层板层数的设置是很灵活的，设计者可以根据实际情况进行合理的设置。各种层的设置应尽量满足以下的要求。

① 元件层的下面为地线层，它提供器件屏蔽层以及为顶层布线提供参考平面。

② 所有的信号层应尽可能与地平面相邻。

③ 尽量避免两信号层直接相邻。

④ 主电源应尽可能地与其对应地相邻。

⑤ 兼顾层压结构对称。

7.4.2 电路板层数的设置

在对电路板进行设计前可以对板的层数及属性进行详细的设置，这里所说的层主要是指"Signal Layers"（信号层）、"Internal Plane Layers"（电源层和地线层）和"Insulation（Substrate）Layers"（绝缘层）。

选择菜单栏中的"设计"→"层叠管理"命令，打开"Layer Stack Manager（层堆栈管理器）"属性设置对话框，如图 7-16 所示。

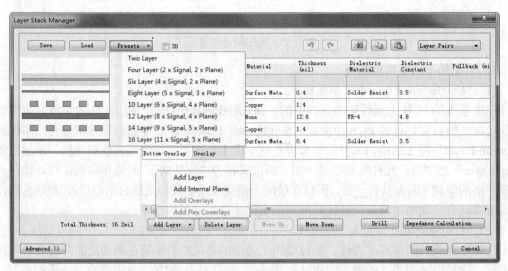

图 7-16 "Layer Stack Manager"设置对话框

在该对话框中可以增加层、删除层、移动层所处的位置以及对各层的属性进行编辑。

（1）对话框的中心显示了当前 PCB 图的层结构。缺省的设置为一双面板，即只包括"Top

Layer（顶层）"和"Bottom Layer（底层）"两层，用户可以单击 Add Layer 按钮添加信号层或单击 Add Internal Plane 按钮添加电源层和地层。选定一层为参考层进行添加时，添加的层将出现在参考层的下面，当选择"Bottom Layer（底层）"时，添加层则出现在底层的上面。

（2）鼠标双击某一层的名称可以直接修改该层的属性，对该层的名称及厚度进行设置。

（3）添加层后，单击 Move Up 按钮或 Move Down 按钮可以改变该层在所有层中的位置。在设计过程的任何时间都可进行添加层的操作。

（4）选中某一层后单击 Delete Layer 按钮即可删除该层。

（5）勾选"3D"按钮，对话框中的板层示意图变化如图 7-17 所示。

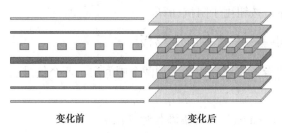

变化前　　　　　　　　　　变化后

图 7-17　板层显示

（6）在该对话框的任意空白处单击鼠标右键即可弹出一个菜单，此菜单项中的大部分选项也可以通过对话框下方的按钮进行操作。

（7） Presets 下拉菜单项提供了常用不同层数的电路板层数设置，可以直接选择进行快速板层设置。

（8）PCB 设计中最多可添加 32 个信号层、26 个电源层和地线层。各层的显示与否可在"试图配置"对话框中进行设置，选中各层中的"显示"复选框即可。

（9）单击 Advanced >> 按钮，对话框发生变化，增加了电路板堆叠特性的设置，如图 7-18 所示。

图 7-18　板堆叠特性的设置

电路板的层叠结构中不仅包括拥有电气特性的信号层，还包括无电气特性的绝缘层，两种典型的绝缘层主要是指"Core"（填充层）和"Prepreg"（塑料层）。

层的堆叠类型主要是指绝缘层在电路板中的排列顺序，缺省的3种堆叠类型包括 Layer Pairs（Core 层和 Prepreg 层自上而下间隔排列）、Internal Layer Pairs（Prepreg 层和 Core 层自上而下间隔排列）和 Build-up（顶层和底层为 Core 层，中间全部为 Prepreg 层）。改变层的堆叠类型将会改变"Core"（填充层）和"Prepreg"（塑料层）在层栈中的分布，只有在信号完整性分析需要用到盲孔或深埋过孔的时候才需要进行层的堆叠类型的设置。

（10） Drill 按钮用于钻孔设置。

（11） Impedance Calculation... 按钮用于阻抗计算。

7.4.3 课堂练习——设置多层电路板

在 PCB 文件中，设置 6 层电路板，添加两个中间层，两个信号层。

课堂练习——设置多层电路板

操作提示：

利用"Layer Stack Manager"对话框添加对应板层。

7.4.4 多层 PCB 设计

随电子产品设计的高密度、高速度特性的增强及生产成本的降低，多层 PCB 在电子产品的 PCB 设计中得到越来越广泛的应用。设计者需要根据多层电路板设计的规则、方法，选择恰当的设计工具，结合设计工具高效优质地设计出电子产品是对工程人员的要求。

所谓多层 PCB，就是把两层以上的薄双面板牢固地胶合在一起，成为一块组件。这种结构既适应了复杂的设计又改善了信号特征。其中的电源线路层和地线层深埋在主板的内层，不易受到电源杂波的干扰，尤其是高频电路，可以获得较好的抗干扰能力，表层一般为信号层，这可以缩小电路板的体积，提高产品设计的质量。

多层 PCB 的设计流程如下。

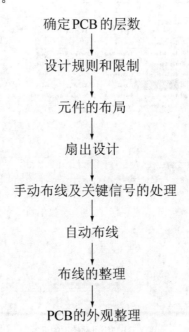

电路板尺寸和布线层数需要在设计初期确定。如果设计要求使用高密度球栅阵列（BGA）组件，就必须考虑这些元件布线所需的最少布线层数。布线层的数量以及层叠方式会直接影响到印制线的布线和阻抗。板的大小有助于确定层叠方式和印制线宽度，实现期望的设计效果。近年来，多层板的成本已经大大降低。在开始设计时最好采用较多的电路层并使敷铜均匀分布，以避免在设计临近结束时才发现有少量信号不符合已定义的规则以及空间要求，从而被迫添加新层。在设计之前认真地规划，恰当地选择 PCB 的层次，将减少布线中很多的麻烦。

对于电源、地的层数以及信号层数确定后，它们之间的位置排列是每一个 PCB 工程师都不能回避的话题，板层的排列一般原则如下。

☑ 元件面下边（第二层）为地平面，提供元件屏蔽层以及为顶层布线提供参考平面；

☑ 所有信号层尽可能与地平面相邻；

☑ 尽量避免两信号层直接相邻；

☑ 主电源尽可能与其对应地相邻；

☑ 兼顾层间结构对称。

现有母板很难控制平行长距离布线，对于板级工作频率在 50MHz 以上的（50MHz 以下的情况可参照，适当放宽），建议按照以下排布原则。

☑ 元件面、焊接面为完整的地平面（屏蔽）；

☑ 无相邻平行布线层；

☑ 所有信号层尽可能与地平面相邻；

☑ 关键信号与地层相邻，不跨分割区。

提示　　在进行具体的 PCB 层的设置时，要对以上原则进行灵活掌握。在领会以上原则的基础上，根据实际单板的需求，如：是否需要一关键布线层、电源、地平面的分割情况等，确定层的排布，切忌生搬硬套，或抠住一点不放。

7.4.5　工作层颜色设置

PCB 编辑器内显示的各个板层具有不同的颜色，以便于区分。用户可以根据个人习惯进行设置，并且可以决定该层是否在编辑器内显示出来。下面就来进行 PCB 板层颜色的设置，首先可采用 3 种方式。

选择菜单栏中的"设计"→"板层颜色"命令，或在工作区单击鼠标右键，在弹出菜单中选择"选项"→"板层颜色"，或按快捷键"L"，打开"视图配置"设置对话框，如图 7-19 所示。

该对话框包括电路板层颜色设置和系统默认设置颜色的显示两部分。

在层面颜色设置栏中，有"在层堆栈仅显示层""在层堆栈内显示平面"和"仅展示激活的机械层" 3 个复选框，它们分别对应其上方的信号层、电源层和地层、机械层。这 3 个复选框，决定了在板层和颜色对话框中显示全部的层面，还是只显示图层堆栈中设置的有效层面。一般地，为使对话框简洁明了，都选中这 3 项，只显示有效层面，对未用层面可以忽略其颜色设置。

在各个设置区域内，"颜色"栏用于设置对应层面和系统的显示颜色。"展示"复选框用于决定此层是否在 PCB 编辑器内显示。如果要修改某层的颜色或系统的颜色，单击其对应的"颜色"栏内的色条，即可在弹出选择颜色对话框中进行修改，如图 7-20 所示。

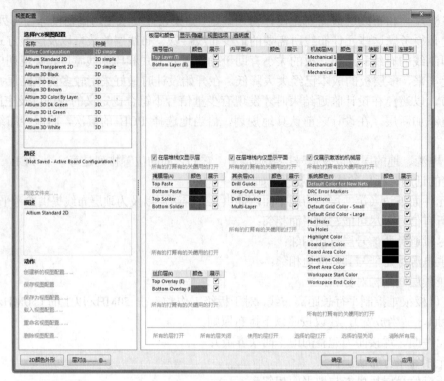

图 7-19 "视图配置" 对话框

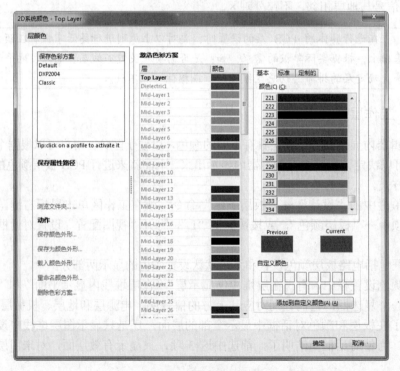

图 7-20 选择颜色对话框

单击 "所有的层打开" 按钮，则所有层的 "展示" 复选框都处于勾选状态。相反，如果单击 "所有的层关闭" 按钮，则所有层的 "展示" 复选框都处于未勾选的状态。单击 "使用的层打开"按钮，则当前工作窗口中所有使用层的"展示"复选框处于勾选状态。在该对话框中选择某一层，然后单击"选择的层打开"按钮，即可勾选该层的"展示"复选框；单击"选择的层关闭"按钮，即可取消对该层"展示"复选框的勾选。如果单击"清除所有层"按钮，即可清除对话框中所有层的勾选状态。

在"2D 系统颜色"栏中可以对系统的两种类型可视格点的显示或隐藏进行设置，还可以对不同的系统对象进行设置。

单击 [确定] 按钮即可完成"视图配置"对话框的设置。

7.4.6　课堂练习——设置板层颜色

在 PCB 文件中，设置 4 层信号电路板，分别为红色、绿色、蓝色、青色。

课堂练习——设置板
层颜色

操作提示:

利用"Layer Stack Manager"对话框添加对应板层，利用"视图配置"对话框设置板层颜色。

7.5　电路板边框设置

电路板的边框包括物理边界与电气边界，本节详细讲解这两种边界的绘制方法。

7.5.1　物理边框线的设置

电路板的物理边界即为 PCB 的实际大小和形状，板形的设置是在工作层层面"Mechanical 1（机械层）"上进行的，根据所设计的 PCB 在产品中的位置、空间的大小、形状以及与其他部件的配合来确定 PCB 的外形与尺寸。

缺省的 PCB 图为带有栅格的黑色区域，它包括 5 个工作层面。

☑ 两个信号层 Top Layer（顶层）和 Bottom Layer（底层）:用于建立电气连接的铜箔层。

☑ Mechanical 1（机械层）:用于设置 PCB 与机械加工相关的参数，以及用于 PCB 3D 模型放置与显示。

☑ Top Overlay（丝印层）:用于添加电路板的说明文字。

☑ Keep-Out Layer（禁止布线层）:用于设立布线范围，支持系统的自动布局和自动布线功能。

☑ Multi-Layer（多层同时显示）:可实现多层叠加显示，用于显示与多个电路板层相关的 PCB 细节。

（1）单击工作窗口下方的"Mechanical 1（机械层）"标签，使该层面处于当前的工作窗口中。

（2）选择菜单栏中的"放置"→"走线"命令，鼠标将变成十字形状。将鼠标移到工作窗口的合适位置，单击鼠标左键即可进行线的放置操作，每单击左键一次就确定一个固定点。通常将板的形状定义为矩形。但在特殊的情况下，为了满足电路的某种特殊要求，也可以将板形定义为圆形、椭圆形或者不规则的多边形。这些都可以通过"放置"菜单来完成。

（3）当绘制的线组成了一个封闭的边框时，即可结束边框的绘制。单击鼠标右键或者按"Esc"键即可退出该操作，绘制结束后的 PCB 边框如图 7-21 所示。

（4）设置边框线属性。

在任意一边框线上双击鼠标左键即可打开该线的编辑对话框，如图 7-22 所示。

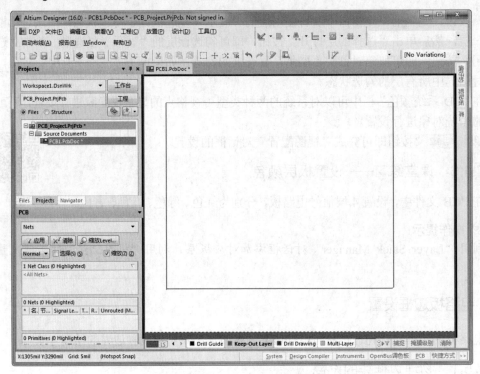

图 7-21　设置边框后的 PCB 图

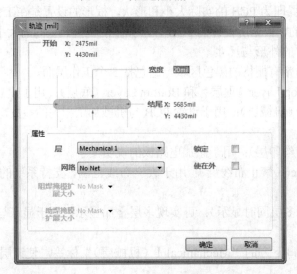

图 7-22　设置边框线属性

为了确保 PCB 图中边框线为封闭状态，可以在此对话框中对线的起始和结束点进行设置，使一根线的终点为下一根线的起点。下面介绍其余一些选项的含义。

☑ "层"下拉列表框：用于设置该线所在的电路板层。用户在开始画线时可以不选择"Mechanical 1（机械层）"层，在此处进行工作层的修改也可以实现上述操作所达到的效果，只是这样需要对所有边框线进行设置，操作起来比较麻烦。

☑ "网络"下拉列表框：用于设置边框线所在的网络。通常边框线不属于任何网络，即不存在任何电气特性。

☑ "锁定"复选框：勾选该复选框时，边框线将被锁定，无法对该线进行移动等操作。

☑ "使在外"复选框：用于定义该边框线属性是否为"使在外"。具有该属性的对象被定义为板外对象，将不出现在系统生成的"Gerber"文件中。

单击"确定"按钮，完成边框线的属性设置。

7.5.2 电路板板形的设置

对边框线进行设置主要是给制板商提供制作板形的依据。用户也可以在设计时直接修改板形，即在工作窗口中直接看到自己所设计的板子的外观形状，然后对板形进行修改。板形的设置与修改主要通过"设计"→"板子形状"子菜单来完成的，如图 7-23 所示。

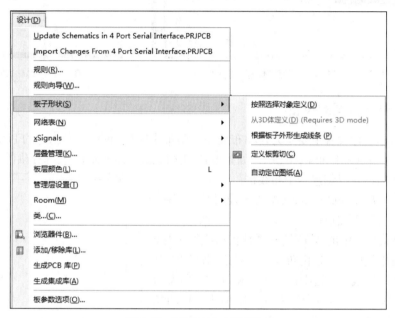

图 7-23　板形设计与修改菜单项

1. 按照选择对象定义

在机械层或其他层利用线条或圆弧定义一个内嵌的边界，以新建对象为参考重新定义板形。具体的操作步骤如下。

（1）单击"放置"→"圆弧"菜单项，在电路板上绘制一个圆，如图 7-24 所示。

（2）选中刚才绘制的圆，然后单击"设计"→"板子形状"→"按照选定对象定义"菜单项，电路板将变成圆形，如图 7-25 所示。

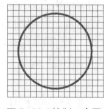

图 7-24　绘制一个圆

图 7-25　改变后的板形

2. 根据板子外形生成线条

在机械层或其他层将板子边界转换为线条。具体的操作步骤如下。

选择菜单栏中的"设计"→"板子形状"→"根据板子外形生成线条"命令，弹出"从板外形而来的线/弧原始数据"对话框，如图 7-26 所示。按照需要设置参数，单击 [确定] 按钮，退出对话框，板边界自动转化为线条，如图 7-27 所示。

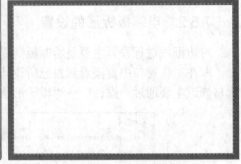

图 7-26 "从板外形而来的线/弧原始数据"对话框　　　　图 7-27 转化边界

7.5.3 电气边框的设置

对电气边框进行设置主要是为自动布局和自动布线打基础的。一般创建的 PCB 文件只有一个默认的板形，并无布线框，因此用户如果要使用 Altium Designer 16 系统提供的自动布局和自动布线功能就需要自己创建一个布线框。

（1）单击"Keep-out Layer（禁止布线层）"标签，使该层处于当前的工作窗口。

（2）选择菜单栏中的"放置"→"禁止布线"→"线径"命令（这里使用的"禁止布线"与对象属性编辑对话框中的"禁止布线"复选框的作用是相同的，即表示不属于板内的对象），这时光标变成十字形状。移动光标到工作窗口，在禁止布线层上创建一个封闭的多边形，如图 7-28 所示。

图 7-28 电气边界设置

（3）完成布线框的设置后，单击鼠标右键或者按"Esc"键即可退出布线框的操作。

7.6 课堂案例——PS7219 及单片机的 SPI 接口电路板设计

课堂案例——
PS7219 及单片机的
SPI 接口电路板设计

在单片机的应用系统中，为了便于人们观察和监视单片机的运行情况，常常需要用显示器显示运行的中间结果及状态等。因此显示器往往是单片机系统必不可少的外部设备之一。PS7219 是一种新型的串行接口的 8 位数字静态显示芯片，它是由武汉力源公司新推出的 24 脚双列直插式芯片，采用流行的同步串行外设接口（SPI），可与任何一种单片机方便接口，并可同时驱动 8 位 LED。

本节将使用 PS7219 及单片机的 SPI 接口电路图，简要讲述设计 PCB 电路的步骤。

1. 创建 PCB 文件

打开"PS7219 及单片机的 SPI 接口电路.PrjPCB"文件，选择菜单栏中的 "文件"→"新建"→"PCB（电路板文件）"命令，创建一个 PCB 文件，保存并更名为"PS7219 及单片机的 SPI 接口电路.PcbDoc"。

2. 设置 PCB 文件的相关参数

这里设计的是双面板，采用系统默认即可。

（1）选择菜单栏中的"设计"→"层叠管理"命令，打开"Layer Stack Manager（层堆栈管理器）"对话框，单击 `Add Internal Plane` 按钮，添加中间层 GND、VCC，作为电源和接地专用布线层，如图 7-29 所示。

图 7-29　添加中间层

（2）绘制 PCB 的物理边界。单击编辑区左下方的板层标签中的"Mechanical1"标签，将其设置为当前层。然后，选择菜单栏中的"放置"→"走线"命令，光标变成十字形，沿 PCB 边绘制一个闭合区域，即可设定 PCB 的物理边界。

（3）绘制 PCB 的电气边界。单击编辑区左下方的板层标签中的"Keep out Layer（禁止布线层）"标签，将其设置为当前层。选择菜单栏中的"放置"→"禁止布线"→"线径"命令，光标变成十字形，在 PCB 图上绘制出一个封闭的多边形，设定电气边界。设置完成后的 PCB 图如图 7-30 所示。

图 7-30　完成边界设置的 PCB 图

（4）设置电路板形状。选中已绘制的物理边界，选择菜单栏中的"设计"→"板子形状"→"按照选定对象定义"命令，选择外侧的物理边界，定义电路板。

7.7　课后习题

1．简述 PCB 的设计流程。

2．如何创建一个 PCB 文件，有几种方法，如何建立？

3．掌握 PCB 板层的分类、板层的设置方法。

4．如何设计电路板的边框？

5．如何设置电路板形状？

内容指南

设计 PCB 布局是整个工程设计最终的目的。PCB 布局的整体要求是"整齐、美观、对称、元件密度平均",这样才能让电路板达到最高的利用率,并降低电路板的制作成本。原理图设计得再完美,如果 PCB 布局设计得不合理,则元件性能将大打折扣,严重时甚至不能正常工作。

本章介绍在布局时还要考虑电路的机械结构、散热、电磁干扰及将来布线的方便性等问题。因此,元件的布局有自动布局和交互式布局两种方式,只靠自动布局往往达不到实际的要求,通常需要两者结合才能达到很好的效果。

知识重点

　📖　在 PCB 文件中导入原理图网络表信息
　📖　元件的自动布局
　📖　元件的手动布局
　📖　3D 效果图

8.1　在 PCB 文件中导入原理图网络表信息

网络表是原理图与 PCB 图之间的联系纽带,原理图的信息可以通过导入网络表的形式完成与 PCB 之间的同步。在进行网络表的导入之前,需要装载元件的封装库及对同步比较器的比较规则进行设置。

8.1.1　装载元件封装库

由于 Altium Designer 16 采用的是集成的元件库,因此对于多数设计来说,在进行原理图设计的同时便装载了元件的 PCB 封装模型,此时可以省略该项操作。但 Altium Designer 16 同时也支持单独的元件封装库,只要 PCB 文件中有一个元件封装不是在集成的元件库中,用户就需要单独装载该封装所在的元件库。元件封装库的添加与原理图中元件库的添加步骤相同,这里不再介绍。

8.1.2　设置同步比较规则

同步设计是 Altium 系列软件电路绘图最基本的绘图方法,这是一个非常重要的概念。对同步设计概念的最简单的理解就是原理图文件和 PCB 文件在任何情况下保持同步。也就是说,不管是先绘制原理图再绘制 PCB,还是原理图和 PCB 同时绘制,最终要保证原理图上元件的电气连接意义必须和 PCB 上的电气连接意义完全相同,这就是同步。同步并不是单纯地同时进行,而是原理图和 PCB 两者之间电气连接意义的完全相同。实现这个目地的最终方法是用同步器来实现，这个概念就称之为同步设计。

如果说网络表包含了电路设计的全部电气连接信息，那么 Altium Designer 16 则是通过同步器添加网络表的电气连接信息来完成原理图与 PCB 图之间的同步更新。同步器的工作原理是检查当前的原理图文件和 PCB 文件，得出它们各自的网络报表并进行比较，比较后得出的不同的网络信息将作为更新信息，然后根据更新信息便可以完成原理图设计与 PCB 设计的同步。同步比较规则的设置决定了生成的更新信息，因此要完成原理图与 PCB 图的同步更新，同步比较规则的设置则是至关重要的。

选择菜单栏中的"工程"→"工程选项"命令，打开"Options for PCB Project.（PCB 项目选项）"对话框，然后单击"Comparator（比较器）"选项卡，在该选项卡中可以对同步比较规则进行设置，如图 8-1 所示。

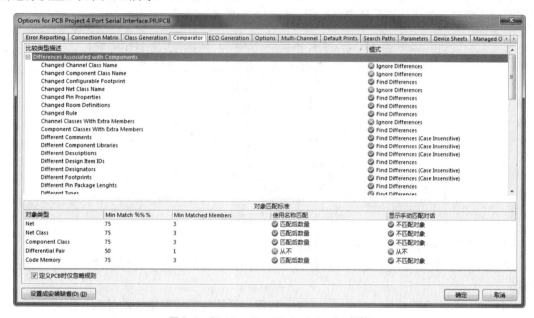

图 8-1　"Options For PCB Project…"对话框

单击 设置成安装缺省(D) (D) 按钮将恢复该对话框中原来的设置。

单击 确定 按钮即可完成同步比较规则的设置。

同步器的主要作用是完成原理图与 PCB 图之间的同步更新，但这只是对同步器的狭义上的理解。广义上的同步器可以完成任何两个文档之间的同步更新，可以是两个 PCB 文档之间，网络表文件和 PCB 文件之间，也可以是两个网络表文件之间的同步更新。用户可以在"Differences（不同处）"面板中查看两个文件之间的不同之处。

8.1.3　导入网络表

完成同步比较规则的设置后即可进行网络表的导入工作了。下面介绍如何将原理图的网络表导入到当前的 PCB 文件中。

（1）打开原理图文件，使之处于当前的工作窗口中，同时应保证 PCB 文件也处于打开状态。

（2）选择菜单栏中的"设计"→"Update PCB Document PCB1.PcbDoc（更新 PCB 文件）"命令，系统将对原理图和 PCB 图的网络表进行比较，弹出"工程更改顺序"对话框，如图 8-2 所示。

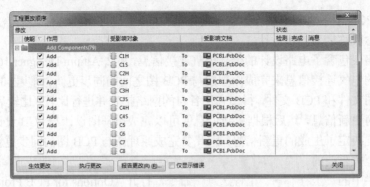

图 8-2 "工程更改顺序"对话框

（3）单击 生效更改 按钮，系统将扫描所有的改变，看能否在 PCB 上执行所有的改变。随后在每一项所对应的"检测"栏中将显示 ✅ 标记，如图 8-3 所示。

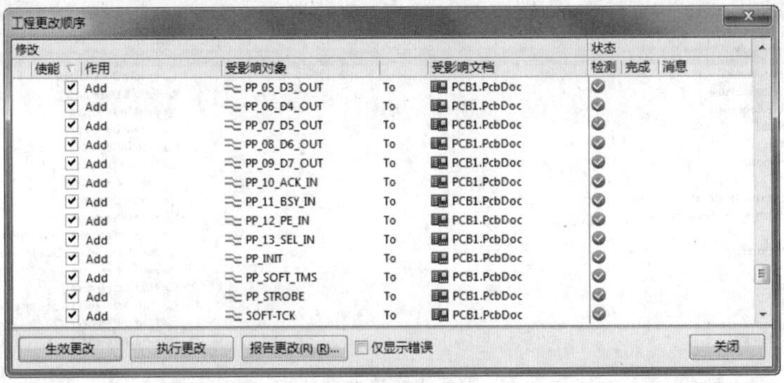

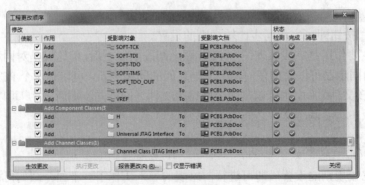

图 8-3 PCB 中能实现的合法改变

☑ ✅ 标记：说明这些改变都是合法的。

☑ ❌ 标记：说明此改变是不可执行的，需要回到以前的步骤中进行修改，然后重新进行更新。

（4）进行合法性校验后，单击 执行更改 按钮，系统将完成网络表的导入，同时在每一项的"完成"栏中显示 ✅ 标记提示导入成功，如图 8-4 所示。

图 8-4 执行变更命令

（5）单击 关闭 按钮关闭该对话框，这时可以看到在 PCB 图布线框的右侧出现了导入的所有元件的封装模型，如图 8-5 所示。图中的紫色边框为布线框，各元件之间仍保持着与原理图相同的电气连接特性。

　　用户需要注意的是，导入网络表时，原理图中的元件并不直接导入到用户绘制的布线框中，而是位于布线框的外面。通过之后的自动布局操作，系统自动将元件放置在布线框内。当然，用户也可以手工拖动元件到布线框内。

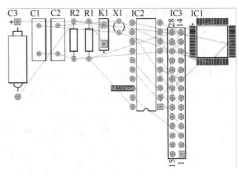

图 8-5　导入网络表后的 PCB 图

8.1.4　Room 布局

　　在 PCB 中，导入原理图封装信息，每一个原理图对应一个同名的自定义创建的 Room 区域，将该原理图中的封装元件放置在该区域中。

　　在对封装元件进行布局的过程中，可自定义打乱所有的 Room 属性进行布局，也可按照每一个 Room 区域自行进行布局。

　　在不同的功能的 Room 中放置同属性的元件，将元件分成多个部分，在摆放元件的时候就可以按照 Room 属性来摆放，将不同功能的元件放在一块，布局的时候方便拾取。简化布局步骤，减小布局难度。

　　选择菜单栏中的"工具"→"Room（器件空间布局）"命令，打开与 Room 有关的菜单项，如图 8-6 所示。

图 8-6　"Room"菜单项

　　☑"放置矩形 Room"命令：在编辑区放置矩形的 Room，如图 8-7 所示。双击该区域，弹出图 8-8 所示的属性设置对话框。

　　☑"放置多边形 Room"命令：在编辑区放置多边形的 Room。

　　☑"移动 Room"命令：移动放置的 Room。

　　☑"编辑多边形 Room 顶点"命令：执行该命令后，在多边形的顶点上单击，激活编辑命令，通过拖动顶点位置，调整多边形 Room 的形状。

☑ "拷贝 Room 格式"命令：执行该命令后，在图 8-9 中左侧矩形 RoomDefinition_1 上单击，选择源格式，然后在右侧多边形 Room Definition_2 上单击，弹出图 8-10 所示的"确认通道格式复制"对话框，默认参数设置，单击"确定"按钮，右侧多边形 Room Definition_2 切换为左侧矩形 Room Definition_1 得到格式，如图 8-11 所示。同时弹出确认格式对话框，如图 8-12 所示。单击"OK"按钮，完成格式转换。

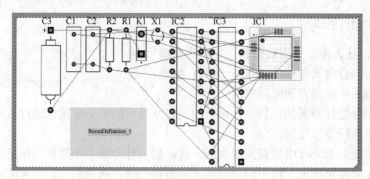

图 8-7　放置矩形 Room

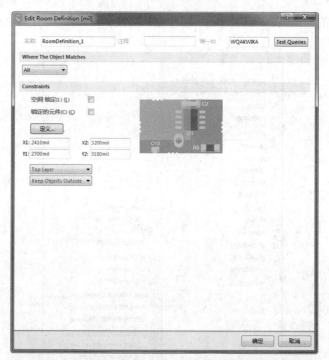

图 8-8　"Edit Room Definition（定义空间属性）"对话框

图 8-9　原始图形

图 8-10　"确认通道格式复制"对话框

图 8-11　结果图形

图 8-12　确认对话框

☑ "排列 Room"命令：执行该命令，弹出图 8-13 所示的"排列 Room"对话框，设置排列的行数与列数、位置、间距等参数。

☑ "移动 Room 到栅格"命令：将 Room 移动到栅格上，以方便捕捉。

☑ "在器件周围包围非直角的 Room"命令：在编辑区绘制一个任意 Room，执行该命令后，单击该 Room，该 Room 自动包围元件，包围形状以涵盖所有元件为主，不要求形状，如图 8-14 所示。

图 8-13　"排列 Room"对话框

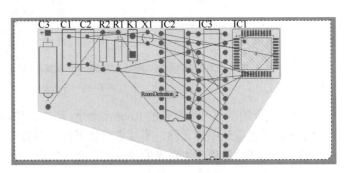

图 8-14　放置非直角 Room

☑ "在器件周围包围直角的 Room" 命令：在编辑区绘制一个任意 Room，执行该命令后，单击该 Room，该 Room 自动包围元件，包围形状以涵盖所有元件为主，不要求整体形状，但边角为直角，如图 8-15 所示。

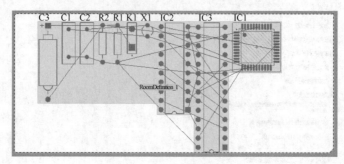

图 8-15 放置直角 Room

☑ "在器件周围包围矩形的 Room" 命令：在编辑区绘制一个任意 Room，执行该命令后，单击该 Room，该 Room 自动变为矩形并涵盖所有元件，如图 8-16 所示。

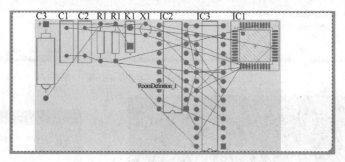

图 8-16 包围矩形 Room

☑ "从选择的器件产生非直角的 Room" 命令：选中元件，执行该命令后，元件外侧自动生成 Room，不要求形状，如图 8-17 所示。

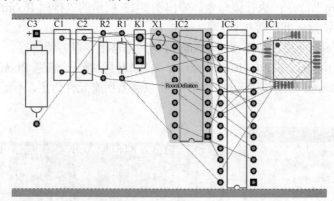

图 8-17 非直角 Room

☑ "从选择的器件产生直角的 Room" 命令：选中元件，执行该命令后，自动生成一个 Room，该 Room 自动包围选中的元件，不要求整体形状，但边角为直角，如图 8-18 所示。

☑ "从选择的器件产生矩形的 Room" 命令：选中元件，执行该命令后，选中元件外部自动添加矩形 Room，如图 8-19 所示。

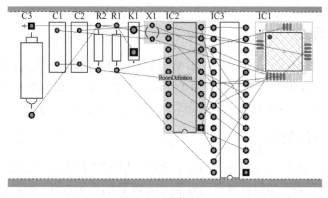

图 8-18　直角 Room

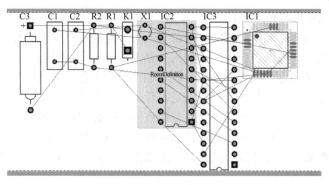

图 8-19　矩形 Room

☑ "切割 Room" 命令：切割 Room。执行该命令后，光标变为十字形，在需要分割的位置绘制闭合区域，如图 8-20 所示。完成 Room 区域绘制后单击鼠标右键，弹出图 8-21 所示的确认对话框，单击 "Yes（是）" 按钮，完成切割，在完整个 RoomDefinition_1 区域切割出一个 RoomDefinition_2，如图 8-22 所示。

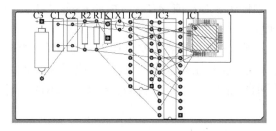

图 8-20　绘制新 Room 边界

图 8-21　确认对话框

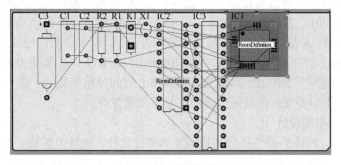

图 8-22　完成分割

8.2 元件的自动布局

装入网络表和元件封装后，要把元件封装放入工作区，这需要对元件封装进行布局。

Altium Designer 16 提供了强大的 PCB 自动布局功能，PCB 编辑器根据一套智能算法可以自动地将元件分开，然后放置到规划好的布局区域内并进行合理的布局。

8.2.1 PCB 布局规划

在 PCB 设计中，PCB 布局是指对电子元件在印刷电路上如何规划及放置的过程，它包括规划和放置两个阶段。关于如何合理布局应当考虑 PCB 的可制造性、合理布线的要求、某种电子产品独有的特性等。

1. PCB 的可制造性与布局设计

PCB 的可制造性是指设计出的 PCB 要符合电子产品的生产条件。如果是试验产品或者生产量不大需要手工生产，可以较少考虑；如果需要大批量生产，需要上生产线生产的产品，则 PCB 布局就要做周密的规划。需要考虑贴片机、插件机的工艺要求及生产中不同的焊接方式对布局的要求，严格遵照生产工艺的要求，这是设计批量生产的 PCB 应当首先考虑的。

当采用波峰焊时，应尽量保证元件的两端焊点同时接触焊料波峰。当尺寸相差较大的片状元件相邻排列，且间距很小时，较小的元件在波峰焊时应排列在前面，先进入焊料池。还应避免尺寸较大的元件遮蔽其后尺寸较小的元件，造成漏焊。板上不同组件相邻焊盘图形之间的最小间距应在 1mm 以上。

元件在 PCB 上的排向，原则上是随元件类型的改变而变化，即同类元件尽可能按相同的方向排列，以便元件的贴装、焊接和检测。布局时，DIP 封装的 IC 摆放的方向必须与过锡炉的方向垂直，不可平行。如果布局上有困难，可允许水平放置 IC（SOP 封装的 IC 摆放方向与 DIP 相反）。

元件布置的有效范围：在设计需要到生产线上生产的 PCB 时，X、Y 方向均要留出传送边，每边 3.5mm，如不够，需另加工艺传送边。在 PCB 中位于电路板边缘的元件离电路板边缘一般不小于 2mm。电路板的最佳形状为矩形，长宽比为 3∶2 或 4∶3。电路板面尺寸大于 200mm×150mm 时，应考虑电路板所受的机械强度。

在 PCB 设计中，还要考虑导通孔对元件布局的影响，避免在表面安装焊盘以内，或在距表面安装焊盘 0.635mm 以内设置导通孔。如果无法避免，需用阻焊剂将焊料流失通道阻断。作为测试支撑导通孔，在设计布局时，需充分考虑不同直径的探针，进行自动在线测试（ATE）时的最小间距。

2. 电路的功能单元与布局设计

PCB 中的布局设计中要分析电路中的电路单元，根据其功能合理地进行布局设计，对电路的全部元件进行布局时，要符合以下原则：①按照电路的流程安排各个功能电路单元的位置，使布局便于信号流通，并使信号尽可能保持一致的方向。②以每个功能电路的核心元件为中心，围绕它来进行布局。元件应均匀、整齐、紧凑地排列在 PCB 上；尽量减少和缩短各元件之间的引线和连接。③在高频下工作的电路，要考虑元件之间的分布参数。一般电路应尽可能使元件平行排列。这样，不但美观，而且装焊容易，易于批量生产。

3. 特殊元件与布局设计

在 PCB 设计中，特殊的元件是指高频部分的关键元件、电路中的核心器件、易受干扰的元件、带高压的元件、发热量大的元件以及一些异形元件等。这些特殊元件的位置需要仔细分析，做到布局合乎电路功能的要求及生产的要求，不恰当地放置它们，可能会产生电磁兼容问题、信号完整性问题，从而导致 PCB 设计的失败。

在设计如何放置特殊元件时，首先要考虑 PCB 尺寸大小。PCB 尺寸过大时，印制线条长，阻抗增加，抗噪声能力下降，成本也增加；过小，则散热不好，且邻近线条易受干扰。在确定 PCB 尺寸后，再确定特殊元件的位置。最后，根据电路的功能单元，对电路的全部元件进行布局。特殊元件的位置在布局时一般要遵守以下原则。

（1）尽可能缩短高频元件之间的连线，设法减少它们的分布参数和相互间的电磁干扰。易受干扰的元件不能相互挨得太近，输入和输出元件应尽量远离。

（2）某些元件或导线之间可能有较高的电位差，应加大它们之间的距离，以免放电引起意外短路。带高电压的元件应尽量布置在调试时手不易触及的地方。

（3）重量超过 15g 的元件，应当用支架加以固定，然后焊接。那些又大又重、发热量多的元件，不宜装在 PCB 上，而应装在整机的机箱底板上，且应考虑散热问题。热敏元件应远离发热元件。

（4）对于电位器、可调电感线圈、可变电容器、微动开关等可调元件的布局，应考虑整机的结构要求。若是机内调节，应放在 PCB 上方便调节的地方；若是机外调节，其位置要与调节旋钮在机箱面板上的位置相适应。

（5）应留出 PCB 定位孔及固定支架所占用的位置。

一个产品的成功与否，一是要注重内在质量，二是兼顾整体的美观，两者都较完美才能认为该产品是成功的。在一个 PCB 上，元件的布局要求要均衡，疏密有序，不能头重脚轻或一头沉。

4．布局的检查

（1）PCB 尺寸是否与图纸要求的加工尺寸相符，是否符合 PCB 制造工艺要求，有无定位标记。

（2）元件在二维、三维空间上有无冲突。

（3）元件布局是否疏密有序，排列整齐，是否全部布完。

（4）需经常更换的元件能否方便地更换，插件板插入设备是否方便。

（5）热敏元件与发热元件之间是否有适当的距离。

（6）调整可调元件是否方便。

（7）在需要散热的地方，是否装了散热器，空气流是否通畅。

（8）信号流程是否顺畅且互连最短。

（9）插头、插座等与机械设计是否矛盾。

（10）线路的干扰问题是否有所考虑。

8.2.2　自动布局的菜单命令

Altium Designer 16 提供了强大的 PCB 自动布局功能，PCB 编辑器根据一套智能的算法可以自动地将元件分开，然后放置到规划好的布局区域内并进行合理的布局。选择菜单栏中的"工具"→"器件布局"命令，打开与自动布局有关的菜单项，如图 8-23 所示。

图 8-23　"自动布局"菜单项

☑ "按照 Room 排列（空间内排列）"命令：用于在指定的空间内部排列元件。单击该命令后，光标变为十字形状，在要排列元件的空间区域内单击，元件即自动排列到该空间内部。

☑ "在矩形区域排列"命令：用于将选中的元件排列到矩形区域内。使用该命令前，需要先将要排列的元件选中。此时光标变为十字形状，在要放置元件的区域内单击鼠标左键，确定矩形区域的一角，拖动光标，至矩形区域的另一角后再次单击鼠标左键。确定该矩形区域后，系统会自动将已选择的元件排列到矩形区域中来。

☑ "排列板子外的器件"命令：用于将选中的元件排列在 PCB 的外部。使用该命令前，需要先将要排列的元件选中，系统自动将选择的元件排列到 PCB 范围以外的右下角区域内。

☑ "自动布局"菜单命令：进行自动布局。

☑ "停止自动布局"菜单命令：停止自动布局。

☑ "挤推"菜单命令：挤推布局。挤推布局的作用是将重叠在一起的元件推开。可以这样理解：选择一个基准元件，当周围元件与基准元件存在重叠时，则以基准元件为中心向四周挤推其他的元件。如果不存在重叠则不执行挤推命令。

☑ "设置挤推深度"菜单命令：设置挤推命令的深度，可以为 1~1000 的任何一个数字。

☑ "依据文件放置"菜单命令：导入自动布局文件进行布局。

8.2.3　自动布局约束参数

在自动布局前，首先要设置自动布局的约束参数。合理地设置自动布局参数，可以使自动布局的结果更加完善，也就相对地减少了手动布局的工作量，节省了设计时间。

自动布局的参数在"PCB 规则及约束编辑器"对话框中进行设置。选择菜单栏中的"设计"→"规则"命令，系统将弹出"PCB 规则及约束编辑器"对话框。单击该对话框中的"Placement"（设置）标签，逐项对其中的选项进行参数设置。

（1）"Room Definition（空间定义规则）"选项：用于在 PCB 上定义元件布局区域，图 8-24 所示为该选项的设置对话框。在 PCB 上定义的布局区域有两种，一种是区域中不允许出现元件，一种则是某些元件一定要在指定区域内。在该对话框中可以定义该区域的范围（包括坐标范围与工作层范围）和种类。该规则主要用在线 DRC、批处理 DRC 和成群地放置项自动布局的过程中。

其中各选项的功能如下。

☑ "空间锁定"复选框：勾选该复选框时，将锁定 Room 类型的区域，以防止在进行自动布局或手动布局时移动该区域。

☑ "锁定的元件"复选框：勾选该复选框时，将锁定区域中的元件，以防止在进行自动布局或手动布局时移动该元件。

☑ "定义"按钮：单击该按钮，光标将变成十字形状，移动光标到工作窗口中，单击可以定义 Room 的范围和位置。

☑ "X1""Y1"文本框：显示 Room 最左下角的坐标。

☑ "X2""Y2"文本框：显示 Room 最右上角的坐标。

☑ 最后两个下拉列表框中列出了该 Room 所在的工作层及对象与此 Room 的关系。

（2）"Component Clearance（元件间距限制规则）"选项：用于设置元件间距，如图 8-25 所示为该选项的设置对话框。在 PCB 可以定义元件的间距，该间距会影响到元件的布局。

☑ "无限"单选钮：用于设定最小水平间距，当元件间距小于该数值时将视为违例。

☑ "指定的"单选钮：用于设定最小水平和垂直间距，当元件间距小于这个数值时将视为违例。

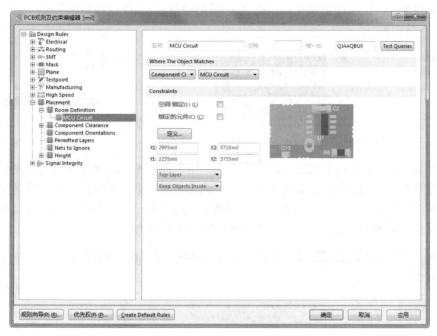

图 8-24　"PCB 规则及约束编辑器"对话框

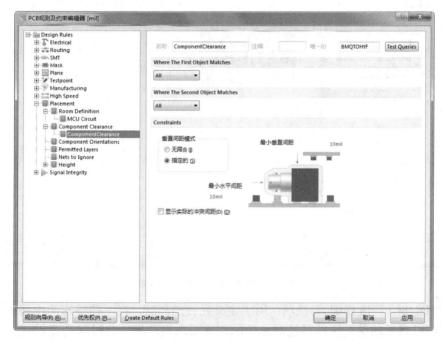

图 8-25　"Component Clearance"选项设置

（3）"Component Orientations（元件布局方向规则）"选项：用于设置 PCB 上元件允许旋转的角度，图 8-26 所示为该选项设置内容，在其中可以设置 PCB 上所有元件允许使用的旋转角度。

（4）"Permitted Layers（电路板工作层设置规则）"选项：用于设置 PCB 上允许放置元件的工作层，图 8-27 所示为该选项设置内容。PCB 上的底层和顶层本来是都可以放置元件的，但在特殊情况下可能有一面不能放置元件，通过设置该规则可以实现这种需求。

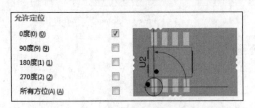

图 8-26　"Component Orientations" 选项设置

图 8-27　"Permitted Layers" 选项设置

（5）"Nets To Ignore（网络忽略规则）"选项：用于设置在采用成群放置项方式执行元件自动布局时需要忽略布局的网络，如图 8-28 所示。忽略电源网络将加快自动布局的速度，提高自动布局的质量。如果设计中有大量连接到电源网络的双引脚元件，设置该规则可以忽略电源网络的布局并将与电源相连的各个元件归类到其他网络中进行布局。

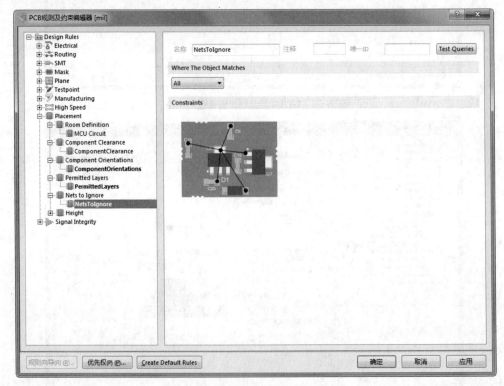

图 8-28　"Nets To Ignore" 选项设置

（6）"Height（高度规则）"选项：用于定义元件的高度。在一些特殊的电路板上进行布局操作时，电路板的某一区域可能对元件的高度要求很严格，此时就需要设置该规则。图 8-29 所示为该选项的设置对话框，主要有"最小的""首选的"和"最大的"3 个可选择的设置选项。

元件布局的参数设置完毕后，单击"确定"按钮，保存规则设置，返回 PCB 编辑环境。接着就可以采用系统提供的自动布局功能进行 PCB 元件的自动布局了。

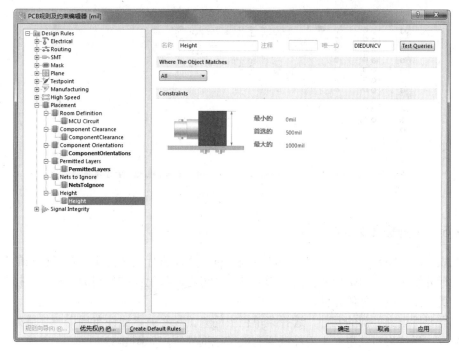

图 8-29 "Height"选项设置

8.2.4 在矩形区域内排列

打开 PCB 文件并使之处于当前的工作窗口中。介绍如何在选定区域内自动布局。

（1）在已经导入了电路原理图的网络表和所使用的元件封装的 PCB 文件 PCB1.PcbDoc 编辑器内，设定自动布局参数。自动布局前的 PCB 图如图 8-30 所示。

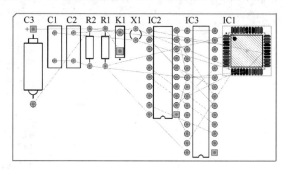

图 8-30 自动布局前的 PCB 图

（2）在"Keep-out Layer（禁止布线层）"设置布线区。

（3）选中要布局的元件，选择菜单栏中的"工具"→"器件布局"→"在矩形区域排列"命令，光标变为十字形，在编辑区绘制矩形区域，即可开始在选择的矩形中自动布局。自动布局需要经过大量的计算，因此需要耗费一定的时间。

从图 8-31 中可以看出，元件在自动布局后不再是按照种类排列在一起。各种元件将按照自动布局的类型选择，初步地分成若干组分布在 PCB 中，同一组的元件之间用导线建立连接将更加容易。自动布局结果并不是完美的，还存在很多不合理的地方，因此还需要对自动布局进行调整。

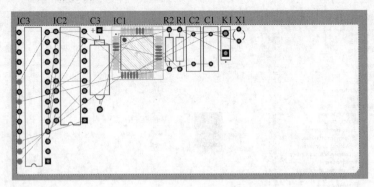

图 8-31　自动布局结果

8.2.5　排列板子外的元件

在大规模的电路设计中，自动布局涉及到大量计算，执行起来往往要花费很长的时间，用户可以进行分组布局，为防止元件过多影响排列，可将局部元件排列到板子外，先排列板子内的元件，最后排列板子外的元件。

选中需要排列到外部的元件，选择菜单栏中的"工具"→"器件布局"→"排列板子外的器件"命令，系统将自动将选中元件放置到板子边框外侧，如图 8-32 所示。

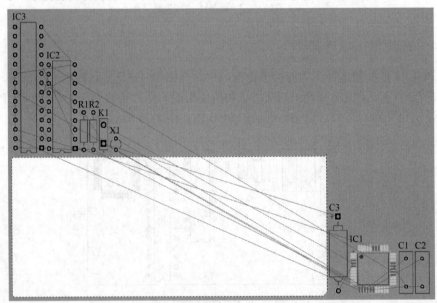

图 8-32　排列元件

8.2.6　课堂练习——话筒放大电路 PCB 设计

设计图 8-33 所示的话筒放大电路原理图的 PCB 文件，并对导入的封装元件进行自动布局。

课堂练习——话筒放大电路 PCB 设计

💡**操作提示：**

（1）利用"设计"菜单下的命令导入封装元件。

（2）利用"器件布局"子菜单对封装元件进行矩形布局。

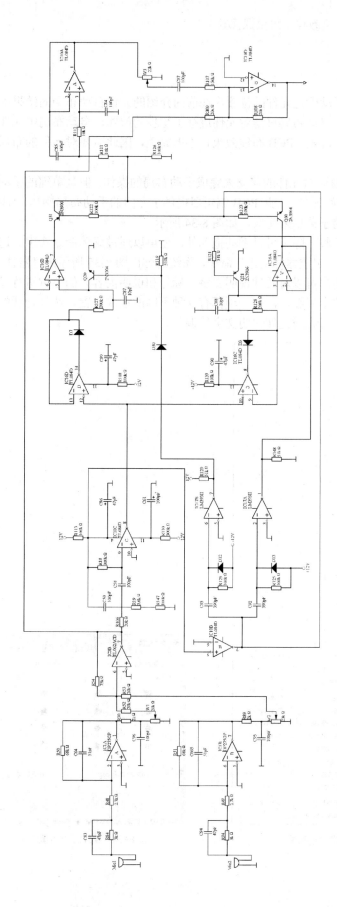

图 8-33　话筒放大电路原理图

8.3　元件的手动布局

　　元件的手动布局是指手动确定元件的位置。在前面介绍的元件自动布局的结果中，虽然设置了自动布局的参数，但是自动布局只是对元件进行了初步的放置，自动布局中元件的摆放并不整齐，走线的长度也不是最短，PCB 布线效果也不够完美，因此需要对元件的布局做进一步调整。

　　在 PCB 上，用户可以通过对元件的移动来完成手动布局的操作，但是单纯的手动移动不够精细，不能非常整齐地摆放好元件。为此 PCB 编辑器提供了专门的手动布局操作，可以通过"编辑"菜单下"对齐"命令的子菜单来完成，如图 8-34 所示。

　　对元件说明文字进行调整，除了可以手动拖动外，还可以通过菜单命令实现。选择菜单栏中的"编辑"→"对齐"→"定位器件文本"命令，系统将弹出图 8-35 所示的"器件文本位置"对话框。在该对话框中，用户可以对元件说明文字（标号和说明内容）的位置进行设置。该命令是对所有元件说明文字的全局编辑，每一项都有 9 种不同的摆放位置。选择合适的摆放位置后，单击"确定"按钮，即可完成元件说明文字的调整。

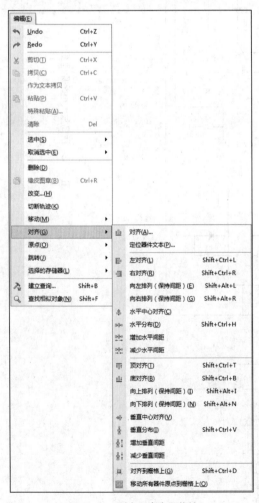

图 8-34　"对齐"命令子菜单

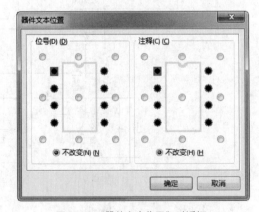

图 8-35　"器件文本位置"对话框

8.3.1 课堂练习——话筒放大电路 PCB 布局

在话筒放大电路 PCB 文件中，对封装元件进行手动布局，完成图 8-36 所示的布局结果。

操作提示：

利用"实用"工具栏"排列工具"下拉列表中的排列工具对元件进行布局。

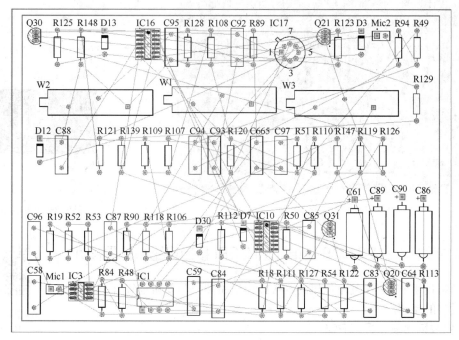

图 8-36　布局结果

8.3.2 3D 效果图

手动布局完毕后，可以通过 3D 效果图直观地查看视觉效果，以检查手动布局是否合理。

在 PCB 编辑器内，选择菜单栏中的"工具"→"遗留工具"→"3D 显示"命令，系统生成该 PCB 的 3D 效果图，加入到该工程生成的"PCB 3D Views"文件夹中并自动打开。"PCB1.PcbDoc" PCB 生成的 3D 效果图如图 8-37 所示。

在 PCB 编辑器内，单击右下角的 PCB 3D 面板按钮，打开 PCB 3D 面板，如图 8-38 所示。

1."浏览网络"区域

该区域列出了单前 PCB 文件内的所有网络。选择其中一个网络以后，单击"高亮"按钮，则此网络呈高亮状态；单击"清除"按钮，可以取消高亮状态。

2."显示"区域

该区域用于控制 3D 效果图中的显示方式，分别可以对元件、丝印层、铜、文本以及电路板进行控制。

3."预览框"区域

将光标移到该区域中以后，单击左键并按住不放，拖动光标，3D 图将跟着旋转，展示不同方向上的效果。

4."表达"区域

用于设置约束轴和连线框。

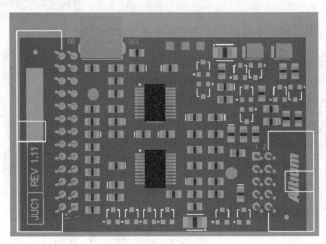

图 8-37 PCB 3D 效果图

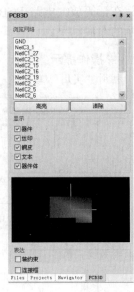

图 8-38 PCB 3D 面板

8.4 课堂案例——PS7219 及单片机的 SPI 接口电路板布局设计

课堂案例——
PS7219 及单片机的
SPI 接口电路板布局
设计

本节将使用 PS7219 及单片机的 SPI 接口电路图，简要讲述设计 PCB 电路布局设计的步骤。

1. 生成网络表并导入 PCB

（1）打开前面设计的"PS7219 及单片机的 SPI 接口电路.PrjPCB"文件，打开电路原理图文件，选择菜单栏中的"设计"→"Update PCB Document PS7219 及单片机的 SPI 接口电路.PcbDoc（更新印制电路板文件）"命令，系统弹出"工程更改顺序"对话框，如图 8-39 所示。

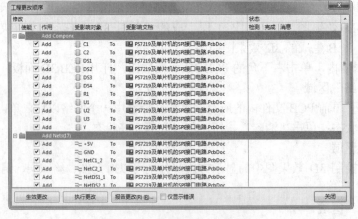

图 8-39 "工程更改顺序"对话框

（2）单击对话框中的"生效更改"按钮，检查所有改变是否正确，若所有的元件检测结果后面都出现✅标志，则工程转换成功。

（3）单击"执行更改"按钮，将元件封装添加到 PCB 文件中，如图 8-40 所示。

（4）完成添加后，单击"关闭"按钮，关闭对话框。此时，在 PCB 图纸上已经有了元件的封装，如图 8-41 所示。

图 8-40　添加元器件封装

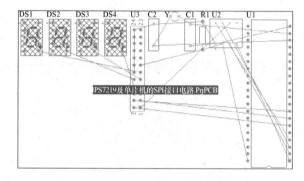

图 8-41　添加元器件封装的 PCB 图

2．元器件布局

（1）设置布局规则后，将 Room 空间整体拖至 PCB 的上面，如图 8-42 所示。

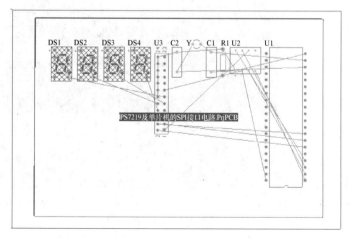

图 8-42　拖动 Room 空间

（2）对布局不合理的地方进行手工调整。调整后的 PCB 图如图 8-43 所示。

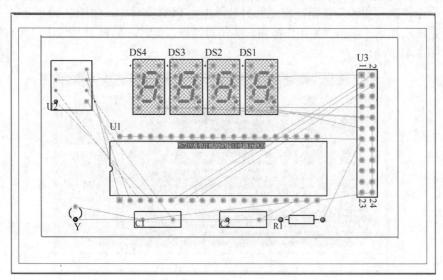

图 8-43　手工调整后结果

（3）选择菜单栏中的"工具"→"遗留工具"→"3D 显示"命令，查看 3D 效果图，检查布局是否合理，如图 8-44 所示。

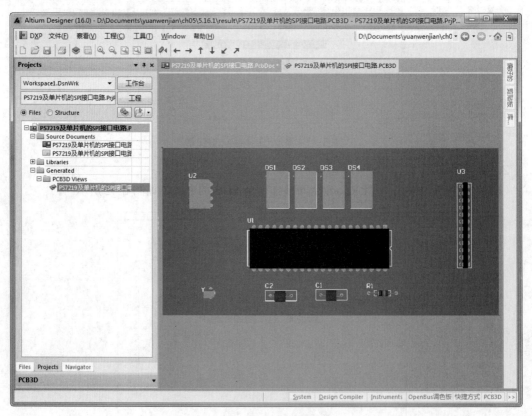

图 8-44　3D 效果图

8.5　课后习题

1. PCB 上的元件应该如何设置？
2. 封装元件有什么布局原则？
3. 封装元件有几种布局方式？
4. Room 如何创建？
5. 创建图 8-45 所示的电源电路原理图的 PCB 文件，并对导入的封装元件进行布局操作。

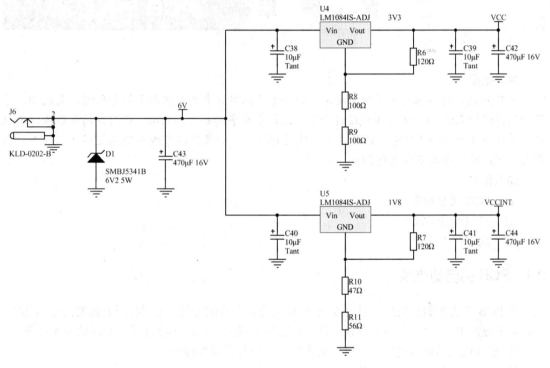

图 8-45　电源电路

习题 5

第 9 章 PCB 布线设计

内容指南

PCB 布线设计往往有很多规则要求，如要考虑到实际中的散热和干扰等问题，因此相对于原理图的设计来说，对 PCB 布线设计则需要设计者更多的细心和耐心。采用自动布线操作不仅可以大大降低布线的工作量，还能减少布线时的漏洞。如果自动布线不能满足实际工程设计的要求，可以通过手动布线进行调整。

知识重点

📖 PCB 的自动布线

📖 覆铜和补泪滴

📖 设计规则检查

9.1 PCB 的自动布线

在 PCB 上走线的首要任务就是要在 PCB 上走通所有的导线，建立起所有需要的电气连接，这在高密度的 PCB 设计中很具有挑战性。在能够完成所有走线的前提下，布线的要求如下。

☑ 走线长度尽量短和直，在这样的走线上电信号完整性较好。

☑ 走线中尽量少地使用过孔。

☑ 走线的宽度要尽量宽。

☑ 输入输出端的边线应避免相邻平行，以免产生反射干扰，必要时应该加地线隔离。

☑ 两相邻层间的布线要互相垂直，平行则容易产生耦合。

自动布线是一个优秀的电路设计辅助软件所必需的功能之一。对于散热、电磁干扰及高频等要求较低的大型电路设计来说，采用自动布线操作可以大大地降低布线的工作量，同时，还能减少布线时的漏洞。如果自动布线不能够满足实际工程设计的要求，可以通过手动布线进行调整。

9.1.1 设置 PCB 自动布线的规则

Altium Designer 16 在 PCB 编辑器中为用户提供了 10 大类 49 种设计规则，覆盖了元件的电气特性、走线宽度、走线拓扑结构、表面安装焊盘、阻焊层、电源层、测试点、电路板制作、元件布局、信号完整性等设计过程中的方方面面。在进行自动布线之前，用户首先应对自动布线规则进行详细的设置。选择菜单栏中的"设计"→"规则"命令，系统将弹出图 9-1 所示的"PCB 规则及约束编辑器"对话框。

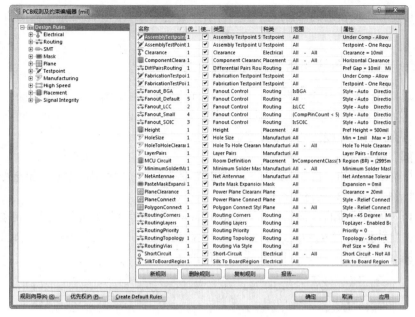

图 9-1 "PCB 规则及约束编辑器"对话框

其中，"Electrical（电气规则）"类设置主要针对具有电气特性的对象，用于系统的 DRC（电气规则检查）功能。当布线过程中违反电气特性规则（共有 4 种设计规则）时，DRC 检查器将自动报警提示用户。单击"Electrical（电气规则）"选项，对话框右侧将只显示该类的设计规则，如图 9-2 所示。

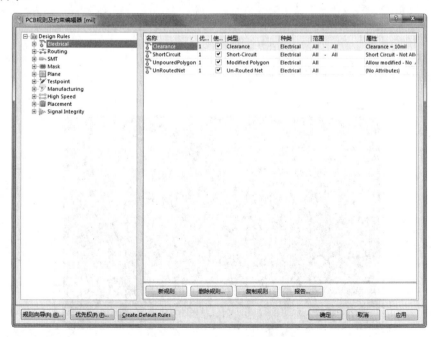

图 9-2 "Electrical"选项设置

从以上对 PCB 布线规则的说明可知，Altium Designer 16 对 PCB 布线做了全面规定。这些规定只有一部分运用在元件的自动布线中，而所有规则将运用在 PCB 的 DRC 检测中。在对 PCB

手动布线时可能会违反设定的 DRC 规则，在对 PCB 进行 DRC 检测时将检测出所有违反这些规则的地方。

9.1.2 启动自动布线服务器进行自动布线

布线规则和布线策略设置完毕后，用户即可进行自动布线操作。自动布线操作主要是通过"自动布线"菜单进行的。用户不仅可以进行整体布局，也可以对指定的区域、网络及元件进行单独的布线。执行自动布线的方法非常多。

1."全部"命令

（1）选择菜单栏中的"自动布线"→"全部"命令，系统将弹出"Situs 布线策略（布线位置策略）"对话框。在该对话框中可以设置自动布线策略。

（2）选择一项布线策略，然后单击"Route All（布线所有）"按钮即可进入自动布线状态。布线过程中将自动弹出"Messages（信息）"面板，提供自动布线的状态信息，如图 9-3 所示。由最后一条提示信息可知，此次自动布线全部布通。

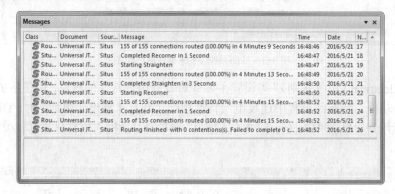

图 9-3 "Messages"面板

（3）全局布线后的 PCB 图如图 9-4 所示。

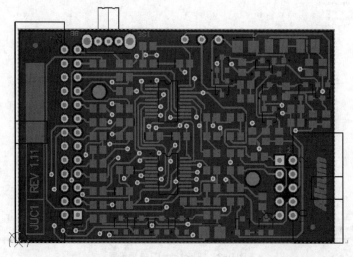

图 9-4 全局布线后的 PCB 图

当器件排列比较密集或者布线规则设置过于严格时，自动布线可能不会完全布通。即使完全布通的 PCB 仍会有部分网络走线不合理，如绕线过多、走线过长等，此时就需要进行手动调整了。

2.“网络”命令

该命令用于为指定的网络自动布线，其操作步骤如下。

（1）在规则设置中对该网络布线的线宽进行合理的设置。

（2）选择菜单栏中的“自动布线”→“网络”命令，此时光标将变成十字形状。移动光标到该网络上的任何一个电气连接点（飞线或焊盘处），这里选 C1 引脚 1 的焊盘处。单击，此时系统将自动对该网络进行布线。

（3）此时，光标仍处于布线状态，可以继续对其他的网络进行布线。

（4）单击鼠标右键或按“Esc”键即可退出该操作。

9.2　安装孔

电路板布线完成之后，就可以开始着手添加安装孔。安装孔通常采用过孔形式，并和接地网络连接，以便于后期的调试工作。

9.2.1　添加安装孔

（1）选择菜单栏中的“放置”→“过孔”命令，或者单击“布线”工具栏中的 ⚙（放置过孔）按钮，或用快捷键“P+V”，此时光标将变成十字形状，并带有一个过孔图形。

（2）按“Tab”键，系统将弹出图 9-5 所示的“过孔”对话框。

☑“孔尺寸”选项：这里将过孔作为安装孔使用，因此过孔内径比较大，设置为 100mil。

☑“直径”选项：这里的过孔外径设置为 150mil。

☑“位置”选项：这里的过孔作为安装孔使用，过孔的位置将根据需要确定。通常，安装孔放置在电路板的 4 个角上。

☑“测试点设置”选项：包括设置过孔起始层、网络标号、测试点等。

图 9-5　“过孔”对话框

（3）设置完毕后，单击"确定"按钮，即放置了一个过孔。

（4）此时，光标仍处于放置过孔状态，可以继续放置其他的过孔。

（5）单击鼠标右键或按"Esc"键即可退出该操作。

课堂练习——放置
焊盘

9.2.2 课堂练习——放置焊盘

在图 9-6 所示的 PCB 图中放置焊盘。

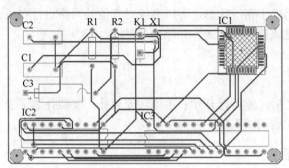

图 9-6 放置安装孔

操作提示：

选择菜单栏中的"放置"→"过孔"命令，在电路板四周放置安装孔。

9.3 覆铜和补泪滴

覆铜由一系列的导线组成，可以完成电路板内不规则区域的填充。在绘制 PCB 图时，覆铜主要是指把空余没有走线的部分用导线全部铺满。用铜箔铺满部分区域和电路的一个网络相连，多数情况是和 GND 网络相连。单面电路板覆铜可以提高电路的抗干扰能力，经过覆铜处理后制作的 PCB 会显得十分美观，同时，通过大电流的导电通路也可以采用覆铜的方法来加大过电流的能力。通常覆铜的安全间距应该在一般导线安全间距的两倍以上。

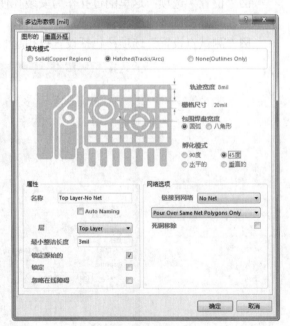

9.3.1 执行覆铜命令

选择菜单栏中的"放置"→"多边形敷铜"命令，或者单击"布线"工具栏中的 ▦（放置多边形覆铜）按钮，或用快捷键"P+G"，即可执行放置覆铜命令。系统弹出的"多边形敷铜"对话框如图 9-7 所示。

图 9-7 "多边形敷铜"对话框

9.3.2 设置覆铜属性

执行覆铜命令之后，或者双击已放置的覆铜，系统将弹出"多边形敷铜"对话框。其中各选项组的功能分别介绍如下。

1．"填充模式"选项组

该选项组用于选择覆铜的填充模式，包括 3 个单选钮，Solid（Copper Regions），即覆铜区域内为全铜敷设；Hatched（Tracks/Arcs），即向覆铜区域内填入网络状的覆铜；None（Outlines Only），即只保留覆铜边界，内部无填充。

在对话框的中间区域内可以设置覆铜的具体参数，针对不同的填充模式，有不同的设置参数选项。

☑ "Solid（Copper Regions）"（实体）单选钮：用于设置删除孤立区域覆铜的面积限制值，以及删除凹槽的宽度限制值。需要注意的是，当用该方式覆铜后，在 Protel99SE 软件中不能显示，但可以用 Hatched（Tracks/Arcs）（网络状）方式覆铜。

☑ "Hatched（Tracks/Arcs）"（网络状）单选钮：用于设置网格线的宽度、网络的大小、围绕焊盘的形状及网格的类型。

☑ "None（Outlines Only）"（无）单选钮：用于设置覆铜边界导线宽度及围绕焊盘的形状等。

2．"属性"选项组

☑ "Layer（层）"下拉列表框：用于设定覆铜所属的工作层。

☑ "Min Prim Length（最小图元长度）"文本框：用于设置最小图元的长度。

☑ "Lock Primitives（锁定原始的）"复选框：用于选择是否锁定覆铜。

3．"网络选项"选项组

☑ "链接到网络"下拉列表框：用于选择覆铜连接到的网络。通常连接到 GND 网络。

☑ "Don't Pour Over Same Net Objects（填充不超过相同的网络对象）"选项：用于设置覆铜的内部填充不与同网络的图元及覆铜边界相连。

☑ "Pour Over Same Net Polygons Only（填充只超过相同的网络多边形）"选项：用于设置覆铜的内部填充只与覆铜边界线及同网络的焊盘相连。

☑ "Pour Over All Same Net Objects（填充超过所有相同的网络对象）"选项：用于设置覆铜的内部填充与覆铜边界线，并与同网络的任何图元相连，如焊盘、过孔、导线等。

☑ "Remove Dead Copper（删除孤立的覆铜）"复选框：用于设置是否删除孤立区域的覆铜。孤立区域的覆铜是指没有连接到指定网络元件上的封闭区域内的覆铜，若勾选该复选框，则可以将这些区域的覆铜去除。

9.3.3　放置覆铜

下面以"PCB1.PcbDoc"为例简单介绍放置覆铜的操作步骤。

（1）选择菜单栏中的"放置"→"多边形敷铜"命令，或者单击"布线"工具栏中的▓（放置多边形平面）按钮，或用快捷键"P+G"，即可执行放置覆铜命令。系统将弹出"多边形敷铜"对话框。

（2）在"多边形敷铜"对话框中进行设置，点选"Hatched（Tracks/Arcs）（网络状）"单选钮，填充模式设置为 45°，连接到网络 GND，层面设置为 Top Layer（顶层），勾选"死铜移除"复选框，如图 9-8 所示。

（3）单击"确定"按钮，关闭该对话框。此时光标变成十字形状，准备开始覆铜操作。

（4）用光标沿着 PCB 的禁止布线边界线绘制一个闭合的矩形框。单击鼠标左键确定起点，移动至拐点处单击鼠标左键，直至确定矩形框的 4 个顶点，单击鼠标右键退出。用户不必手动将矩形框线闭合，系统会自动将起点和终点连接起来构成闭合框线。

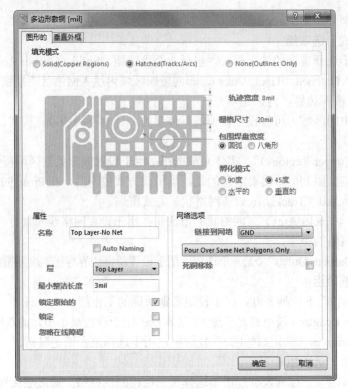

图 9-8 "多边形敷铜"对话框

（5）系统在框线内部自动生成了 Top Layer（顶层）的覆铜。

（6）执行覆铜命令，选择层面为 Bottom Layer（底层），其他设置相同，为底层覆铜。PCB 覆铜效果如图 9-9 所示。

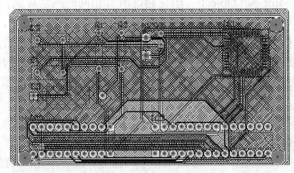

图 9-9 PCB 覆铜效果

9.3.4 补泪滴

在导线和焊盘或者过孔的连接处，通常需要补泪滴，以去除连接处的直角，加大连接面。这样做有两个好处，一是在 PCB 的制作过程中，避免因钻孔定位偏差导致焊盘与导线断裂；二是在安装和使用中，可以避免因用力集中导致连接处断裂。

选择菜单栏中的"工具"→"滴泪"命令，或按快捷键"T+E"，即可执行补泪滴命令。系统弹出"Teardrop（泪滴选项）"对话框，如图 9-10 所示。

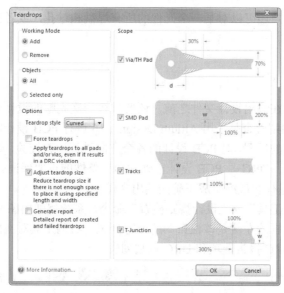

图 9-10　"Teardrop（泪滴选项）"对话框

1. "Working Mode（工作模式）"选项组

"Add（添加）"单选钮：用于添加泪滴。

"Remove（删除）"单选钮：用于删除泪滴。

2. "Objects（对象）"选项组

☑ "All（全部）"复选框：勾选该复选框，将对所有的对象添加泪滴。

☑ "Selected only（仅选择对象）"复选框：勾选该复选框，将对选中的对象添加泪滴。

3. "Options（选项）"选项组

"Teardrop style（泪滴类型）"：在该下拉列表下选择"Curved（弧）""Line（线）"，表示用不同的形式添加滴泪。

☑ "Force teardrops（强迫泪滴）"复选框：勾选该复选框，将强制对所有焊盘或过孔添加泪滴，这样可能导致在 DRC 检测时出现错误信息。取消对此复选框的勾选，则对安全间距太小的焊盘不添加泪滴。

☑ "Adjust teardrop size（调整滴泪大小）"复选框：勾选该复选框，进行添加泪滴的操作时自动调整滴泪的大小。

☑ "Generate report（创建报告）"复选框：勾选该复选框，进行添加泪滴的操作后将自动生成一个有关添加泪滴操作的报表文件，同时该报表也将在工作窗口显示出来，设置完毕单击 OK 按钮，完成对象的泪滴添加操作。补泪滴前后焊盘与导线连接的变化如图 9-11 所示。

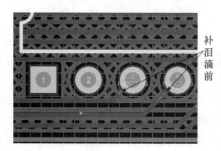
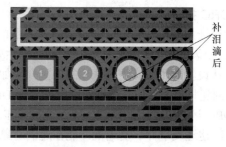

图 9-11　补泪滴前后焊盘与导线连接的变化

按照此种方法，用户还可以对某一个元件的所有焊盘和过孔，或者某一个特定网络的焊盘和过孔进行补泪滴操作。

9.4 设计规则检查

电路板布线完毕，在输出设计文件之前，还要进行一次完整的设计规则检查（Design Rule Check，DRC）。设计规则检查是采用 Altium Designer 16 进行 PCB 设计时的重要检查工具。系统会根据用户设计规则的设置，对 PCB 设计的各个方面进行检查校验，如导线宽度、安全距离、元件间距和过孔类型等。DRC 是 PCB 设计正确性和完整性的重要保证。灵活运用 DRC，可以保障 PCB 设计的顺利进行和最终生成正确的输出文件。

选择菜单栏中的"工具"→"设计规则检查"命令，系统将弹出图 9-12 所示的"设计规则检测"对话框。该对话框的左侧是该检查器的内容列表，右侧是其对应的具体内容。对话框由两部分内容构成，即 DRC 报告选项和 DRC 规则列表。

图 9-12 "设计规则检测"对话框

1. DRC 报表选项

在"设计规则检测"对话框左侧的列表中单击"Report Options（报表选项）"标签页，即显示 DRC 报表选项的具体内容。这里的选项主要用于对 DRC 报表的内容和方式进行设置，通常保持默认设置即可，其中各选项的功能介绍如下。

☑ "创建报告文件"复选框：运行批处理 DRC 后会自动生成报表文件（设计名.DRC），包含本次 DRC 运行中使用的规则、违例数量和细节描述。

☑ "创建违反事件"复选框：能在违例对象和违例消息之间直接建立链接，使用户可以直接通过"Message（信息）"面板中的违例消息进行错误定位，找到违例对象。

☑ "Sub-Net 默认（子网络详细描述）"复选框：对网络连接关系进行检查并生成报告。

☑ "校验短敷铜"复选框：对覆铜或非网络连接造成的短路进行检查。

2．DRC 规则列表

在"设计规则检测"对话框左侧的列表中单击"Rules To Check（检查规则）"标签页，即可显示所有可进行检查的设计规则，其中包括了 PCB 制作中常见的规则，也包括了高速电路板设计规则，如图 9-13 所示。

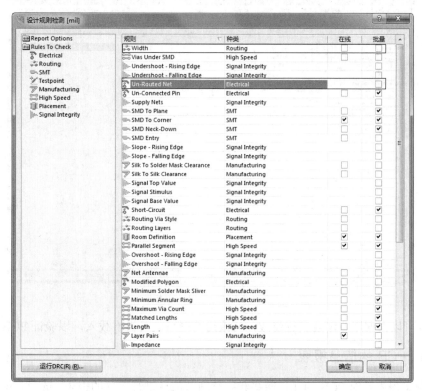

图 9-13　"Rules To Check"标签页

例如，线宽设定、引线间距、过孔大小、网络拓扑结构、元件安全距离、高速电路设计的引线长度、等距引线等，可以根据规则的名称进行具体设置。在规则栏中，通过"在线"和"批量"两个选项，用户可以选择在线 DRC 或批处理 DRC。

单击"运行 DRC"按钮，即运行批处理 DRC。

9.5　输出报表文件

PCB 绘制完毕，可以利用 Altium Designer 16 提供的强大报表生成功能，生成一系列报表文件。这些报表文件具有不同的功能和用途，为 PCB 设计的后期制作、元件采购、文件交流等提供了方便。在生成各种报表之前，首先要确保要生成报表的文件已经打开并被激活为当前文件。

9.5.1　PCB 图的网络表文件

前面介绍的 PCB 设计，采用的是从原理图生成网络表的方式，这也是通用的 PCB 设计方法。但是有些时候，设计者直接调入元件封装绘制 PCB 图，没有采用网络表，或者在 PCB 图绘制过程中，连接关系有所调整，这时 PCB 的真正网络逻辑和原理图的网络表会有所差异。此时就需要从 PCB 图中生成一份网络表文件。

（1）在 PCB 编辑器中，单击菜单栏中的"设计"→"网络表"→"从连接铜皮生成网络表"命令，系统弹出"Confirm"（确认）对话框。

（2）单击"Yes（是）"按钮，系统生成 PCB 网络表文件"Exported.Net"，并自动打开。

（3）该网络表文件作为自由文档加入到"Projects（工程）"面板中，如图 9-14 所示。

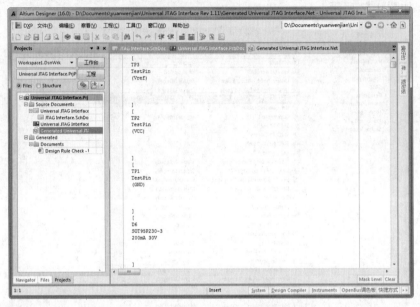

图 9-14　"Projects"面板

网络表可以根据用户需要进行修改，修改后的网络表可再次载入，以验证 PCB 的正确性。

9.5.2　PCB 的信息报表

PCB 信息报表是对 PCB 的元件网络和完整细节信息进行汇总的报表。选择菜单栏中的"报告"→"板子信息"命令，系统将弹出"PCB 信息"对话框。在该对话框中包含 3 个选项卡。

（1）"通用"选项卡：该选项卡汇总了 PCB 上的各类图元，如导线、过孔和焊盘等的数量，报告了电路板的尺寸信息和 DRC 违例数量，如图 9-15 所示。

（2）"器件"选项卡：该选项卡报告了 PCB 上元件的统计信息，包括元件总数、各层放置数目和元件标号列表，如图 9-16 所示。

图 9-15　"通用"选项卡

图 9-16　"器件"选项卡

（3）"网络"选项卡：该选项卡中列出了电路板的网络统计，包括导入网络总数和网络名称列表，如图 9-17 所示。单击"Pwr/Gnd（电源/接地）按钮，弹出图 9-18 所示的"内部平面信息"对话框。对于双面板，该信息框是空白的。

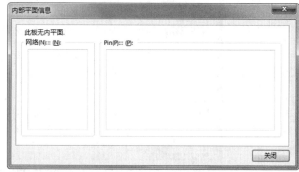

图 9-17 "网络"选项卡　　　　　　　　　　　　　　图 9-18 "内部平面信息"对话框

在各个选项卡中单击"报告"按钮，将弹出图 9-19 所示的"板报告"对话框，通过该对话框可以生成 PCB 信息的报表文件，在该对话框的列表框中选择要包含在报表文件中的内容。勾选"仅选择对象"复选框时，单击"所有的打开"按钮，选择所有板信息。

图 9-19 "板报告"对话框

报表列表选项设置完毕后，在"板报告"对话框中单击"报告"按钮，系统将生成"XXX.REP"的报表文件。该报表文件将作为自由文档加入到"Projects（工程）"面板中，并自动在工作区内打开。PCB 信息报表如图 9-20 所示。

9.5.3　网络表状态报表

该报表列出了当前 PCB 文件中所有的网络，并说明了它们所在工作层和网络中导线的总长度。单击菜单栏中的"报告"→"网络表状态"命令，即生成名为"XXX.REP"的网络表状态报表，其格式如图 9-21 所示。

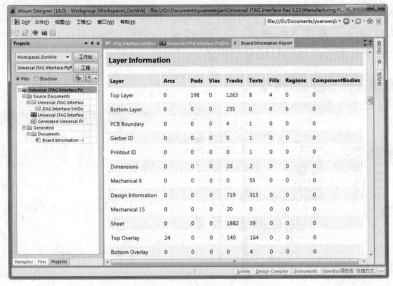

图 9-20　PCB 信息报表

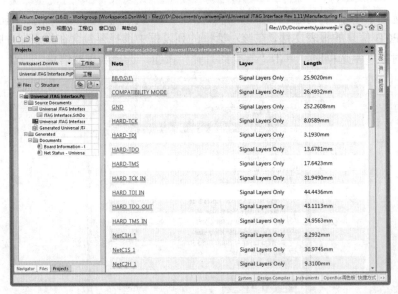

图 9-21　网络表状态报表的格式

9.6　课堂案例——PS7219 及单片机的 SPI 接口电路板布线设计

课堂案例——
PS7219 及单片机的
SPI 接口电路板布线
设计

本节将使用 PS7219 及单片机的 SPI 接口电路图，简要讲述设计 PCB 电路布线设计的步骤。

1. 布线

（1）打开前面设计的"PS7219 及单片机的 SPI 接口电路.PrjPCB"文件，打开 PCB 文件，选择菜单栏中的"自动布线"→"全部"命令，弹出"Situs 布线策略"对话框，选择"Default Multi Layer Board"策略，如图 9-22 所示；单击 Route All 按钮，系统开始自动布线，并同时出现一个"Message（信息）"布线信息对话框，如图 9-23 所示。

图 9-22 "Situs 布线策略"对话框

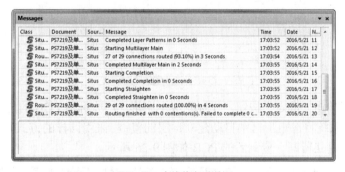

图 9-23 布线信息对话框

（2）布线完成后，电路板布线结果如图 9-24 所示。

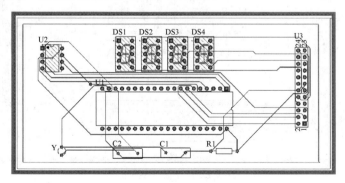

图 9-24 自动布线结果

（3）对布线不合理的地方进行手工调整。

2. 建立覆铜

对完成布线的 PS7219 及单片机的 SPI 接口电路建立覆铜，在覆铜属性设置对话框中，选择影线化填充，45°填充模式，连接到网络 GND，层面设置为 Top Layer，且选中"死铜移除"复选框，其设置如图 9-25 所示。

选择菜单栏中的"放置"→"多边形敷铜"命令，或者单击"布线"工具栏中的 （放置多边形覆铜）按钮，或用快捷键"P+G"，即可执行放置覆铜命令。系统弹出的"多边形敷铜"对话框，如图 9-25 所示。

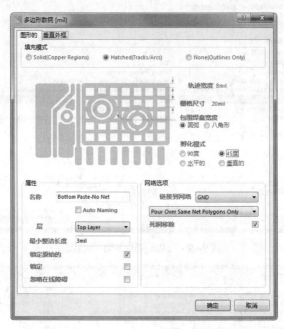

图 9-25 "多边形敷铜"对话框

设置完成后，单击"确定"按钮，光标变成十字形。用光标沿 PCB 的电气边界线，绘制出一个封闭的矩形，系统将在矩形框中自动建立顶层的覆铜。采用同样的方式，为 PCB 的"Bottom Layer（底层）"层建立覆铜。覆铜后的 PCB 如图 9-26 所示。

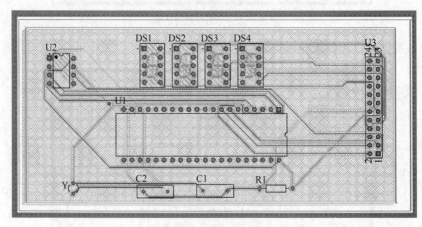

图 9-26 覆铜后的 PCB

3. 电路板信息

（1）选择菜单栏中的"报告"→"板子信息"命令，弹出图 9-27 所示的"PCB 信息"对话框。

（2）单击"PCB 信息"对话框的"通用"选项卡，显示电路板的尺寸、各个元件的数量、导线数、焊点数、导孔数、覆铜数和违反设计规则的数量等。

（3）单击"PCB 信息"对话框的"器件"选项卡，显示当前电路板上使用的元件序号及元件所在的板层等信息，如图 9-28 所示。

（4）单击"PCB 信息"对话框的"网络"选项卡，显示当前电路板中的网络信息，如图 9-29 所示。

图 9-27 "PCB 信息"对话框　　　图 9-28 "器件"选项卡　　　图 9-29 "网络"选项卡

（5）单击"网络"选项卡的 报告... 按钮，显示 "板报告"对话框，单击 的打开(A) 按钮，选中所有选项。单击 报告 按钮，生成以".html"为后缀的报表文件，内容形式如图 9-30 所示。

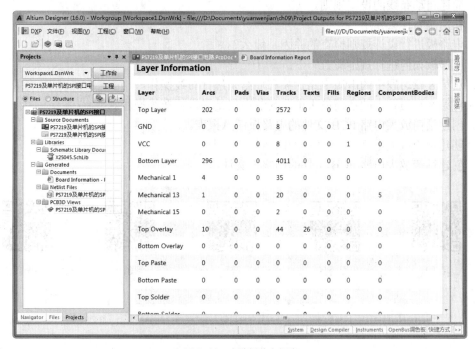

图 9-30 电路板信息报表

（6）选择菜单栏中的"报告"→"网络表状态"命令，生成以".html"为后缀的网络状态报表，如图 9-31 所示。

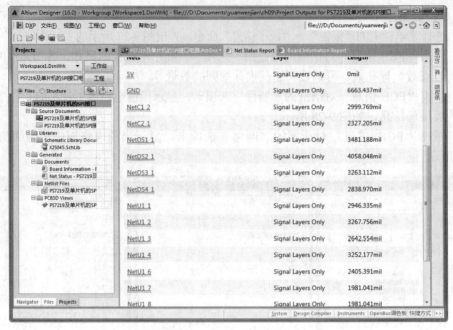

图 9-31　网络状态报表

9.7　课后习题

1. 简述自动布线的设置规则。
2. 补泪滴有什么作用？
3. 电路板进行设计规则检查的原因是什么？
4. 电路板如何进行规则检查？
5. 对第 8 章习题中的电源电路封装布局结果进行布线操作。
6. 对第 8 章习题中的话筒放大电路封装布局结果进行布线操作。
7. 创建话筒放大电路 PCB 文件的电路板信息报表。
8. 创建话筒放大电路 PCB 文件的网络状态报表。
9. 创建话筒放大电路 PCB 文件的网络表文件。

习题 5

习题 6

习题 7

习题 8

习题 9

第10章 低纹波系数线性恒电位仪设计实例

内容指南

本章将介绍一个完整的低纹波系数线性恒电位仪设计实例。为了调试和维修方便，将电路分为整流模块、功率模块、控制模块、风扇工作电路四部分，分别调整控制和输出规律时不用重新制作整个电路板，只需按需要重做各部分即可。其中整流模块为电路工作提供电源保障，控制模块通过比较测量信号和给定基准信号输出控制信号，功率模块输出合适的电流，并通过温度传感器输出稳定电压控制风扇工作电路和报警工作电路的工作状态。

知识重点

📖 原理图设计

📖 PCB 设计

10.1 电路分析

系统总的原理框图如图 10-1 所示，框图说明如下。

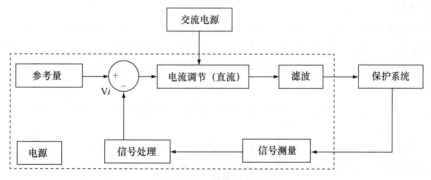

图 10-1 系统原理框图

（1）参考量可人工设定，电压为-2~2V，连续可调，恒电位仪在可调范围内连续调整。

（2）系统为闭环稳定系统，自动调节功能使△V 保持稳定不便，接近常值。

由图 10-1 可知，低纹波系数线性恒电位仪为一个闭环控制系统，一起的初始输出电流是由给定电位和被保护对象的自然电位之差决定的。在电流调节环节，这个差值在比较放大器中产生并放大，再经过推动级继续放大，以足够的功率去驱动功率放大器并满足被保护对象所需的足够电流。随着电流不断输出，被保护对象的电位将逐渐向负方向极化，参比电极连续将被保护对象的瞬间电位馈送到比较放大器，此时自然电位之差将逐渐减小，经过放大后，功率级输出的电流也随之减小，即被保护对象的电位逐渐逼近给定电位。

如果由于种种原因致使输出电流增加，使阴极极化过高，则参比电极测得的电位可能超过给定电位值，由于放大器的反相作用，使得整个系统停止输出，从而就可以达到自动调整的目的。

用同样的道理可以推知被保护对象电位降低时的情况。

按照图 10-1 所示的系统原理框图，选用串联调整线性电源方案实现恒电位仪，恒电位仪的设计原理框图如图 10-2 所示。

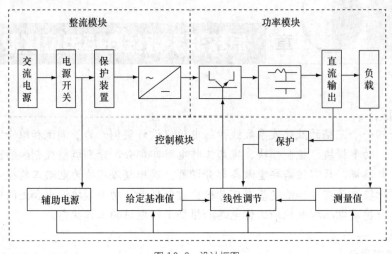

图 10-2　设计框图

10.1.1　控制电路

在"控制电路.SchDoc"中绘制整流模块及控制模块电路原理图，将该图分为 5 部分显示出来，如图 10-3～图 10-6 所示。

1. 整流模块

整流模块主要包括电源开关 KM1、隔离变压器 T1、三相整流模块 B1、电容器 C1～C3。从市电获得电能，经变压器 T1 降压隔离后，再经过模块 B1 整流成直流电，并经过并联的电容 C1、C2、C3 滤波后供给功率模块。电磁继电器受控制模块控制，熔丝起到保护作用。

2. 控制模块

控制模块包括的电路单元有辅助电源电路、参比电极电压采样和放大电路、市电检验及报警电路。

☑　参比电极电压采样和放大电路。如图 10-3 所示，参比电压的采样电压从 X5 引入。电阻 R34、R39 和电容 C7、C8、C9、C10 构成干扰信号滤波器，滤除差模、共模噪声，同时对采集量予以保留，无损耗地传输给后面的放大电路。U7、U9 两个精密运算放大器及其外围元件构成的放大电路对 C10 上的电压进行精确放大。U8 精密运算放大器及其外围元件构成的放大电路对输入电压进行差模放大和共模衰减，进一步滤除干扰信号，放大有用的真实信号。R35、R40、R41 构成比例网络，使 U7、U9 构成高增益高阻比例放大器。R34、R39 是比例放大器的输入电阻。U10 采用高增益精密运算放大器，将采集到的信号与给定基准信号比较并放大，其输出经过限流电阻 R42 驱动功率模块。

☑　辅助电源电路。如图 10-4 所示，从市电引出单相电，一路经过隔离变压器 T2 和整流桥 B3 把交流电变为直流电，再经过集成电路 U3、U11 得到 15V 和−15V 电源，给信号控制电路供电。另一路经过隔离变压器 T3 和整流桥 B4 把交流电变为直流电，再经过电容 C4、C28 滤波得到 24V 的电源 VCC1，给电路中的继电器、达林顿管、指示灯和风扇供电。

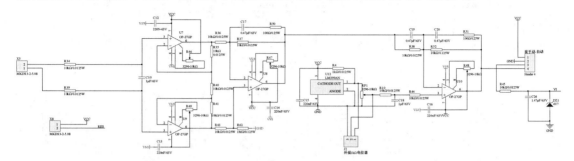

图 10-3　参比电极电压采样和放大电路

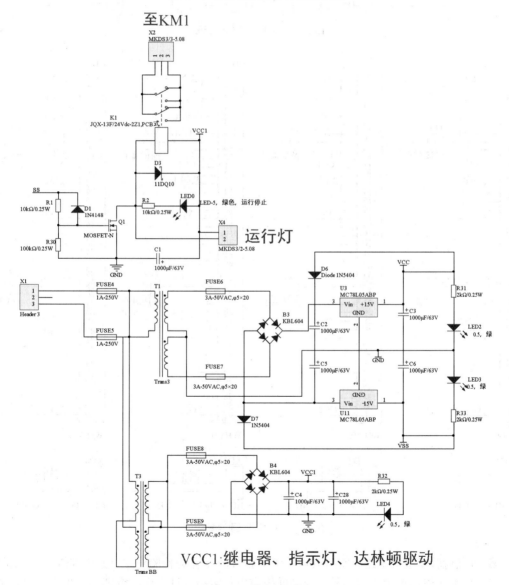

图 10-4　辅助电源电路

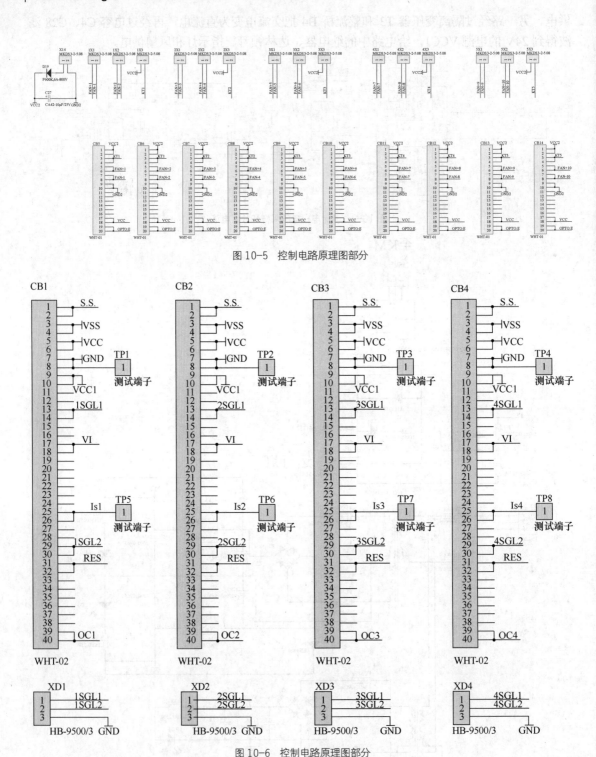

图 10-5 控制电路原理图部分

图 10-6 控制电路原理图部分

☑ 市电检验及报警电路。如图 10-7 所示，把 VCC1 作为检验对象，如果 VCC1 电压正常，则通过 X6 端子输出市电正常信号，驱动面板市电正常指示灯工作。否则输出报警信号，通过

X7 端子输出报警信号。另外，当电路有故障或散热片温度高于 85℃时，报警电路也会输出报警信号。

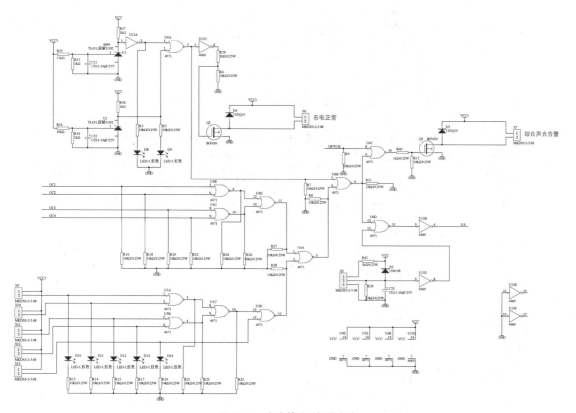

图 10-7　市电检验及报警电路

10.1.2　功率电路

功率模块由 4 块功率板组成，每块功率板对应外部一块达林顿复合管，功率模块电路原理图如图 10-8 所示。

功率板从控制模块得到控制信号，经过 U2 精密运算放大器及其外围元件构成的放大电路放大，通过限流电阻 R15、R16 驱动三极管 V1、V2，V1、V2 输出大电流驱动外部达林顿复合管，从而达到控制电压稳定的目的。

功率板中含有过流检测电路，一旦检测到电路中电流过大，超过设置的最高上限，将输出过流警告信号给控制模块。

10.1.3　风扇电路

风扇工作电路原理图如图 10-9 所示。当温度高于 45℃时，温度传感器的常开开关将闭合，稳压器 7812 输入端得到电压 VCC2，并输出一个稳定电压供检测电路使用，同时风扇启动。如果风扇故障，不能运转，电压比较器 U2A 输出高电平，电压比较器 U2B 输出低电平，发光二极管 U3 工作，输出报警信号。

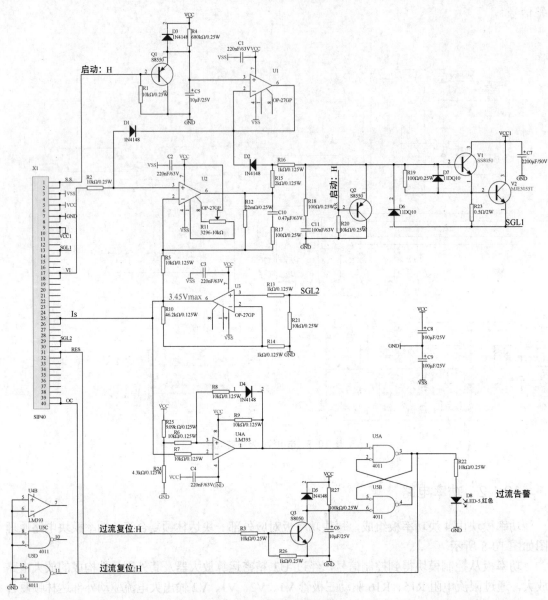

图 10-8　功率模块电路原理图

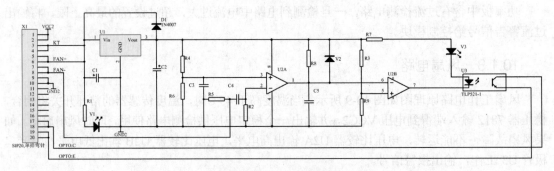

图 10-9　风扇工作电路原理图

10.1.4　恒电位仪滤波器

1．滤波器的基本构成及工作原理

滤波器主要由滤波电抗器和电容构成。由于前面的恒电位仪系统具有输出电压低、输出电流大的特点，故采用电感和电容组合起来构成的 LC 滤波器（又称为倒 Γ 型滤波器）滤波。这种滤波器能扼制整流管的浪涌电流，适用于负载变化大而且负载电流大的场合，负载电流大时，负载能力好，效果比单个的电感或电容滤波好。这种滤波器利用电感电流和电容电压不能突变的原理，使输出波形的脉动成分大大减小。

在滤波器开始工作时，电容上没有电压，经过很短的一瞬间充电，就达到一个新的平衡状态。随着整流管之间的环流，电容反复地充放电，电容的容量越大，放电越慢，输出电压越稳定。电容的容量与纹波因数成反比，C1 的容量越大，纹波因数越小。

滤波电抗器 L 又称为直流电抗器，由于电感具有阻止电流变化的特点，根据电磁感应原理，当电感元件通过一个变化的电流时，电感元件两端间产生一个反电动势阻止电流变化。

当电流增加时，反电动势会抑制电流增加，同时将一部分能量储存在磁场中，使电流缓慢增加。反之，当电流减小时，电感元件上的反电动势阻止电流减小并释放出储存的能量，使电流减小过程缓慢。同时电感元件对直流电是短路的，没有直流压降，而随着频率的增大其感抗 WL 也增大，串接上电感元件后使整流后的交流成分在电抗器上分压掉。因此利用电感元件可减小输出中的脉动成分，从而获得比较平滑的直流电。

2．滤波器的电路原理图

按照前述步骤设计的滤波器电路原理图如图 10-10 所示。

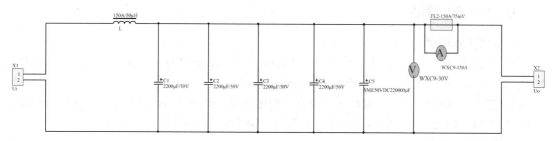

图 10-10　滤波器的电路原理图

图中的 X1、X2 分别为滤波器的输入、输出，L 为滤波电抗器，C1～C5 为滤波电容。电流表和电压表分别指示实际的输出电流和输出电压，分流器 FL2 用来取样进行电流检测。

恒电位仪与滤波器的接法如图 10-11 所示，恒电位仪输出的阳极和阴极接滤波器的输入，阳极（＋）接 X1 的 1 脚，阴极（－）接 X1 的 2 脚，参比电极的控制信号反馈回来后仍然接恒电位仪。滤波器的输出 X2 接负载。

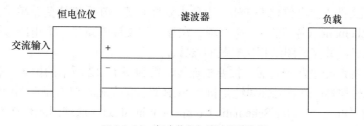

图 10-11　恒电位仪与滤波器的连接

3．电抗器和电容的参数计算

（1）电容参数：为保证滤波效果，通常可按照经验公式：

$$C(\mu F)=(2000\sim 3000)\,I_L$$

式中，I_L 为负载直流电流(A)。

（2）计算临界电感：

$$L_a = \frac{q_0 R_L}{4.44mf} = \frac{0.057\times 0.24}{4.44\times 6\times 50}\mu H = 10.2\mu H$$

式中，q_0 为整流后的纹波系数；R_L 为负载电阻；m 为整流相数；f 为电源频率。

（3）计算电感：为使电感的直流电流波形接近于理想情况，通常使 $L > 2L_a = 20.4\mu H$，一般取 $50\mu H$ 为宜。

恒电位仪直流输出电压最大为 24V，直流输出电流最大为 100A。在恒电流工作状态下，负载变化时，恒流控制误差小于等于 1A，能够满足恒流控制要求。在恒电位工作状态下，给定电位在-2～2V 连续可调，负载变化时，被保护部分电位变化极小，电位控制误差小于等于 0.02V，能够满足恒电位控制要求。且在两种状态下，纹波系数均小于千分之一，具有较高的纹波性能，能够满足各种性能要求。

10.2 低纹波系数线性恒电位仪设计

本项目设计要求是完成恒电位仪电路中整流模块、功率模块、控制模块和风扇工作电路的原理图及 PCB 设计，下面分别讲述。

10.2.1 原理图设计

1．设置工作环境

（1）单击"开始"→"所有程序"→"Altium"→"Altium Designer"菜单命令，或者双击桌面上的快捷方式图标，启动 Altium Designer 16 程序。

（2）打开"Files（文件）"面板，在"新的"栏中单击"Blank Project（PCB）"，则在"Projects（工程）"面板中出现了新建的工程文件，另存为"恒电位仪.PrjPCB"。

2．设计层次电路

（1）在工程文件"恒电位仪.PrjPcb"上单击鼠标右键，在右键快捷菜单中选择"给工程添加新的"→"Schematic（原理图）"命令项。在该工程文件中新建一个电路原理图文件，另存为"控制电路.SchDoc"，并完成图纸相关参数的设置。

（2）在工程文件"恒电位仪.PrjPcb"上单击鼠标右键，在右键快捷菜单中选择"给工程添加新的"→"Schematic（原理图）"命令项。在该工程文件中新建一个电路原理图文件，另存为"功率模块.SchDoc"，并完成图纸相关参数的设置。

（3）在工程文件"恒电位仪.PrjPcb"上单击鼠标右键，在右键快捷菜单中选择"给工程添加新的"→"Schematic（原理图）"命令项。在该工程文件中新建一个电路原理图文件，另存为"风扇.SchDoc"，并完成图纸相关参数的设置。

（4）设计完各部分电路图之后，按要求连线，得到图 10-12 所示的恒电位仪电路总图。

（5）设置元件属性。设置元件属性是执行 PCB 设计的基础，双击原理图电路中需要设置的元件，在弹出的"Properties for Schematic Component in Sheet（原理图元件属性）"属性设置对话框中设置元件属性。

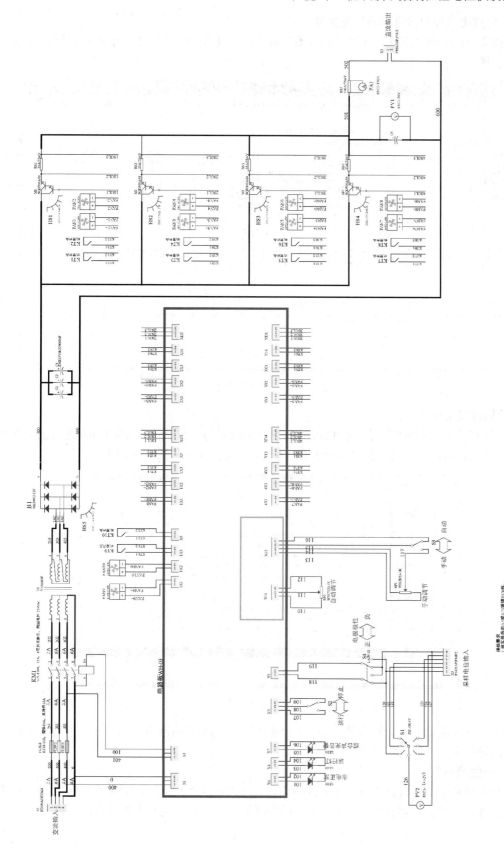

图 10-12 恒电位仪电路总图

3. 生成电气规则检查和网络表文件

选择菜单栏中的"工程"→"工程参数"命令，系统弹出图 10-13 所示的对话框，可以设置有关选项。

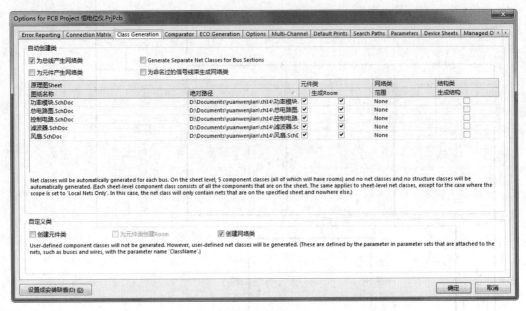

图 10-13　工程参数设置

4. 编译项目文件

（1）选择菜单栏中的"工程"→"Comile PCB Project 恒电位仪.PrjPcb（编译印制电路板文件）"命令，在"Message（信息）"窗口显示结果，本设计的编译结果如图 10-14 所示。

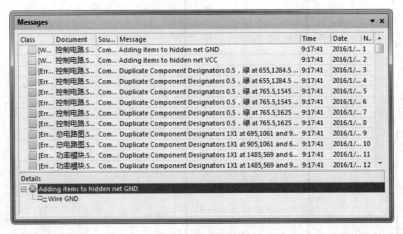

图 10-14　编译结果

（2）从编译结果看，有许多警告信息，一般来说它们不影响网络表的产生。当然，也可以适当修改使得编译结果更为理想。

5. 产生网络表

选择菜单栏中的"设计"→"工程的网络表"→"PCAD（生成工程网络表）"命令，产生网络表文件，其部分内容如图 10-15 所示。用同样的方法生成其他原理图文件的网络表。

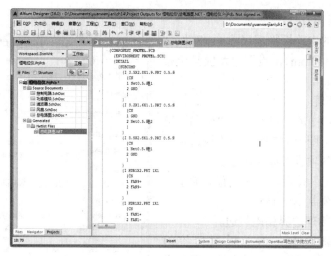

图 10-15　网络表文件内容

6. 保存所有文件

至此，电路原理图文件设置完毕，下面就来制作该工程的 PCB 文件。

10.2.2　PCB 设计

1. 新建 PCB 文件

在工程文件"恒电位仪.PrjPcb"上单击鼠标右键，在右键快捷菜单中选择"给工程添加新的"→"PCB"命令项。在该工程文件中新建一个 PCB 文件，另存为"控制电路.PcbDoc"。

2. 确定位置和 PCB 物理尺寸

在 PCB 编辑器中，选择菜单栏中的"工具"→"优先选项"命令，系统弹出图 10-16 所示的"参数选择"设置对话框，按照提示设置选项，这里采用默认设置。

图 10-16　"参数选择"对话框

3．设计电路板尺寸

根据实际需要的电路板物理尺寸（电路板物理尺寸为 400mm×300mm），设计电路板禁止布线层和其他机械层。

4．设置工作环境

（1）选择菜单栏中的"设计"→"板参数选项"命令，系统弹出图 10-17 所示的"板选项"设置对话框，其中各项设置如图所示。

（2）单击"确定"按钮，完成设置。为了方便使用，这里采用公制单位 mm。

5．绘制 PCB 物理边界和电气边界

（1）单击编辑区左下方的板层标签的"Mechanical1（机械层 1）"标签，将其设置为当前层。然后，执行菜单命令"放置"→"走线"，光标变成十字形，沿 PCB 边绘制一个闭合区域，即可设定 PCB 板的物理边界。

图 10-17 "板选项"对话框

（2）选中该边界，选择菜单栏中的"设计"→"板子形状"→"按照选择对象定义"命令，重新设定 PCB 形状。设置好的电路板外形尺寸如图 10-18 所示。

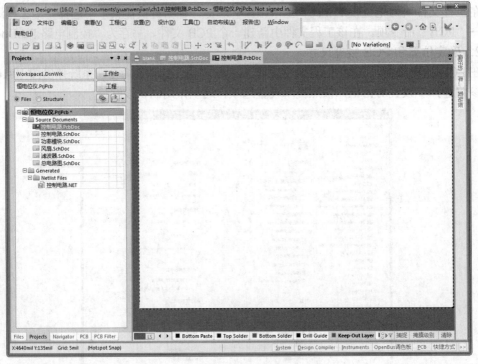

图 10-18 设计电路板外形

（3）单击编辑区左下方的板层标签的"Keep out Layer（禁止布线层）"标签，将其设置为当前层。然后，选择菜单栏中的"放置"→"禁止布线"→"线径"命令，光标变成十字形，在 PCB 上绘制出一个封闭的多边形，设定电气边界。设置完成的 PCB 如图 10-19 所示。

6．加载网络表并布局

（1）选择菜单栏中的"设计"→"Update PCB Document 控制电路.PcbDoc（更新 PCB 文件）"命令，系统弹出"工程更改顺序"对话框，如图 10-20 所示。

图 10-19　完成边界设置的 PCB 图

图 10-20　"工程更改顺序"对话框

（2）单击"执行更改"按钮，系统会将所有的更新执行到 PCB 图中，元件封装、网络表和 Room 空间即可在 PCB 图中载入和生成了。

（3）本例采用手动布局，布局完成后的控制电路 PCB 文件如图 10-21 所示。

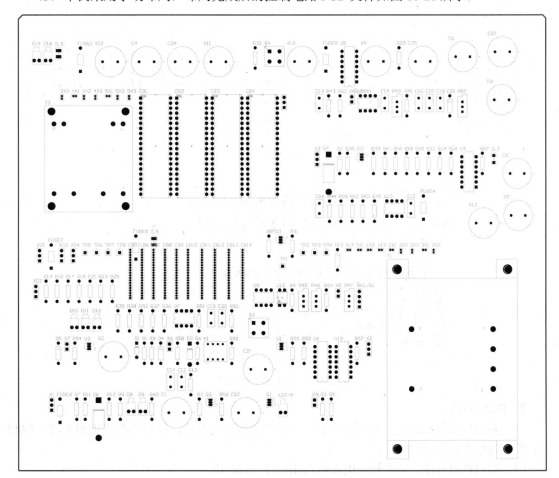

图 10-21　控制电路 PCB 布局图

（4）用同样的方法，功率模块 PCB 布局图如图 10-22 所示，风扇电路 PCB 布局图如图 10-23 所示。

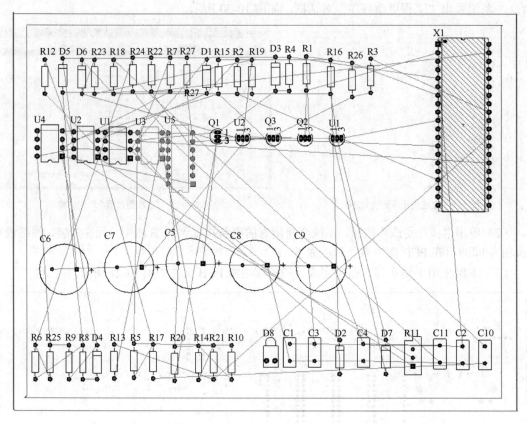

图 10-22　功率模块 PCB 布局图

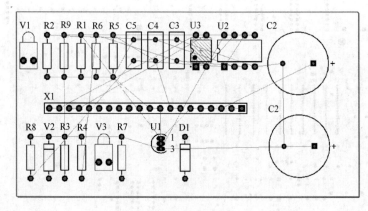

图 10-23　风扇电路 PCB 布局图

7. PCB 布线

（1）和布局步骤相似，在布局完成后，可以先采用自动布线，最后再手工调整布线。控制电路的布线结果如图 10-24 所示。

（2）用同样的方法，功率模块的布线结果如图 10-25 所示。

（3）风扇工作电路的布线结果如图 10-26 所示。

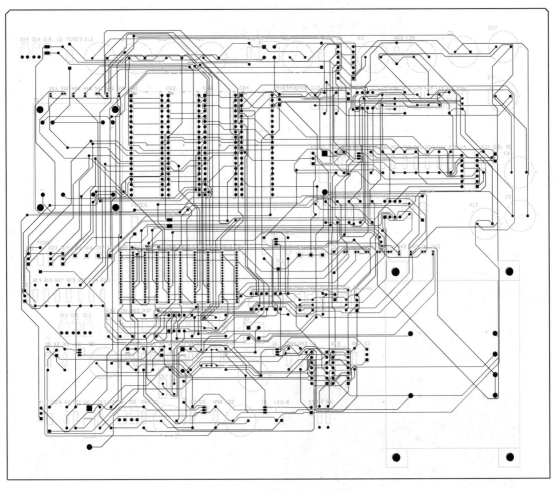

图 10-24　控制电路 PCB 布线图

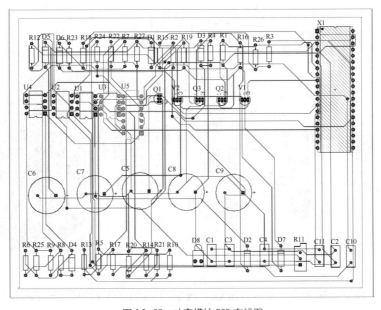

图 10-25　功率模块 PCB 布线图

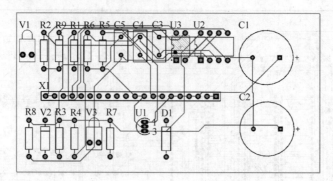

图 10-26　风扇工作电路 PCB 布线图

8．3D 效果

完成自动布线后，可以通过 3D 效果图，直观地查看视觉效果，以检查元件布局是否合理。

选择菜单栏中的"工具"→"遗留工具"→"3D 显示"命令，则系统生成该 PCB 的 3D 效果图，加入到该项目生成的"PCB 3D Views"文件夹中并自动打开，"控制电路.PcbDoc" PCB 生成的 3D 效果图如图 10-27 所示。

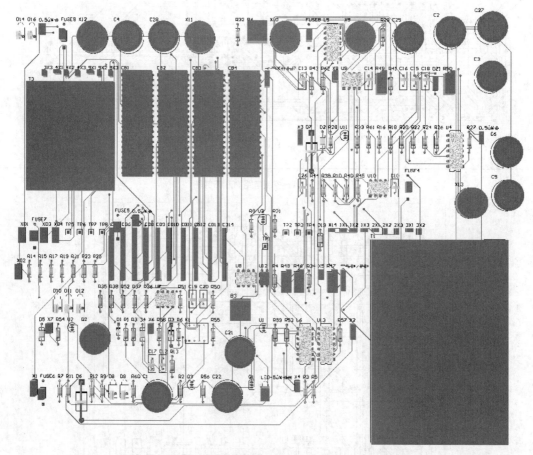

图 10-27　"控制电路" PCB 3D 效果图

同理，"功率模块.PcbDoc""风扇.PcbDoc" PCB 生成的 3D 效果图分别如图 10-28、图 10-29 所示。

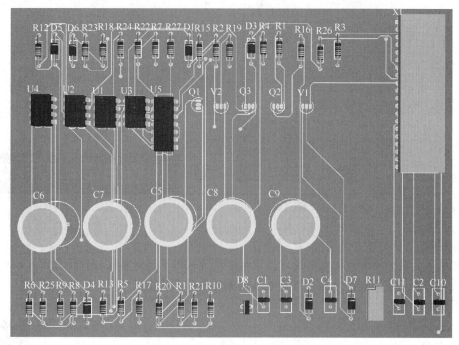

图 10-28　"功率模块" PCB 3D 效果图

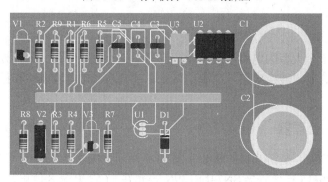

图 10-29　"风扇" PCB 3D 效果图 2474

第 **11** 章 游戏机电路设计实例

内容指南

本章采用的实例是游戏机电路设计。该电路设计采用多层电路板的设计方法，按照不同模块设计成不同的层。本章将分别介绍各电路模块的原理及其组成结构。

知识重点

📖 原理图输入

📖 PCB 设计

游戏机电路设计实例

11.1 电路分析

游戏机电路是一个大型的电路系统设计，包括中央处理器电路、图形处理器电路、接口电路、射频调制电路、制式转换电路、电源电路、时钟电路、光电枪电路和控制盒电路 9 个电路模块。

11.1.1 中央处理器

中央处理器（CPU）是游戏机的核心。图 11-1 所示为某种游戏机的 CPU 基本电路，包含 CPU6527P、SRAM6116 和译码器 SN74LS139N 等元件。6527P 是 8 位单片机，有 8 条数据线、16 条地址线，寻址范围为 64KB。其高位地址经 SN74LS139N 译码后输出低电平有效的选通信号，用于控制卡内 ROM、RAM、PPU 等单元电路的选通。

11.1.2 图形处理器

图形处理器（PPU）电路是专门为处理图像设计的 40 脚双列直插式大规模集成电路，如图 11-2 所示。它包含图像处理芯片 PPU6528、SRAM6116 和锁存器 SN74LS373N 等元件。PPU6528 有 8 条数据线 D0～D7、3 条地址线 A0～A2、8 条数据/地址复用线 AD0～AD7。复用线加上 PA8～PA12 可形成 13 位地址，寻址范围为 8KB。

11.1.3 接口电路

接口电路作为游戏机的输入/输出接口，接收来自主、副控制盒及光电枪的输入信号，并在 CPU 的输出端 INP0 和 INP1 的协调下，将控制盒输入的信号送到 CPU 的数据端口，如图 11-3 所示。

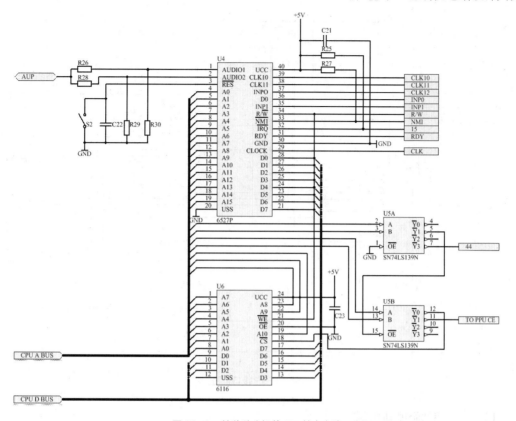

图 11-1 某种游戏机的 CPU 基本电路

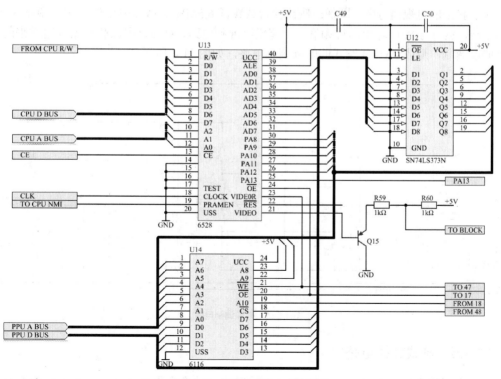

图 11-2 图像处理器（PPU）电路

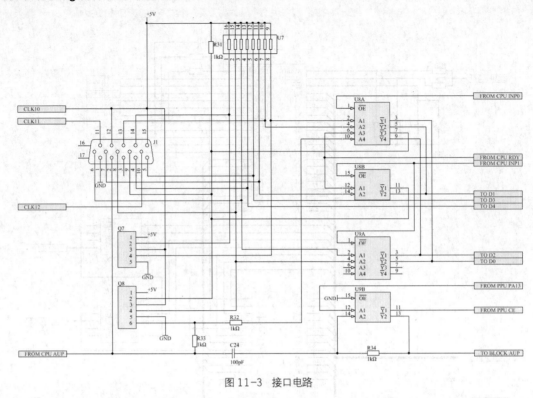

图 11-3　接口电路

11.1.4　射频调制电路

由于我国的电视信号中，图像载频比伴音载频低 6.5MHz，故需先用伴音信号调制 6.5MHz 的等幅波，然后与 PPU 输出的视频信号一起送至混频电路，对混合图像载波振荡器送来的载波进行幅度调制，形成 PAL-D 制式的射频调制电路，如图 11-4 所示。

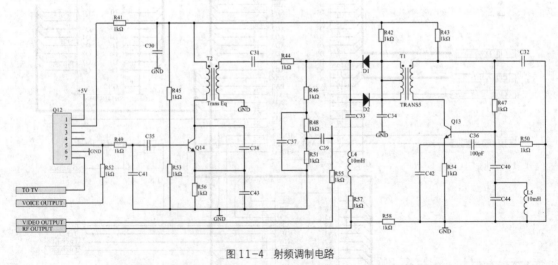

图 11-4　射频调制电路

11.1.5　制式转换电路

有些游戏机产生的视频信号为 NTSC 制式，需将其转换成我国电视信号使用的 PAL-D 制式才能正常使用。两种制式行频差别不大，可以正常同步，但场频差别太大，不能同步，颜色信号载波频率与颜色编码方式也不同。制式转换电路主要完成场频和颜色信号载波频率的转换。

图 11-5 所示为制式转换电路。该电路中采用了 TV 制式转换芯片 MK5060 和一些通用的阻容元件。来自 PPU 的 NTSC 制式电视信号经输入端，分 3 路分别进行处理。处理完毕后，将此 3 路信号叠加，就形成了 PAL-D 制式电视信号，并送往射频调制电路。

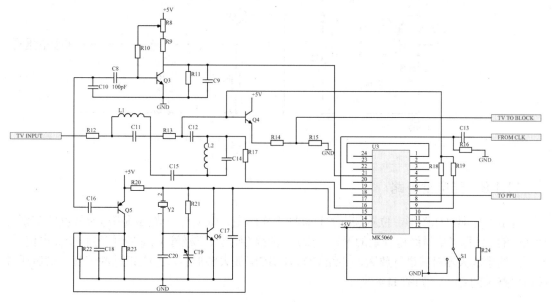

图 11-5　制式转换电路

11.1.6　电源电路

电源电路包括随机整理电源和稳压电源两个部分，如图 11-6 所示。首先由变压器、整流桥和滤波电容将 220V 交流电转换为 10～15V 直流电压，然后利用三端稳压器 AN7805 和滤波电容，将整流电源提供的直流电压稳定在 5V。

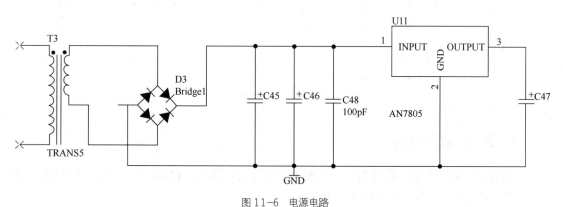

图 11-6　电源电路

11.1.7　时钟电路

时钟电路产生高频脉冲作为 CPU 和 PPU 的时钟信号，如图 11-7 所示。TX 为石英晶体振荡器，它决定电路的振荡频率。游戏机中常用的石英晶体振荡器有 21.47727MHz、21.251465MHz 和 26.601712MHz 三种工作频率。选用时要依据 CPU 和 PPU 的工作特点而定。

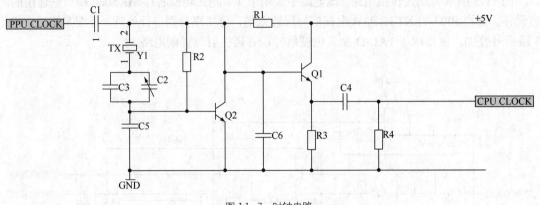

图 11-7 时钟电路

11.1.8 光电枪电路

射击目标即目标图形，位置邻近的目标图形实际上是依据对正光强频率敏感程度的差别进行区分的。目标光信号经枪管上的聚光镜聚焦后投射到光敏三极管上，将光信号转变成电信号，然后经选频放大器对其进行放大，并经 CD4011BCN 放大整形后，产生正脉冲信号，最后通过接口电路送到 CPU，如图 11-8 所示。

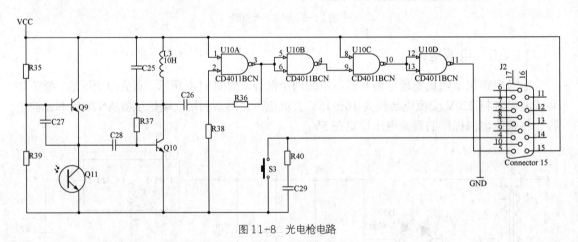

图 11-8 光电枪电路

11.1.9 控制盒电路

控制盒就是操作手柄，游戏机主、副两个控制盒的电路基本相同，其区别主要是副控制盒没有选择（SELECT）和启动（START）键。

控制盒电路如图 11-9 所示。NE555N 集成电路和阻容元件组成自激多谐振荡电路，产生连续脉冲信号；SK4021B 是采用异步并行输入、同步串行输入/串行输出移位寄存器，它将所有按键闭合时产生的负脉冲经接口电路送往 CPU，CPU 将按游戏者按键命令控制游戏运行。

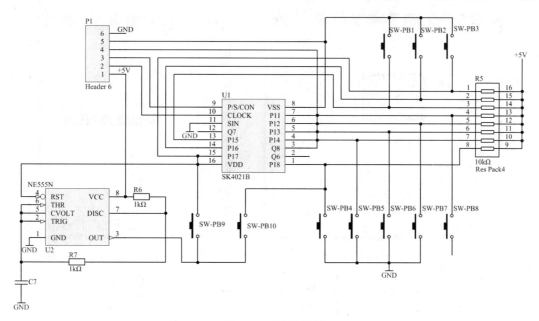

图 11-9 控制盒电路

11.2 新建工程文件

选择菜单栏中的"文件"→"New（新建）"→"Project（工程）"命令，弹出"New Project（新建工程）"对话框，在该对话框中显示工程文件类型。

默认选择"PCB Project"选项及"Default（默认）"选项，在"Name（名称）"文本框中输入文件名称"Electron Game Circuit"，在"Location（路径）"文本框中选择文件路径。完成设置后，单击 OK 按钮，关闭该对话框，打开"Project（工程）"面板。在面板中出现了新建的工程类型。

11.3 原理图输入

由于该电路规模较大，因此采用层次化设计。本节先详细介绍基于自上而下设计方法的设计过程，然后再简单介绍自下而上设计方法的应用。

11.3.1 绘制层次结构原理图的顶层电路图

（1）在"Electron Game Circuit.PrjPCB"项目文件中，选择菜单栏中的"文件"→"New（新建）"→"原理图"命令，新建一个原理图文件。然后选择菜单栏中的"文件"→"保存为"命令，将新建的原理图文件保存在源文件文件夹中，并命名为"Electron Game Circuit.SchDoc"。

（2）单击"布线"工具栏中的 ▦ （放置图纸符号）按钮或选择菜单栏中的"放置"→"图表符"命令，此时光标将变为十字形状，并带有一个图表符标志，单击鼠标左键完成图表符的放置。双击需要设置属性的图表符或在绘制状态时按"Tab"键，系统将弹出图 11-10 所示的"方块符号"对话框，在该对话框中进行属性设置。双击图表符中的文字标注，系统将弹出图 11-11 所示的"方块符号指示者"对话框，进行文字标注。重复上述操作，完成 9 个图表符的绘制。完成属性和文字标注设置的层次原理图顶层电路图如图 11-12 所示。

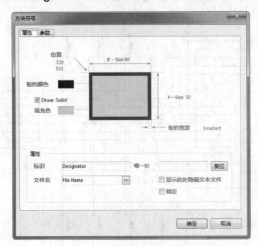

图 11-10 "方块符号"对话框　　　　图 11-11 "方块符号指示者"对话框

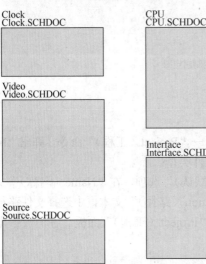

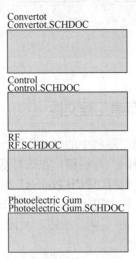

图 11-12 完成属性和文字标注设置的层次原理图顶层电路图

（3）单击"布线"工具栏中的 ▣（放置图纸入口）按钮或选择菜单栏中的"放置"→"添加图纸入口"命令，放置图纸入口。双击图纸入口或在放置图纸入口命令状态时按"Tab"键，系统将弹出图 11-13 所示的"方块入口"对话框，在该对话框中可以进行方向属性的设置。完成图纸入口放置后的层次原理图顶层电路图如图 11-14 所示。

（4）单击"布线"工具栏中的 ≋（放置线）或者 ⊼（放置总线）按钮，放置导线，完成连线操作。其中 ≋（放置线）按钮用于放置导线，⊼（放置总线）按钮用于放置总线。完成连线后的层次原理图顶层电路图如图 11-15 所示。

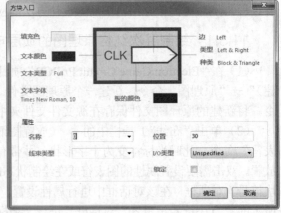

图 11-13 "方块入口"对话框

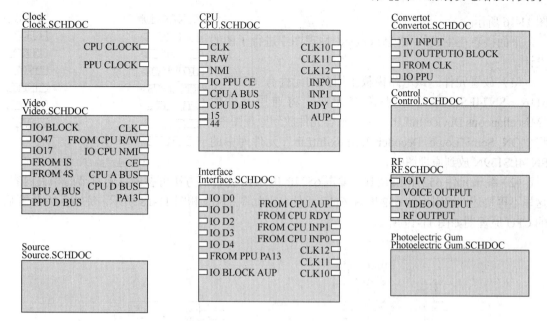

图 11-14　完成端口放置后的层次原理图顶层电路图

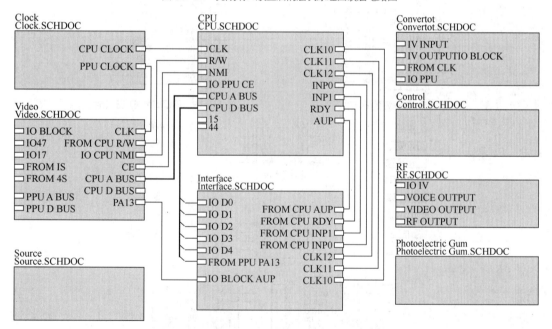

图 11-15　完成连线后的层次原理图顶层电路图

11.3.2　绘制层次结构原理图子图

下面逐个绘制电路模块的原理图子图，并建立原理图顶层电路图和子图之间的关系。

1．中央处理器电路模块设计

在顶层电路图工作界面中，选择菜单栏中的"设计"→"产生图纸"命令，此时光标将变为十字形状。将十字光标移至原理图符号"CPU"内部，单击，系统自动生成文件名为"CPU.SchDoc"的原理图文件，且原理图中已经布置好了与原理图符号相对应的 I/O 端口，如

图 11-16 所示。

下面接着在生成的 CPU.SchDoc 原理图中进行子图的设计。

（1）放置元件。该电路模板中用到的元件有 6527P、6116、SN74LS139N 和一些阻容元件。将通用元件库"Miscellaneous Device.IntLib"中的阻容元件放到原理图中，将"ON Semi Logic Decoder Demux.IntLib"元件库中的 SN74LS139N 放到原理图中。

（2）编辑元件 6527P 和 6116。编辑 6527P 和 6116 元件的方法可参考以前章节的相关内容，这里不再赘述。编辑好的 6527P 和 6116 元件分别如图 11-17 和图 11-18 所示。完成元件放置后的 CPU 原理图如图 11-19 所示。

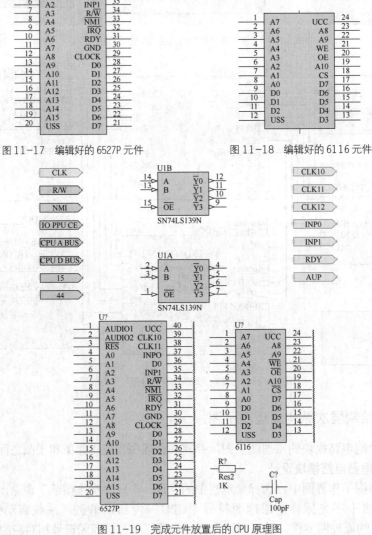

图 11-16　生成的 CPU.SchDoc 文件

图 11-17　编辑好的 6527P 元件

图 11-18　编辑好的 6116 元件

图 11-19　完成元件放置后的 CPU 原理图

（3）元件布局。先分别对元件的属性进行设置，再对元件进行布局。单击"布线"工具栏中的 ≈（放置线）按钮，执行连线操作。完成连线后的 CPU 子模块电路图如图 11-20 所示。单击"原理图标准"工具栏中的 ■（保存）按钮，保存 CPU 子原理图文件。

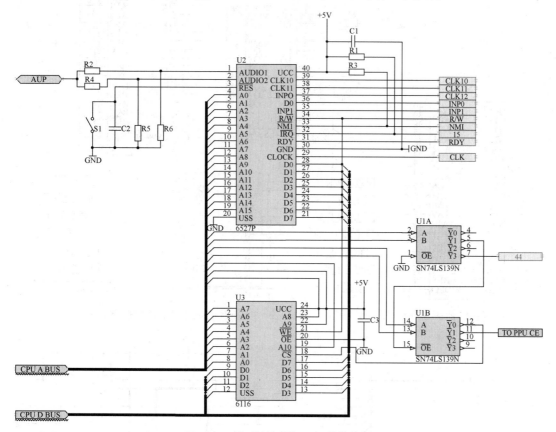

图 11-20　完成连线后的 CPU 子模块电路图

2．图像处理器电路模块设计

在顶层电路图工作界面中，选择菜单栏中的"设计"→"产生图纸"命令，此时光标变成十字形状。将十字光标移至原理图符号"Video"内部，单击，系统自动生成文件名为"Video.SchDoc"的原理图文件，如图 11-21 所示。

下面接着在生成的 Video.SchDoc 原理图中绘制图像处理器电路。

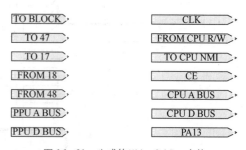

图 11-21　生成的 Video.SchDoc 文件

（1）放置元件。该电路模块中用到的元件有 6528、6116、SN74LS373N 和一些阻容元件。将通用元件库"Miscellaneous Devices.IntLib"中的阻容元件放到原理图中，将"TI Logic Latch.IntLib"元件库中的 SN74LS373N 放到原理图中。

（2）编辑元件 6528。编辑好的 6528 元件如图 11-22 所示。元件 6116 在前面的操作中已经编辑完成，直接调用即可。完成元件放置后的图像处理器子原理图如图 11-23 所示。

（3）设置各元件属性，然后合理布局，最后进行连线操作。完成连线后的图像处理器子原理图如图 11-24 所示。单击"原理图标准"工具栏中的 ■（保存）按钮，保存原理图文件。

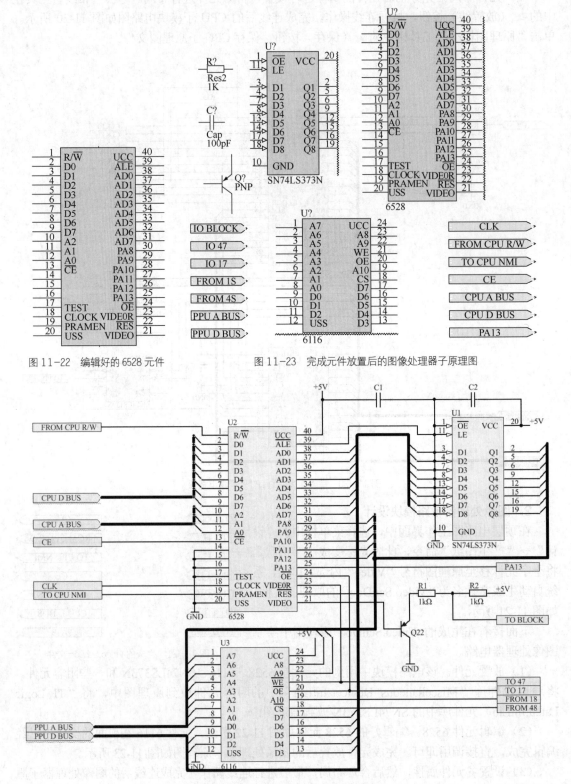

图 11-22　编辑好的 6528 元件　　　　　图 11-23　完成元件放置后的图像处理器子原理图

图 11-24　完成连线后的图像处理器子原理图

3. 接口电路模块设计

在顶层电路图的工作界面中，选择菜单栏中的"设计"→"产生图纸"命令，此时光标变成十字形状。将十字光标移至原理图符号"Interface"内部，单击，自动生成文件名为"Interface.SchDoc"的原理图文件，如图 11-25 所示。

下面接着在生成的 Interface.SchDoc 原理图中绘制接口电路。

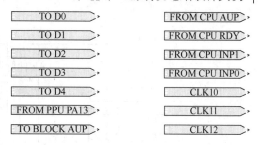

图 11-25　生成的 Interface.SchDoc 文件

（1）放置元件。该电路模块中用到的元件有 SN74HC368N、阻容元件和接口元件。先将元件库"Miscellaneous Devices.IntLib"中的阻容元件放到原理图中，再将"Miscellaneous Connectors.IntLib"元件库中的 Connector15、Header5 和 Header6 放到原理图中，然后将"TI Logic Buffer Line Driver.IntLib"元件库中的 SN74HC368N 放到原理图。完成元件放置后的接口电路子原理图如图 11-26 所示。

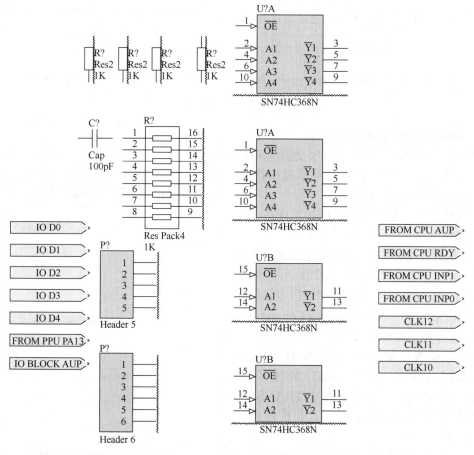

图 11-26　完成元件放置后的接口电路子原理图

（2）设置各元件的属性，然后合理布局，最后进行连线操作。完成连线后的接口电路模块原理图如图 11-27 所示。单击"原理图标准"工具栏中的 📁（保存）按钮，保存原理图文件。

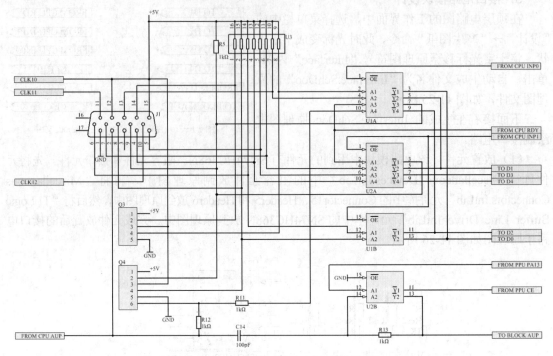

图 11-27　完成连线后的接口电路模块原理图

4. 射频调制电路模块设计

在顶层电路图的工作界面中，选择菜单栏中的"设计"→"产生图纸"命令，此时光标变成十字形状。将十字光标移至原理图符号"RF"内部，单击，系统自动生成文件名为"RF.SchDoc"的原理图文件。

下面接着在生成的 RF.SchDoc 原理图中绘制射频调制电路。

（1）放置元件。该电路模块中用到的元件有变压器元件、阻容元件和接口元件等。将元件库"Miscellaneous Devices.IntLib"中的阻容元件放到原理图中，再将"Miscellaneous Connectors. IntLib"元件库中的 Header7 放到原理图中。

（2）编辑变压器元件。在"SCH Library（SCH 库）"面板中，单击"Add（添加）"按钮，添加新的元件，将其命名为 TRANS5，其元件封装设置如图 11-28 所示，属性设置如图 11-29 所示。

（3）可以使用修改元件的方法编辑变压器 TRANS5，修改后的 TRANS5 元件如图 11-30 所示。单击"放置"按钮，将 TRANS5 放到原理图中。

图 11-28　TRANS5 元件封装设置

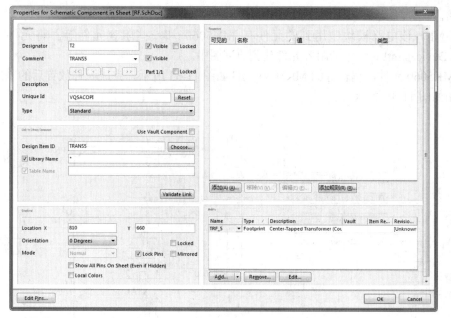

图 11-29 TRANS5 元件属性设置

图 11-30 修改后的 TRANS5 元件

（4）放置好元件后，对电容、电阻值进行设置，然后进行合理布局。布局结束后，进行连线操作。完成连线后的射频电路原理图如图 11-31 所示。单击"原理图标准"工具栏中的 📄（保存）按钮，保存原理图文件。

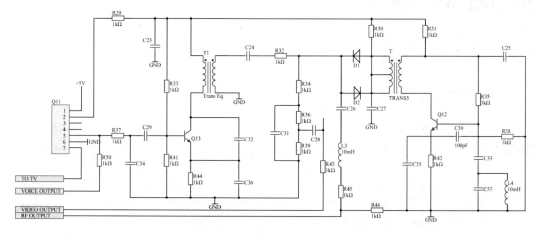

图 11-31 完成连线后的射频电路原理图

5. 制式转换电路模块设计

在顶层原理图的工作界面中，选择菜单栏中的"设计"→"产生图纸"命令，此时光标变成十字形状。将十字光标移至原理图符号"Convertor"内部，单击鼠标左键，系统自动生成文件名为"Convertor.SchDoc"的原理图文件，如图 11-32 所示。

下面接着在生成的 Convertor.SchDoc 原理图中绘

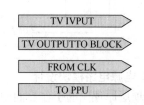

图 11-32 生成的 Convertor.SchDoc 的原理图文件

制制式转换电路。

（1）放置元件。该电路模块中用到的元件有 MK5060 和一些阻容元件等。将元件库"Miscellaneous Devices.IntLib"中的阻容元件放到原理图中。

（2）编辑 MK5060 元件，编辑好的 MK5060 元件如图 11-33 所示。完成元件放置后的制式转换电路原理图如图 11-34 所示。

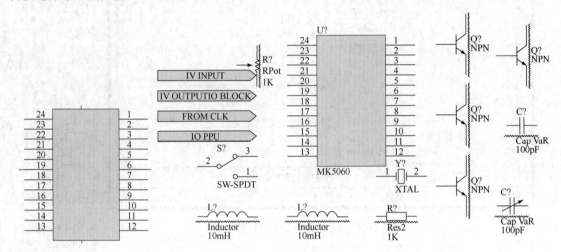

图 11-33　编辑好的 MK5060 元件　　　　　　　图 11-34　完成元件放置后的制式转换电路原理图

（3）放置好元件后，对电容、电阻值进行设置，然后进行合理布局。布局结束后，进行连线操作。完成连线后的制式转换电路原理图如图 11-35 所示。单击"原理图标准"工具栏中的 ▣（保存）按钮，保存原理图文件。

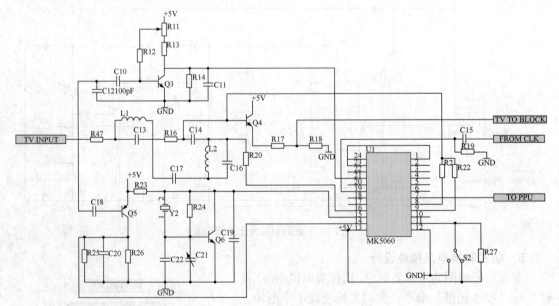

图 11-35　完成连线后的制式转换电路原理图

6. 电源电路模块设计

在顶层原理图的工作界面中，选择菜单栏中的"设计"→"产生图纸"命令，此时光标变成十字形状。将十字光标移至原理图符号"Source"内部，单击，则系统自动生成文件名为

"Source.SchDoc"的原理图文件。

下面接着在生成的 Source.SchDoc 原理图中绘制电源电路。

（1）放置元件。该电路模块中用到的元件有 AN7805 和一些阻容元件。将元件库"Miscellaneous Devices.IntLib"中的阻容元件放到原理图中。

（2）编辑 AN7805 元件和变压器元件。在"SCH Library（SCH 库）"面板中，单击"Add（添加）"按钮，添加新的元件，将其命名为 AN7805，修改后的 AN7805 元件如图 11-36 所示。

采用同样的方法修改变压器元件。修改后的变压器元件如图 11-37 所示，其封装如图 11-38 所示。然后单击"放置"按钮，将元件放到原理图中。

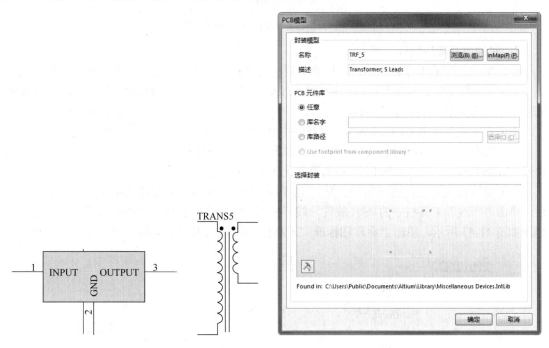

图 11-36　修改后的 AN7805 元件　　图 11-37　修改后的变压器元件　　图 11-38　变压器元件封装

（3）放置好元件后，对电容值进行设置，然后进行合理布局。电源模块原理图中的元件布局如图 11-39 所示。布局结束后，单击"布线"工具栏中的 ≈（放置导线）按钮，执行连线操作。完成连线后的电源模块电路原理图如图 11-40 所示。单击"原理图标准"工具栏中的 ■（保存）按钮，保存原理图文件。

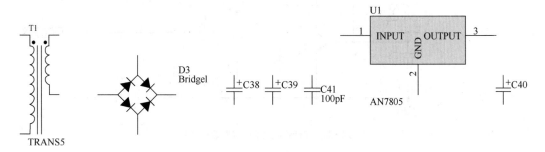

图 11-39　电源模块原理图中的元件布局

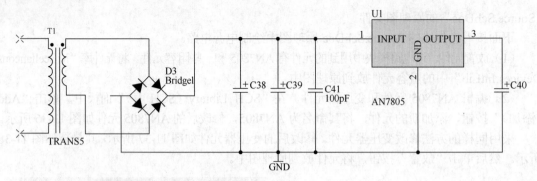

图 11-40　完成连线后的电源模块电路原理图

7．时钟电路模块设计

在顶层电路图的工作界面中，选择菜单栏中的"设计"→"产生图纸"命令，此时光标变成十字形状。将十字光标移至原理图符号"Clock"内部，单击，系统自动生成文件名为"Clock.SchDoc"的原理图文件，如图 11-41 所示。

下面接着在生成的 Clock.SchDoc 原理图中绘制时钟电路。

（1）放置元件。该电路模块中用到的元件都为阻容元件。将元件库"Miscellaneous Devices.IntLib"中的阻容元件放到原理图中。

PPU CLOCK⟩
CPU CLOCK⟩

图 11-41　生成的 Clock.SchDoc 文件

（2）放置好元件后，进行布局。时钟电路原理图中的元件布局如图 11-42 所示。布局结束后，单击"布线"工具栏中的≈（放置导线）按钮，进行连线操作。完成连线后的时钟电路原理图如图 11-43 所示。单击"原理图标准"工具栏中的 🖫（保存）按钮，保存原理图文件。

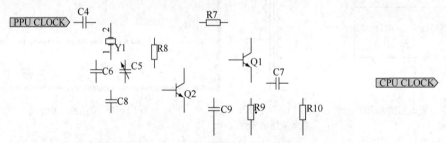

图 11-42　时钟电路原理图中的元件布局

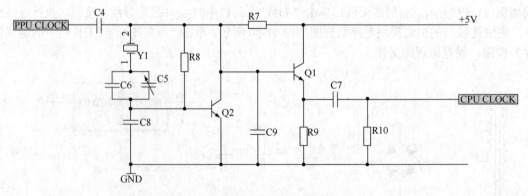

图 11-43　完成连线后的时钟电路原理图

8．光电枪电路模块设计

在顶层电路图的工作界面中，选择菜单栏中的"设计"→"产生图纸"命令，此时光标变成十字形状。将十字光标移至原理图符号"Photoelectric Gun"内部，单击，系统自动生成文件名为"Photoelectric Gun.SchDoc"的原理图文件。

下面接着在生成的 Photoelectric Gun.SchDoc 原理图中绘制光电枪电路。

（1）放置元件。该电路模块中用到的元件为 CD4011BCN 和一些阻容元件。先将"FSC Logic Gate.IntLib"元件库中的元件 CD4011BCN 放到原理图中，再将通用元件库"Miscellaneous Devices.IntLib"中的阻容元件放到原理图中，然后将"Miscellaneous Connectors.IntLib"元件库中的元件 Connector15 放到原理图中。

（2）放置好元件后，设置元件各项属性并对元件进行布局。光电枪电路原理图中的元件布局如图 11-44 所示。

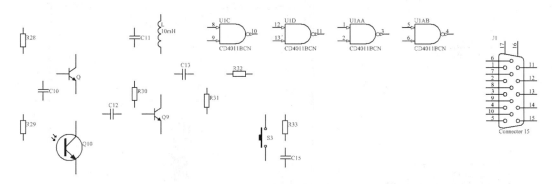

图 11-44 光电枪电路原理图中的元件布局

（3）布局结束后，单击"布线"工具栏中的 ▨（放置导线）按钮，执行连线操作。完成连线后的光电枪原理图如图 11-45 所示。单击"原理图标准"工具栏中的 ▨（保存）按钮，保存原理图文件。

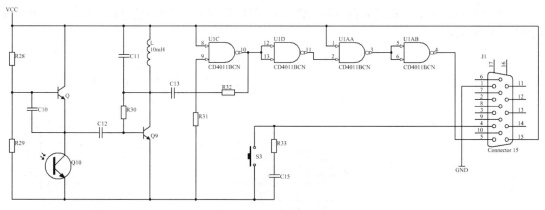

图 11-45 完成连线后的光电枪原理图

9. 控制盒电路模块设计

在顶层电路图的工作界面中，选择菜单栏中的"设计"→"产生图纸"命令，此时光标变成十字形状。将十字光标移至原理图符号"Control"的内部，单击，系统自动生成文件名为"Control.SchDoc"的原理图文件。

下面接着在生成的 Control.SchDoc 原理图中绘制控制盒电路。

（1）放置元件。该电路模块中用到的元件有 NE555N、SK4021B 和一些阻容元件。先将通用元件库"Miscellaneous Devices.IntLib"中的阻容元件放到原理图中，再将"ST Analog Timer Circuit.IntLib"元件库中的 NE555N 放到原理图中。

（2）编辑 SK4021B 元件。在"SCH Library（SCH 库）"面板中，单击"Add（添加）"按钮，添加新的元件，将其命名为 SK4021B。编辑好的 SK4021B 元件和其封装形式分别如图 11-46 和图 11-47 所示。

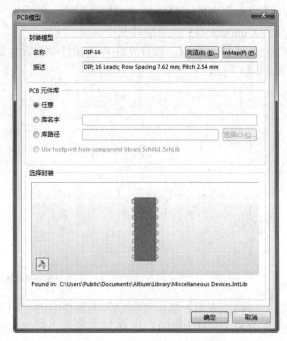

图 11-46 编辑好的 SK4021B 元件　　　　　图 11-47 SK4021B 元件的封装形式

（3）放置好元件后，设置元件各项属性并对元件进行布局。控制盒电路原理图中的元件布局如图 11-48 所示。

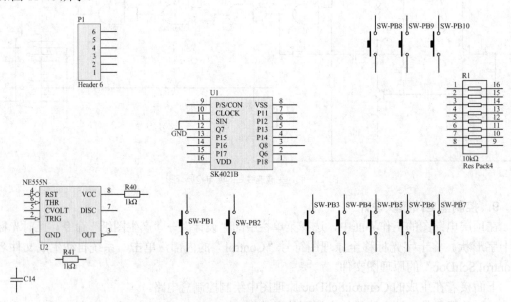

图 11-48 控制盒电路原理图中的元件布局

（4）布局完成后，单击"布线"工具栏中的 ≋（放置线）按钮，进行连线操作。完成连线后的控制盒电路原理图如图 11-49 所示。单击"原理图标准"工具栏中的 🔲（保存）按钮，保存原理图文件。

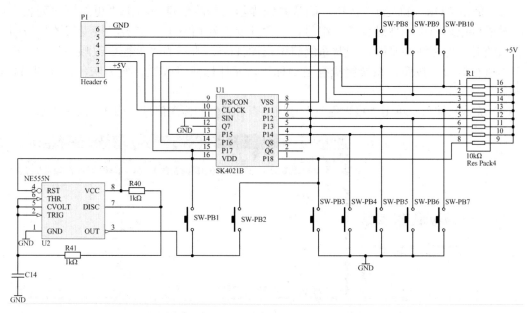

图 11-49　完成连线后的控制盒电路原理图

11.3.3　原理图元件的自动标注

如果原理图中排列的元件不做标注，那么同种类型的元件只要放置超过两个，就会出现错误，而利用逐个修改元件属性的方式修改其标注值又太过于繁琐。其实，在 Altium Designer 16中内置了一个非常有用的工具，即原理图元件的自动标注，可以解决这类问题。

（1）在该项目文件的任一子原理图中，选择菜单栏中的"工具"→"注解"命令，系统弹出图 11-50 所示的"注释"对话框。

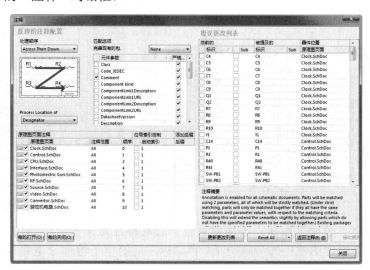

图 11-50　"注释"对话框

（2）选择从左到右、从上到下的标注顺序。在"处理顺序"选项组中，可以查看子图的标注顺序，也可以修改子图标注顺序。单击 [Reset All ▾] 按钮，将所有编号变为?，系统将弹出图 11-51 所示的"Information（信息）"对话框。

（3）单击"OK（确定）"按钮，确认系统提示的修改信息。单击"更新更改列表"按钮，对所有原理图中元件进行统一编号，在"注释"对话框中，单击"接受修改"按钮，接受系统对元件标注的修改，同时系统将弹出图 11-52 所示的"工程更改顺序"对话框。单击"执行修改"按钮，系统将执行自动标注。元件标注修改栏将变为灰色，如图 11-53 所示。

（4）完成标注后，单击"报告更改"按钮，查看元件的标注信息，如图 11-54 所示。

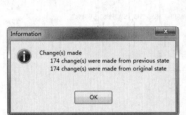

图 11-51 "Information"对话框

图 11-52 "工程更改顺序"对话框

图 11-53 元件标注修改栏

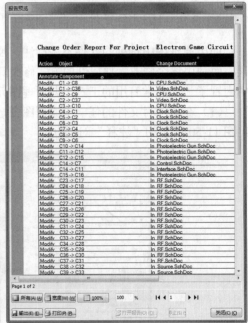

图 11-54 元件的标注信息

（5）依次单击"关闭"按钮，关闭对话框。自动标注是将顶层电路图中的所有子图统一标注，这样整个原理图就更加清晰明了。自动标注后的电子枪部分电路原理图如图 11-55 所示。

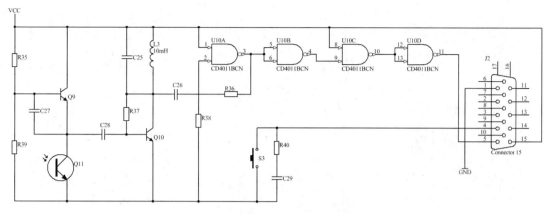

图 11-55　自动标注后的电子枪部分电路原理图

11.3.4　自下而上的层次结构原理图设计方法

自下而上的设计方法是利用子原理图产生顶层电路原理图，因此首先需要绘制好子原理图。其操作步骤如下。

（1）新建项目文件。在新建项目文件中，绘制好本电路中的各个子原理图，并且将各子原理图之间的连接用 I/O 端口绘制出来。

（2）在新建项目中，新建一个名为"游戏机电路.SchDoc"的原理图文件。

（3）在"游戏机电路.SchDoc"工作界面中，选择菜单栏中的"设计"→"HDL 文件或图纸生成图表符"命令，系统将弹出图 11-56 所示的"Choose Document to Place"（选择放置文档）对话框。

（4）选中该对话框中的任一子原理图，然后单击"OK（确定）"按钮，系统将在"游戏机电路.SchDoc"原理图中生成该子原理图所对应的子原理图符号。执行上述操作后，在"游戏机电路.SchDoc"原理图中生成随光标移动的子原理图符号，如图 11-57 所示。

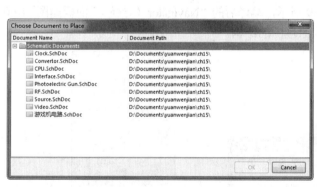

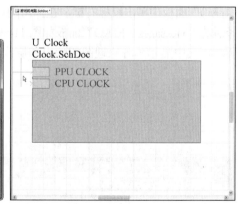

图 11-56　"Choose Document to Place（选择放置文档）"对话框　　图 11-57　生成随光标移动的子原理图符号

（5）在原理图空白处单击鼠标左键，将原理图符号放置在原理图中。采用同样的方法放置其他模块的原理图符号。生成原理图符号后的顶层原理图如图 11-58 所示。

（6）分别对各个原理图符号和 I/O 端口进行属性修改和位置调整，然后将原理图符号之间具有电气连接关系的端口用导线或总线连接起来，就得到层次原理图的顶层电路图。

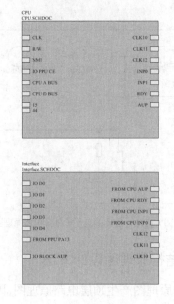

图 11-58　生成原理图符号后的顶层原理图

11.4　层次原理图间的切换

层次原理图之间的切换主要有两种，一种是从顶层原理图的原理图符号切换到对应的子电路原理图，另一种是从某一层原理图切换到它的上层原理图。

11.4.1　从顶层原理图切换到原理图符号对应的子图

（1）选择菜单栏中的"工程"→"设计工作区"→"编译所有的工程"命令，或在"Navigate（导航）"面板中单击鼠标右键，在弹出的右键快捷菜单中单击"编译"命令，执行编译操作。编译后的"Messages（信息）"面板如图 11-59 所示，编译后的"Navigator（导航）"面板如图 11-60 所示，其中显示了各原理图的信息和层次原理图的结构。

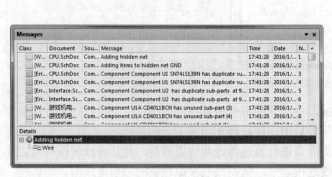

图 11-59　编译后的"Messages（信息）"面板　　　　图 11-60　编译后的"Navigator（导航）"面板

（2）选择菜单栏中的"工具"→"上/下层次"命令，或在"Navigator（导航）"面板的"Document For PCB（PCB 文档）"选项栏中，双击要进入的顶层原理图或者子图的文件名，可以快速切换到对应的原理图。

（3）选择菜单栏中的"工具"→"上/下层次"命令，光标变成十字形，将光标移至顶层原理图中的原理图符号上，单击鼠标左键就可以完成切换。

11.4.2　从子原理图切换到顶层原理图

编译项目后，选择菜单栏中的"工具"→"上/下层次"命令，或单击"原理图标准"工具栏中的 （上/下层次）按钮，或在"Navigator（导航）"面板中选择相应的顶层原理图文件，执行从子原理图到顶层原理图切换的命令。接着选择菜单栏中的"工具"→"上/下层次"命令，光标变成十字形，移动光标到子图中任意一个输入/输出端口上单击鼠标左键，系统自动完成切换。

11.5　输出元件清单

（1）在该工程任意一张原理图中，选择菜单栏中的"报告"→"Bill of Material（元件清单）"命令，系统将弹出图 11-61 所示的对话框来显示元件清单列表。

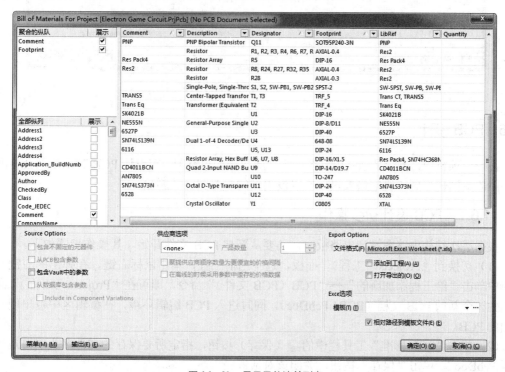

图 11-61　显示元件清单列表

（2）单击"菜单"按钮，在弹出的菜单中单击"报告"命令，系统将弹出报表预览对话框。

（3）单击"输出"按钮，系统将弹出保存元件清单对话框。选择保存文件位置，输入文件名，完成保存。

上述步骤生成的是电路总的元件报表，也可以分门别类地生成每张电路原理图的元件清单报表。分类生成电路元件报表的方法是：在该项目任意一张原理图中，选择菜单栏中的"报告"→"Component Cross Reference（分类生成电路元件清单报表）"命令，系统将弹出图 11-62

所示的对话框来显示元件分类清单列表。在该对话框中，元件的相关信息都是按子原理图分组显示的。

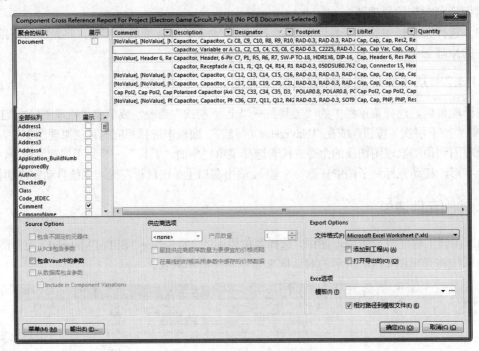

图 11-62　显示元件分类清单列表

11.6　PCB 设计

在一个项目中，不管是独立电路图，还是层次结构电路图，在设计 PCB 时系统都会将所有电路图的数据转移到一块电路板里，所以没用到的电路图必须删除。

11.6.1　PCB 设计初步操作

根据层次结构电路图设计电路板时，还要从新建 PCB 文件开始，其操作步骤如下。

（1）切换到"Projects（工程）"面板，选中当前工程，单击鼠标右键，在弹出的右键快捷菜单中单击"给工程添加新的"→"PCB（PCB 文件）"命令，即可在"Projects（工程）"面板中产生一个新的 PCB 文档（PCB1.PcbDoc），同时进入 PCB 编辑环境，在编辑区中也出现一个空白的 PCB。

（2）单击"PCB 标准"工具栏中的 ■（保存）按钮，指定所要保存的文件名为"游戏机电路板.PcbDoc"，单击"保存"按钮，关闭该对话框。

（3）绘制一个简单的 PCB 外框，指向编辑区下方工作层标签栏的"KeepOut Layer（禁止布线层）"标签，单击切换到禁止布线层。按"P+L"键进入画线状态，指向外框的第一个角，单击鼠标左键；移到第二个角，双击鼠标左键；再移到第三个角，双击鼠标左键；再移到第四个角，双击鼠标左键；移回第一个角（不一定要很准），单击鼠标左键，再右键单击两下退出该操作。

（4）选择菜单栏中的"设计"→"Import Changes From 电子游戏机电路.PrjPcb（将变化输入到工程文件中）"命令，系统将弹出图 11-63 所示的"工程更改顺序"对话框。

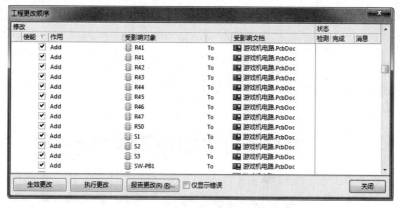

图 11-63 "工程更改顺序"对话框

（5）单击"生效更改"按钮，验证一下更新方案是否有错误，程序将验证结果显示在对话框中，如图 11-64 所示。

图 11-64 验证结果

（6）在图 11-65 中，没有错误产生，单击"执行更改"按钮，执行更改操作，然后单击"关闭"按钮，关闭该对话框。

图 11-65 更新结果

（7）在图 11-66 中，包括 9 个零件放置区域（上述设计的 9 个模块电路），分别指向这 9 个区域内的空白处，按住鼠标左键将其拖到板框中（可以重叠）。再次指向零件放置区域内的空白处，单击鼠标左键，区域四周出现 8 个控点，再指向右边的控点，按住鼠标左键，移动光标即可改变其大小，将它扩大一些（尽量充满板框）。改变零件放置空间范围后的原理图如图 11-67 所示。

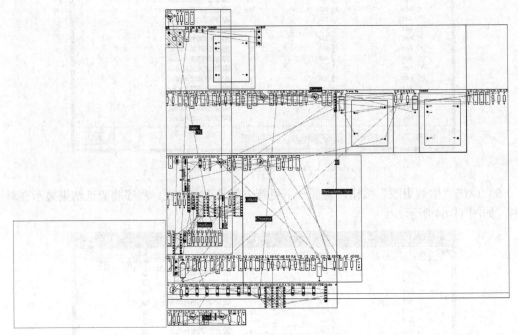

图 11-66　加载元件到电路板

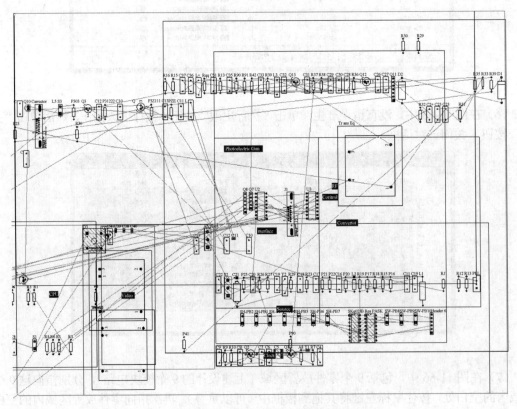

图 11-67　改变零件放置空间范围后的原理图

（8）选择菜单栏中的"工具"→"器件布局"→"按照 Room 排列"命令，分别指向这 9
个零件放置区域。按住鼠标左键拖动零件到这两个区域内，然后单击鼠标右键。零件在放置区
域内的排列如图 11-68 所示。

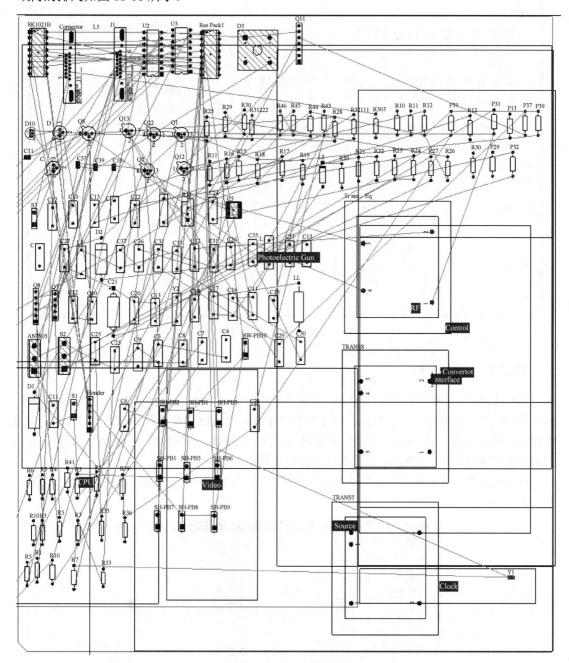

图 11-68　零件在放置区域内的排列

（9）分别指向零件放置区域，单击鼠标左键，再按"Delete（删除）"键，将它们删除。删
除零件放置区域后的原理图如图 11-69 所示。

（10）手动放置零件，PCB 设计初步完成。

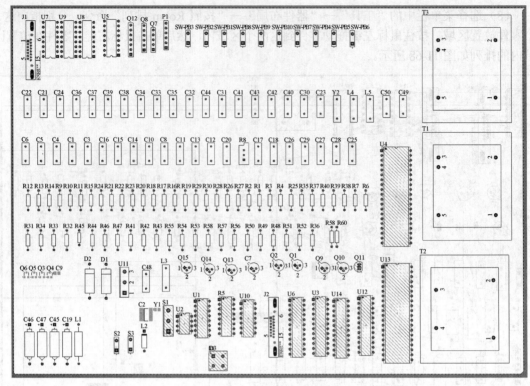

图 11-69　删除零件放置区域

11.6.2　布线设置

在布线之前，必须进行相关的设置。本电路采用双面板布线，而程序默认即为双面板布线，所以不必设置布线板层。尽管如此，也要将整块电路板的走线宽度设置为最细的 10mil，最宽线宽及自动布线都采用 16mil。另外，电源线（VCC 与 GND）采用最细的 10mil，最宽线宽及自动布线的线宽都采用 20mil。设置布线的操作步骤如下。

（1）选择菜单栏中的"设计"→"类"命令，系统将弹出图 11-70 所示的"对象类浏览器"对话框。

图 11-70　"对象类浏览器"对话框

（2）右击"Net Classes（网络类）"选项，在弹出的右键快捷菜单中单击"添加类"命令，在该选项中将新增一项分类（New Class）。

（3）选择该分类，单击鼠标右键，在弹出的右键快捷菜单中单击"重命名类"命令，将其名称改为"Power"，右侧将显示其属性，如图 11-71 所示。

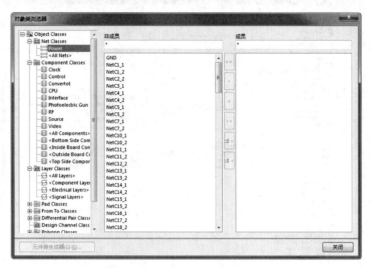

图 11-71　显示属性

（4）在左侧的"非成员"列表框中选择 GND 选项，单击 按钮将它加入到右侧的"成员"列表框中；同样，在左侧的列表框中选择 VCC 选项，单击 按钮将它加入到右侧的列表框中，最后单击"关闭"按钮，关闭该对话框。

（5）选择菜单栏中的"设计"→"规则"命令，系统弹出的"PCB 规则及约束编辑器"对话框如图 11-72 所示。单击"Routing（路径）"→"Width（宽度）"→"Width（宽度）"选项，设计线宽规则。

图 11-72　"PCB 规则及约束编辑器"对话框

（6）将"Max Width（最大宽度）"与"Preferred Width（首选宽度）"选项都设置为 16mil。新增一项线宽的设计规则，右键单击"Width（宽度）"选项，在弹出的右键快捷菜单中单击"新规则"命令，即可产生 Width_1 选项。选择该选项，如图 11-73 所示。

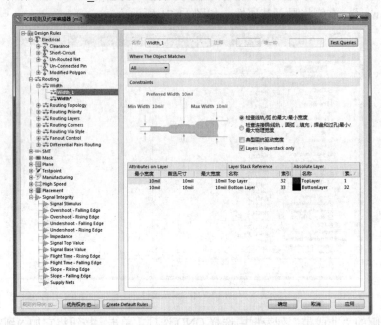

图 11-73　Width_1 选项

（7）在"名称"文本框中，将该设计规则的名称改为"电源线线宽"，点选"Net Class（网络类）"单选钮，然后在字段里指定适用对象为 Power 网络分类；将"Max Width（最大宽度）"与"Preferred Size（首选大小）"选项都设置为 20mil，如图 11-74 所示。单击"确定"按钮，关闭该对话框。

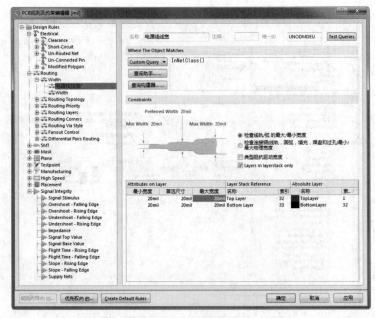

图 11-74　新增电源线线宽设计规则

（8）选择菜单栏中的"自动布线"→"全部"命令，系统将弹出图 11-75 所示的"Situs 位置策略（布线位置策略）"对话框。

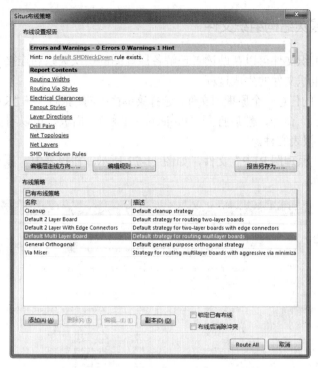

图 11-75　"Situs Routing Strategies"对话框

（9）保持程序预置状态，单击"Route All（布线所有）"按钮，进行全局性的自动布线。布线完成后如图 11-76 所示。

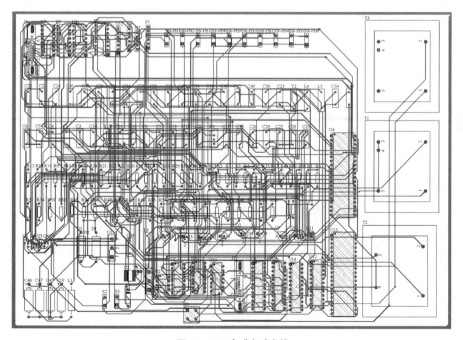

图 11-76　完成自动布线

（10）只需要很短的时间就可以完成布线，关闭"Message（信息）"面板。电路板布线完成后，单击"PCB 标准"工具栏中的 ⬛（保存）按钮，保存文件。

11.7 输出项目层次结构组织文件

项目层次结构组织文件可以帮助读者理解各原理图的层次关系和连接关系。下面是电子游戏机项目层次结构组织文件的生成过程。

（1）打开项目中的任意一个原理图文件，选择菜单栏中的"报告"→"Report Project Hierarchy（项目层次结构报表）"命令，然后打开"Projects（工程）"面板，可以看到系统已经生成一个"层次原理图.REP"报表文件。

（2）打开"层次原理图.REP"文件，如图 11-77 所示。在报表中，原理图文件名越靠左，该原理图层次就越高。

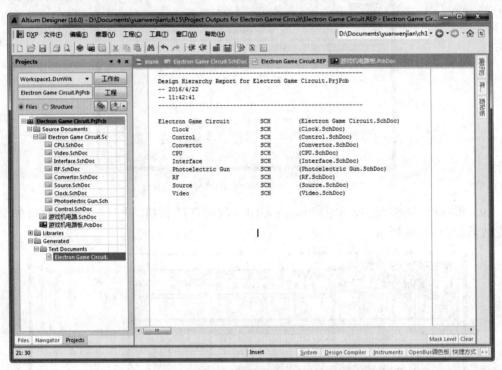

图 11-77 "层次原理图.REP"文件

第 **12** 章 通信电路图设计实例

内容指南

PCB 的设计相较于原理图设计有同有异，读者在设计过程中可在相同处比较微细差异，在不同处对比相似处，这样可以迅速掌握 PCB 的设计。本章通过通信电路图设计实例详细介绍 PCB 的报表文件输出，并与原理图的报表文件做对比。

知识重点

 📖 PCB 设计

 📖 输出报表文件

12.1 电路分析

监控模块与整流模块的通信电路如图 12-1 所示，本章介绍一个通信电路以供读者更加熟悉电路的设计流程。

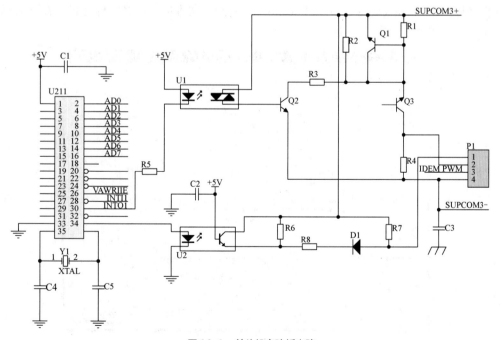

图 12-1 单片机实验板电路

光耦在微处理器和整流模块之间提供了隔离，光谱隔离发送缓冲器提供 100 个整流模块的通信和驱动能力。

12.2　新建工程文件

选择菜单栏中的"文件"→"New（新建）"→"Project（工程）"命令，如图 12-2 所示，弹出"New Project（新建工程）"对话框。

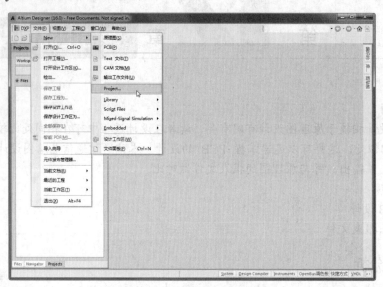

图 12-2　新建 PCB 工程文件

默认选择"PCB Project"选项及"Default（默认）"选项，在"Name（名称）"文本框中输入文件名称"Communication"，在"Location（路径）"文本框中选择文件路径。在该对话框中显示工程文件类型，如图 12-3 所示。

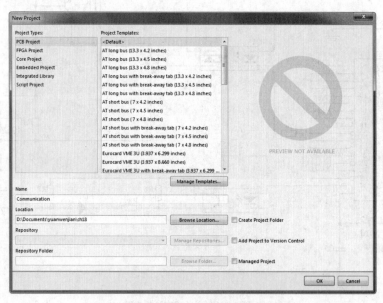

图 12-3　"New Project（新建工程）"对话框

选择菜单栏中的"文件"→"New（新建）"→"原理图"命令，新建原理图文件，如图
12-4 所示；并命名其为"Communication.SchDoc"，最后完成的效果图如图 12-5 所示。

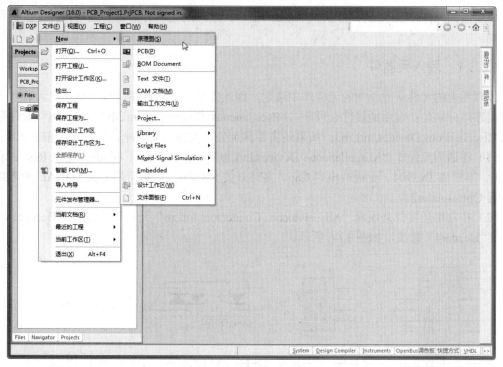

图 12-4 新建原理图文件

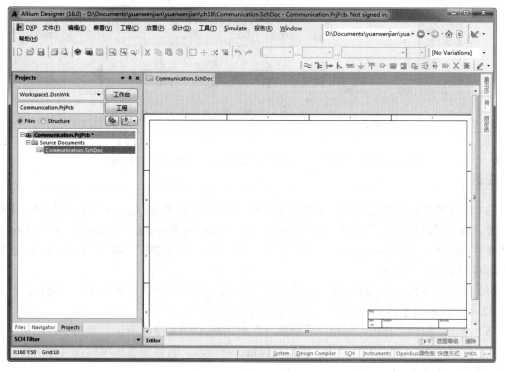

图 12-5 新建通信电路项目

12.3 原理图输入

将所需的元件库装入工程后进行原理图的输入。原理图输入时首先要进行元件的放置和元件布局。

12.3.1 装入元器件

原理图上的元件从要添加的元件库中选定，因此先要添加元件库。系统默认已经装入了两个常用库，分别是：常用插接件杂项库（Miscellaneous Connectors.IntLib），常用电气元件杂项库（Miscellaneous Devices.IntLib）。如果还需要其余公司提供的元件库，则需要提前装入。

（1）在通用元件库"Miscellaneous Devices.IntLib"中选择二极管 Diode、电阻 Res2、晶振 XTAL、半导体 2N3904、无极性电容 Cap、多路开关 SW-PB、光耦合器 Opto TRIAC 和光耦合缓冲器 Optoisolator2。

（2）在常用插接件杂项库"Miscellaneous Connectors.IntLib"元件库中选择"Header18×2"接头、"Header4"接头，如图 12-6 所示。

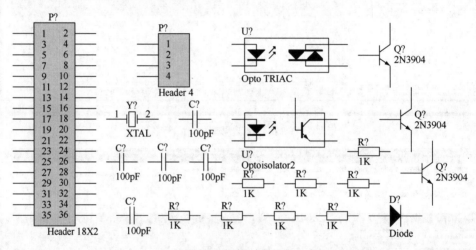

图 12-6　放置电气元件

放置元件的时候按住空格键可以快速旋转元件放置的位置。

（3）选择的微处理器芯片由于系统库中没有，用 36 针的"Header18×2"接头代替，需要稍加修改。双击串口接头，弹出图 12-7 所示的"Properties for Schematic Component in Sheet（元件属性）"对话框，在"Designator（标识符）"文本框中输入"U211"，取消"Comment（注释）"文本框右侧复选框的勾选。

（4）单击左下角的"Edit Pins（编辑管脚）"按钮，弹出"元件管脚编辑器"对话框，选中引脚 32，如 12-8 所示。

（5）单击"编辑"按钮，弹出"管脚属性"对话框，如图 12-9 所示。单击"外部边沿"下拉列表，选择"Dot（圆点）"，单击"确定"按钮保存修改。同样的过程可修改其他引脚，最终结果如图 12-10 所示。

图 12-7 "Properties for Schematic Component in Sheet（元件属性）"对话框

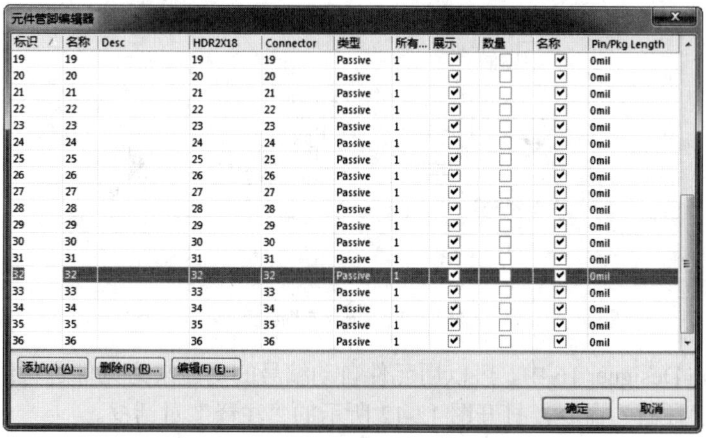

图 12-8 "元件管脚编辑器"对话框

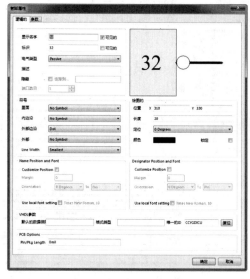

图 12-9 "管脚属性"窗口

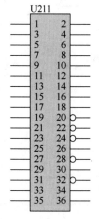

图 12-10 修改后的串口

12.3.2　元件布局

（1）根据原理图大小，合理地将放置的元件摆放好，这样美观大方，也方便后面的布线，如图 12-11 所示。

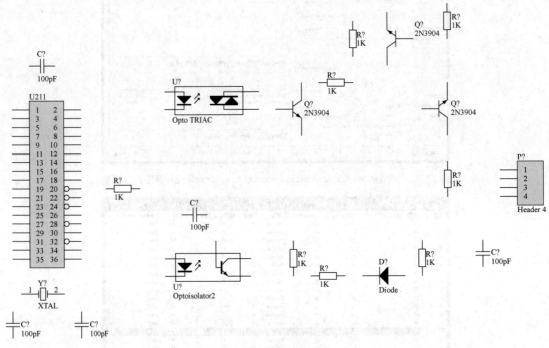

图 12-11　元件布局结果

（2）在 Altium Designer 16 中，可以用元件自动编号的功能来为元件进行编号，选择菜单栏中的"工具"→"注解"命令，打开图 12-12 所示的"注释"对话框。

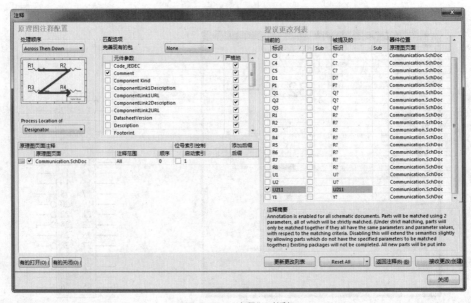

图 12-12　"注释"对话框

串口元件编号改为 U211，可取消该元件编号的修改。

（3）在"原理图页面注释"列表框中需要选择要进行自动编号的原理图，单击 更新更改列表 按钮，弹出图 12-13 所示的信息对话框，然后单击 OK 按钮，这时在"注解"对话框中可以看到所有的元件已经被编号。

（4）如果对编号不满意，可以取消编号，单击 Reset All 按钮即可将此次编号操作取消，然后经过重新设置再进行编号。如果对编号结果满意，则单击 接收更改(创建ECO) 按钮打开"工程更改顺序"对话框，如图 12-14 所示。在该对话框中单击 生效更改 按钮进行编号合法性检查，在"状态"栏中"检测"目录下显示的对勾表示编号是合法的。

图 12-13　"Information"对话框

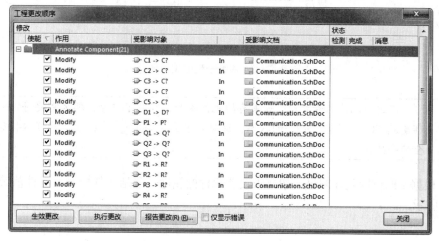

图 12-14　进行编号合法性检查

（5）单击 执行更改 按钮将编号添加到原理图中去，如图 12-15 所示，原理图中添加的结果如图 12-16 所示。

图 12-15　确认更改编号

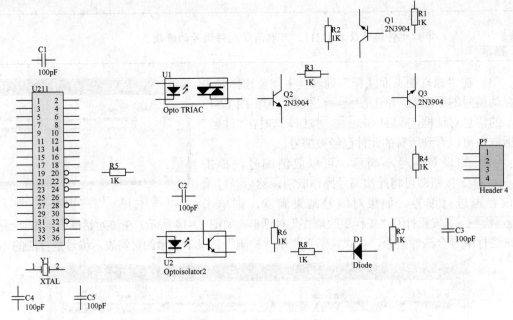

图 12-16　将编号添加到原理图

　在进行元件编号之前，如果有的元件本身已经有了编号，那么需要将它们的编号全部变成"U?"或者"R?"的状态，这时只单击 Reset All 按钮，就可以将原有的编号全部去掉。

（6）根据不同位置元件编号，按要求设置元件的属性，包括元件标号、元件值等，结果如图 12-17 所示。

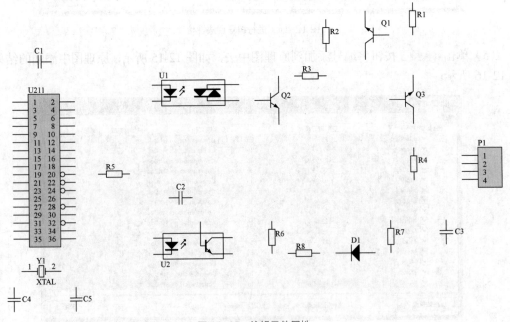

图 12-17　编辑元件属性

12.3.3　元件手工布线

用户通常采用分块的方法完成手工布线操作。

（1）单击"布线"工具栏中的"放置线"按钮≈，或选择菜单栏中的"放置"→"线"命令，进行布线操作。连接完的电源电路如图 12-18 所示。

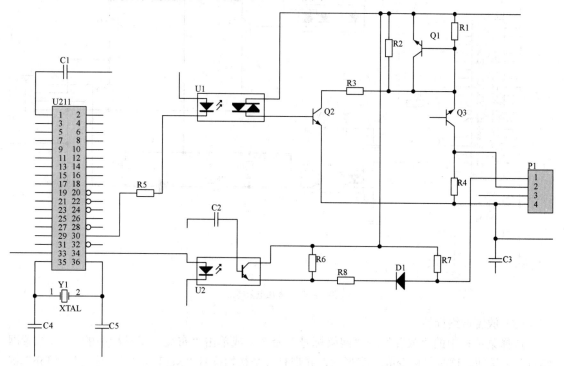

图 12-18　电路图连线结果

（2）单击"布线"工具栏中的"GND 接地符号"按钮≟，按"Tab"键，弹出图 12-19 所示的"电源端口"对话框，在"类型"下拉列表中选择不同类型，在信号线上放置电源端口，如图 12-20 所示。

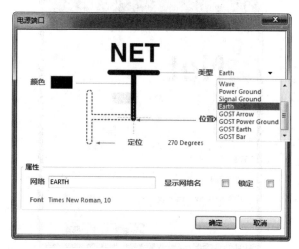

图 12-19　"电源端口"对话框

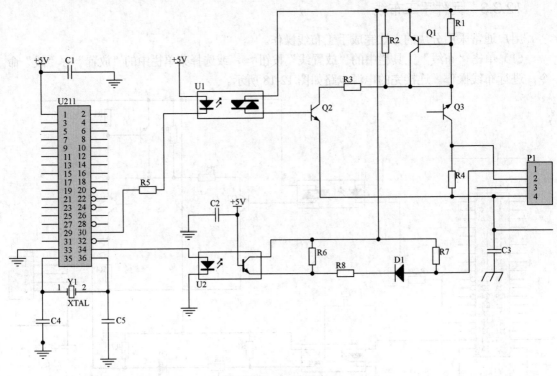

图 12-20　添加电源端口

（3）放置网络标签

选择菜单栏中的"放置"→"网络标号"命令，或单击"布线"工具栏中的 Net1（放置网络标号）按钮，这时鼠标变成十字形状，并带有一个初始标号"Net Label1"。这时按"Tab"键打开图 12-21 所示"网络标签"对话框，然后在该对话框的"网络"文本框中输入网络标签的名称，再单击"确定"按钮，退出该对话框。接着移动鼠标光标，将网络标签放置到导线上，如图 12-22 所示。

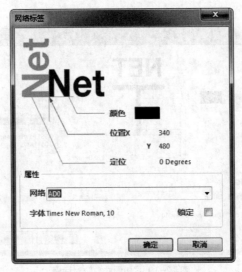

图 12-21　编辑网络标签

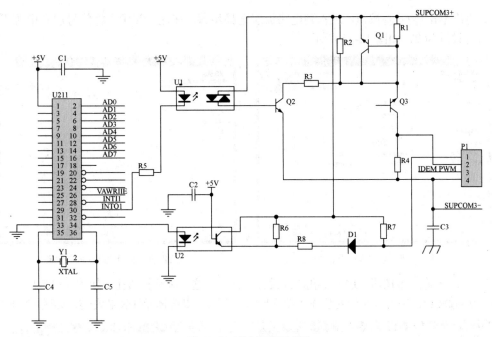

图 12-22 绘制好的原理图

12.4 PCB 设计

PCB 的设计是电路设计工作中最关键的阶段，只有真正完成 PCB 的设计才能进行实际电路的设计。因此，PCB 的设计是每一个电路设计者必须掌握的技能。

12.4.1 准备工作

（1）在"Files"（文件）工作面板中的"从模板新建文件"栏中，单击"PCB Board Wizard（印制电路板向导）"按钮，弹出"PCB 板向导"对话框，再在其中单击 一步(N)>> (N) 按钮，进入到单位选取步骤，选择"英制的"单位模式，如图 12-23 所示。然后单击 一步(N)>> (N) 按钮，进入到电路板类型选择步骤，在这一步选择自定义电路板，即 Custom 类型，如图 12-24 所示。

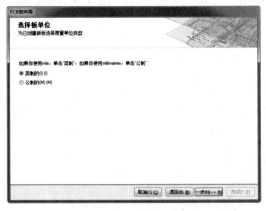

图 12-23 选择单位

图 12-24 选择自定义电路板类型

（2）单击 一步(N)>> (N) 按钮，进入到下一步骤，对电路板的一些详细参数做一些设定，如图 12-25

所示。再次单击 ━步(N)>> N 按钮，进入到电路板层选择步骤，在这一步中，将信号层和电源平面层的数目都设置为 2，如图 12-26 所示。

图 12-25　设置电路板参数

图 12-26　设置电路板的工作层

（3）单击 ━步(N)>> N 按钮，进入到孔样式设置步骤，在这一步选择通孔，如图 12-27 所示。继续单击 ━步(N)>> N 按钮，进入到元件安装样式设置步骤，在这一步选择元件表贴安装，如图 12-28 所示。

图 12-27　设置通孔样式

图 12-28　设置元件安装样式

（4）单击 ━步(N)>> N 按钮，进入到导线和焊盘设置步骤，在这一步选择默认设置，如图 12-29 所示。继续单击 ━步(N)>> N 按钮，进入结束步骤，单击"完成"按钮，完成 PCB 文件的创建，得到图 12-30 所示的 PCB 模型。

图 12-29　设置导线和焊盘

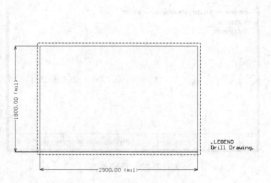

图 12-30　得到的 PCB 模型

12.4.2　资料转移

（1）单击编辑区下方的"KeepOutLayer（禁止布线层）"选项，将电路图数据转移到这个电路板编辑区中。

（2）选择菜单栏中的"设计"→"Import Changes From Communication.PrjPcb（从工程文件中输入变化）"，出现图 12-31 所示的"工程更改顺序"对话框。

图 12-31　"工程更改顺序"对话框

（3）单击"生效更改"按钮，验证有无错误，程序将验证结果显示在对话框中，如图 12-32 所示。

图 12-32　验证结果

（4）图 12-32 中，如果所有数据转移都顺利，没有错误产生，则按"执行更改"按钮执行真正的操作，单击"关闭"按钮关闭此对话框，如图 12-33 所示。如果有错误，则按照提示退回电路图修改。

图 12-33　数据转移到电路板

12.4.3 零件布置

（1）以程序所提供的自动零件区间布置功能将零件导入。指向零件布置区间的空白处，按住鼠标左键将它拉到板框之中，如图 12-34 所示。

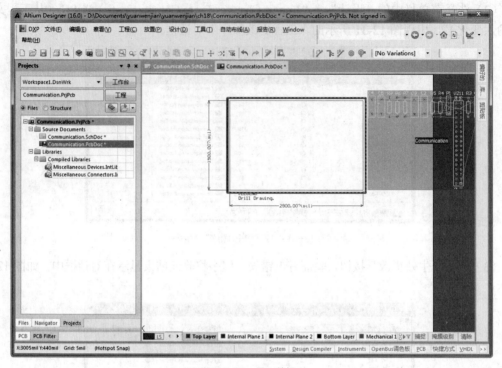

图 12-34　导入数据

（2）选择菜单栏中的"设计"→"规则"命令，指向这个零件布置区域，单击鼠标左键让零件飞进这个区域内，最后单击鼠标右键。

（3）按"Delete"键删除这个零件布置区域，接下来以手工排列，如图 12-35 所示。

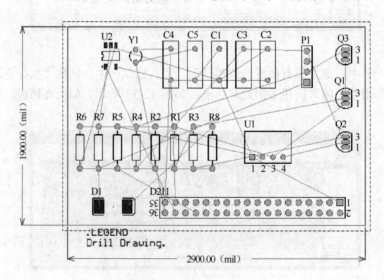

图 12-35　完成零件排列

在进行手动布局过程中，选择"排列工具"下拉菜单中各按钮进行辅助操作，使封装元件排布更美观、整齐。

12.4.4 网络分类

对电路板里的网络做一个简单的分类，将最常用的电源线（VCC 及 GND）归为一类。

（1）选择菜单栏中的"设计"→"类"命令，屏幕出现图 12-36 所示的对话框。

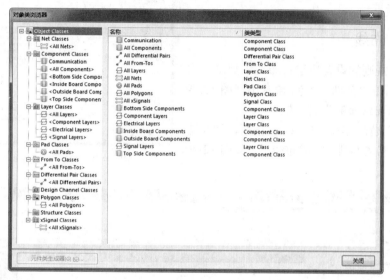

图 12-36 "对象类浏览器"对话框

（2）在"Net Classes（网络分类）"类里只有"All Nets（全部网络）"一项，表示目前没有任何网络分类。选择"Net Classes（网络分类）"项，单击鼠标右键弹出命令菜单，如图 12-37 所示。

（3）选取"添加类"命令，则在此类里将新增一项分类（New Class），同时进入其属性对话框，如图 12-38 所示。

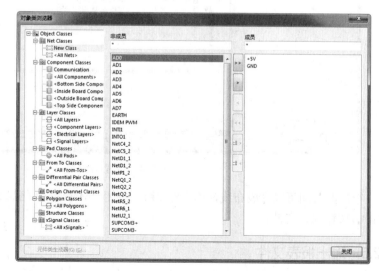

图 12-37 命令菜单

图 12-38 新增网络分类属性

（4）若要更改此分类的名称，则选择这一项，按鼠标右键弹出命令菜单，在弹出的命令菜单里选取"重命名类"命令，即可输入新的分类名称。紧接着在左边"非成员"区域里选取 GND 项，再按 ▣ 钮将其添加到右边"成员"区域；同样地，在左边区域里选取+5V 项，再按 ▣ 钮将其添加到右边区域，单击"关闭"按钮关闭该对话框。

12.4.5　布线

完成设计规则的设置后进行布线，启动"自动布线"菜单下的"全部"命令，屏幕出现图 12-39 所示的"Situs 布线策略"对话框。

保持程序预置状态，按 Route All 按钮，程序即进行全面性的自动布线。完成布线后，如图 12-40 所示。

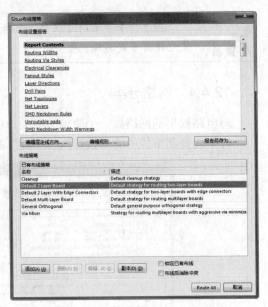

图 12-39　"Situs 布线策略"对话框

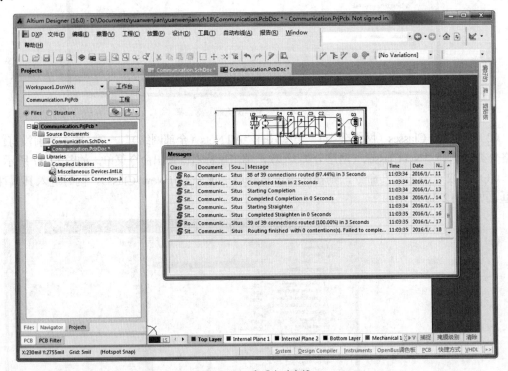

图 12-40　完成自动布线

很短的时间可以完成布线，单击 ▣ 按钮，关闭"Message（信息）"窗口。电路板布线完成，单击 ▣ 按钮保存文件。

12.5　输出报表文件

PCB 信息报表的作用在于给用户提供一个电路板的完整信息。通过电路板信息报表，了解

PCB 尺寸、电路板上的焊点、导孔的数量及电路板上的元器件标号。而通过网络状态可以了解 PCB 中每一条网络的长度。元件清单是设计完成后首先要输出的一种报表，它将工程中使用的所有元器件的有关信息进行统计输出，并且可以输出多种文件格式。通过本例的学习，掌握和熟悉根据所设计的 PCB 图产生的各种格式的元件清单报表。

12.5.1 PCB 信息及网络状态报表

（1）选择菜单栏中的"报告"→"板子信息"命令，系统弹出图 12-41 所示的"PCB 信息"对话框。

（2）单击"PCB 信息"对话框的"通用"选项卡，显示电路板的大小、各个元件的数量、导线数、焊点数、导孔数、覆铜数和违反设计规则的数量等。

（3）单击"PCB 信息"对话框的"器件"选项卡，显示当前电路板上使用的元件序号及元件所在的板层等信息，如图 12-42 所示。

图 12-41　"PCB 信息"对话框

图 12-42　"器件"选项卡

（4）单击"PCB 信息"对话框的"网络"选项卡，显示当前电路板中的网络信息，如图 12-43 所示。

（5）单击 wr/Gnd(P) 按钮，系统弹出图 12-44 所示的"内部平面信息"对话框。对于双面板，该信息框是空白的。

图 12-43　"网络"选项卡

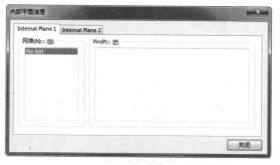

图 12-44　"内部平面信息"对话框

（6）单击"网络"选项卡中的 报告... 按钮，显示图 12-45 所示的"板报告"对话框。如果单击 的打开(A) 按钮，选中所有选项，单击 的关闭(O) 按钮，则不选中任何选项。如果选中"仅选择对象"复选框，则产生选中对象的电路板信息报表。

（7）单击 的打开(A) 按钮，选中所有选项。再单击 报告 按钮，生成以".html"为后缀的报表文件，内容形式如图 12-46 所示。

（8）选择菜单栏中的"报告"→"网络表状态"命令，生成以".html"为后缀的网络状态报表，如图 12-47 所示。

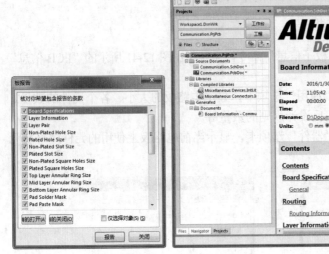

图 12-45 "板报告"对话框

图 12-46 电路板信息报表

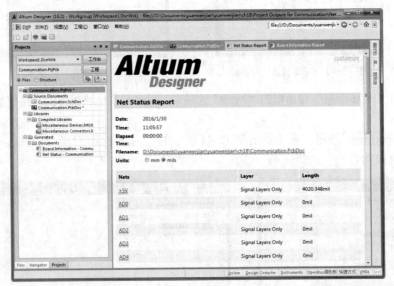

图 12-47 网络状态报表

12.5.2 PCB 元件清单报表

（1）打开 PCB 文件，选择菜单栏中的"报告"→"Bill of Materials"（材料清单）命令，弹出图 12-48 所示的对话框。

（2）在"全部纵队"列表框列出系统提供的所有元件属性信息，如"Description"（元件描述信息）、"Component Kind"（元件类型）等。对于需要查看的有用信息，选中右边与之对应的复选框，即可在元件报表中显示出来。本例选中"Description（描述）""Designator（标志符）""Footprint（封装）""LibRef（逻辑库名称）"和"Quantity（质量）"等复选框。

图 12-48 "Bill of Materials for PCB" 对话框

（3）单击 菜单(M)(M) 菜单按钮下的"报告"命令，系统弹出图 12-49 所示的"报告预览"对话框。

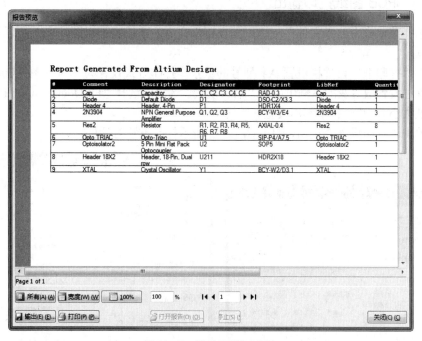

图 12-49 "报告预览"对话框

（4）单击 输出(E)(E)... 按钮，显示"Export Report from Project"（从工程输出报告）对话框。将报告导出为一个其他文件格式后保存。

（5）默认原理图名称为文件名，选择文件保存类型为".xls"，单击"打开报告"按钮，弹出如图 12-50 所示的报表文件。

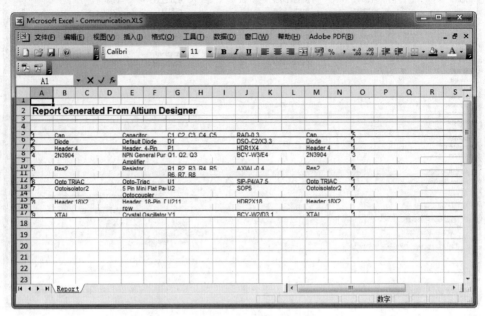

图 12-50　报表文件

关闭文件，单击"关闭"按钮，关闭对话框。

12.5.3　PCB 图纸打印输出

（1）选择菜单栏中的"文件"→"页面设置"命令，系统将弹出图 12-51 所示的打印页面设置对话框。

（2）在"打印纸"设置栏设置 A4 型号的纸张，打印方式设置为"风景图"（横放）；在输出颜色设置栏设置成"灰的"输出；在"缩放模式"选项中选择"Fit Document on Page"（缩放到适合图纸大小），其余各项不用设置。

（3）单击"打印设置"按钮，打开图 12-52 所示打印设置对话框。

图 12-51　打印页面设置对话框

图 12-52　打印设置对话框

（4）在该对话框中，显示如何设置打印机及打印参数，若对打印效果不满意，可以再重新设置纸张和打印机。

（5）单击打印设置对话框中的 ![预览(V)(V)] 按钮，显示图纸和打印机设置后的打印效果，如图 12-53 所示。

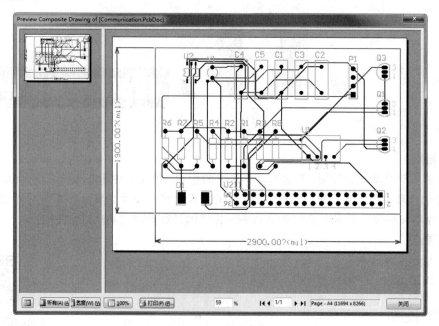

图 12-53　打印预览

（6）设置完成后，单击 ![打印(P)(P)...] 按钮，开始打印。

第13章 电鱼机电路设计实例

内容指南

PCB 是实际电路板的缩影，是它在计算机中的模拟，相较于实际电路板在演示性上的缺陷，PCB 文件的出现弥补了这一点，因此在进行 PCB 设计中需要考虑实际排布，同时也能更进一步与实际电路板相似，本章电鱼机电路的实例将详细讲解如何完美地设计 PCB。

知识重点

📖 输出元件清单

📖 PCB 设计

电鱼机电路设计实例

13.1 电路分析

电鱼机电路将低电压大电流的电源变换成高电压、瞬间大电流的脉冲直流变换器。其组成部分有：逆变部分（前级）和整流脉冲放电部分（后级）。

在该实例中以如图 13-1 所示介绍从原理图到 PCB 的设计流程，让读者系统地了解一下从原理图设计到 PCB 设计的过程，掌握一些常用技巧。

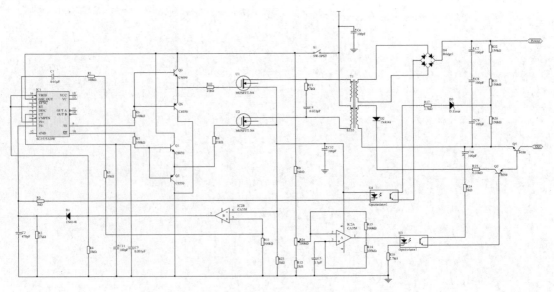

图 13-1　电鱼机电路图

13.2 新建工程文件

（1）选择菜单栏中的"文件"→"New（新建）"→"Project（工程）"命令，弹出"New Project（新建工程）"对话框，建立一个新的 PCB 项目。

默认选择"PCB Project（PCB 工程文件）"选项及"Default（默认）"选项，在"Name（名称）"文本框中输入文件名称"电鱼机电路"，在"Location（路径）"文本框中选择文件路径。在该对话框中显示工程文件类型，如图 13-2 所示。

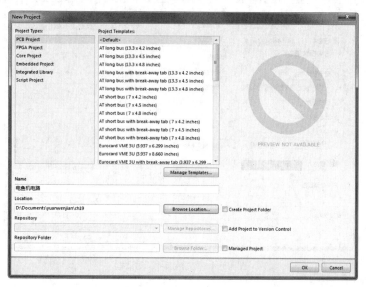

图 13-2 "New Project（新建工程）"对话框

完成设置后，单击 OK 按钮，关闭改对话框，打开"Project（工程）"面板，在面板中出现了新建的工程类型。

（2）选择菜单栏中的"文件"→"New（新建）"→"原理图"命令，新建了一个原理图文件，新建的原理图文件会自动添加到"电鱼机电路"项目中，如图 13-3 所示。

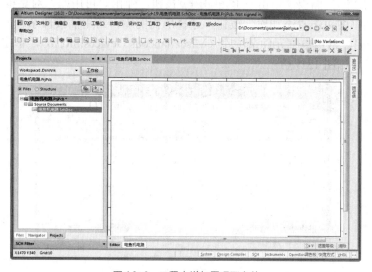

图 13-3 工程中增加原理图文件

13.3 原理图输入

电鱼机电路原理图输出 1200V、800V，输出脉宽 5%～50%可调，具有稳压、限流等特点。

选择菜单栏中的"设计"→"文档选项"命令，弹出"文档选项"对话框，如图 13-4 所示，设置图纸"标准风格"为 A3，只改变图纸的大小。完成设置后，单击"确定"按钮，完成设置。

图 13-4 "文档选项"对话框

13.3.1 装入元器件

如果知道用到的元件在哪个库中，直接在右侧"库"面板中找到元件库，选择元件；如果事先不知道准确的库，则利用"查找"命令，输入元件名称，在系统元件库中搜索元件库。

（1）加载元件库

打开右侧的"库"面板，单击左上角 Libraries... 按钮，弹出"可用库"对话框，单击"工程"选项卡，在对话框中单击"添加库"按钮，选择所需的库：常用插接件杂项库（Miscellaneous Connectors.IntLib）、常用电气元件杂项库（Miscellaneous Devices.IntLib），单击"打开"按钮，加载了所选的库，如图 13-5 所示。

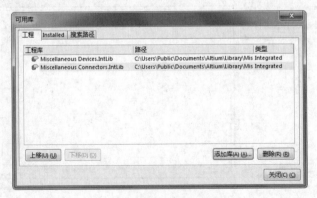

图 13-5 "可用库"对话框

（2）搜索元件

由于芯片 SG3525ADW 无法确定元件库，因此单击 Search... 按钮查询。单击该按钮弹出"搜索库"对话框，输入关键字，如图 13-6 所示。

（3）单击"查找"按钮，在"库"面板中就会显示出查询到的元件，如图 13-7 所示。

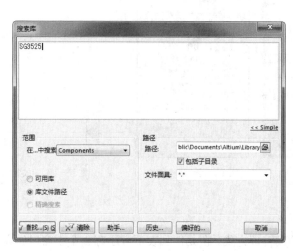

图 13-6　"搜索库"对话框

图 13-7　查询结束的库面板

（4）选中"SG3525ADW"，单击 Place SG3525ADW 按钮，弹出"Confirm（确认）"对话框，确认加载元件所在元件库，如图 13-8 所示，单击"是（Y）"按钮，在原理图中放置芯片。

（5）在原理图中显示浮动的芯片，单击"Tab"键，弹出元件属性对话框，在"Designator（标识符）"文本框中输入"IC1"，如图 13-9 所示。

（6）单击"OK（确定）"按钮，退出对话框，在原理图空白处放置元件，如图 13-10 所示。

图 13-8　确认信息

图 13-9　元件属性设置

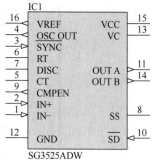

图 13-10　放置芯片 SG3525ADW

（7）用同样的方法搜索元件 1N4148，如图 13-11～图 13-13 所示。

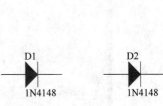

图 13-11 "搜索库"对话框　　　　　图 13-12 查询结果　　　　图 13-13 放置元件

13.3.2 输入原理图

Altium Designer 16 采用了集成的库管理方式。在元件列表下方还有 3 个小窗口。从上到下的依次顺序是元件的原理图图形、元件集成库中所包含的内容（封装、电路模型等）、元件的 PCB 封装图形。如果该元件有预览，则在最下面还会出现元件的预览窗口。右侧"库"面板，选择 "Miscellaneous Devices.IntLib"为当前库，库名下的过滤器中默认通配符为"*"，下面列表中列出了该库中的所有元件。在"*"后面输入元件关键词，可以快速定位元件。在列表中选择元件。

1. 放置晶体管 C8050

（1）选择"Miscellaneous Devices.IntLib"为当前库，在"库"工作区面板中，在过滤器里输入"2N"，选择元件列表中的"2N3904"，双击"2N3904"后转到元件摆放状态，光标呈十字状，光标上"悬浮"着一个轮廓。按"Tab"键，弹出属性设置对话框，在"Designator（标识符）"栏中键入"Q1"，作为第一个晶体管元件序号，如图 13-14 所示。

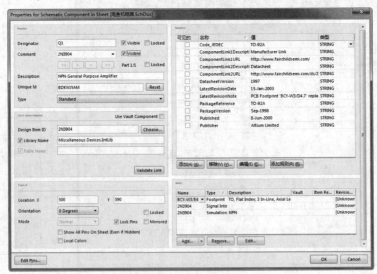

图 13-14 元件属性设置

（2）在"Comment（内容）"栏中，取消"Value（值）"复选框的勾选，使其不可视。

（3）单击"Parameters（参数）"选项组下"添加"按钮，弹出图 13-15 所示的"参数属性"对话框，在"值"选项下输入"C8050"，单击"确定"按钮，关闭对话框。返回元件属性设置对话框，如图 13-16 所示。

图 13-15　"参数属性"对话框

图 13-16　元件属性设置

（4）单击 OK 按钮，回到放置模式，按空格键可以旋转器件，将 Q1 移动到合适的位置后单击左键放下器件。

（5）依次放置其余三个晶体管，结果如图 13-17 所示。

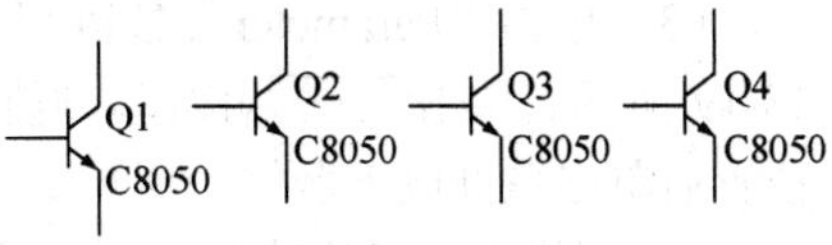

2. 放置晶体管 C8550

（1）选择"Miscellaneous Devices.IntLib"为当前库，在"库"工作区面板中，在过滤器里输入"2N"，选择元件列表中的"2N3906"，双击"2N3906"后转到元件摆放状态，光标呈十字状，光标上"悬浮"着一个轮廓。按"Tab"键，弹出属性设

图 13-17　放置元件

置对话框，在"Designator（标识符）"栏中键入"Q5"作为第一个晶体管元件序号。

（2）在"Comment（内容）"栏中，取消"Value"复选框的勾选，使其不可视。

单击"Parameters（参数）"选项组下"添加"按钮，弹出"参数属性"对话框，在"值"选项下输入"C8550"，单击"确定"按钮，关闭对话框。返回元件属性设置对话框，如图 13-18 所示。

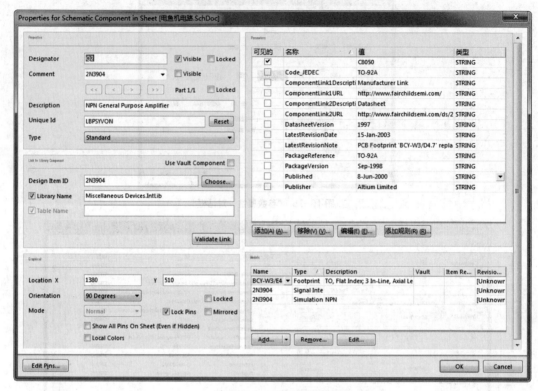

图 13-18　元件属性设置

（3）单击 OK 按钮，回到放置模式，按空格键可以旋转器件，将 Q5、Q6 移动到合适的位置后单击左键放下器件。

3．放置电阻

（1）选择"Miscellaneous Devices.IntLib"为当前库，在"库"工作区面板中，在过滤器里输入"RES2"，选择元件列表中的"RES2"，双击"RES2"后转到元件摆放状态，光标呈十字状，光标上"悬浮"着一个电阻轮廓。按"Tab"键，设置属性。

（2）在"Designator（标识符）"栏中键入"R1"作为第一个电阻元件序号。确认封装正确。在"Comment（内容）"栏中，取消"Value（值）"复选框的勾选，并使其不可视。

（3）单击"Parameter（参数）"中的"Value（值）"一栏的值，直接键入"100kΩ"，如图 13-19 所示。单击 OK 按钮，返回放置模式，按空格键可以旋转器件，将 R1 移动到合适的位置后单击左键放下器件。

（4）同样方法摆放其余 21 个电阻，其中，R2 为 1kΩ、R3 为 27kΩ、R4 为 10kΩ、R5 为 10kΩ、R6 为 100kΩ、R7 为 100kΩ、R8 为 28kΩ、R9 为 21kΩ、R10 为 21kΩ、R11 为 100kΩ、R12 为 1kΩ、R13 为 47kΩ、R14 为 100kΩ、R15 为 100kΩ、R16 为 2.7kΩ、R17 为 2.7kΩ、R18 为 1kΩ、R19 为 0.33kΩ、R20 为 150kΩ、R21 为 150kΩ、R22 为 150kΩ。

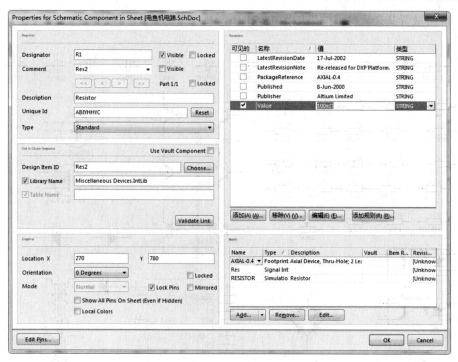

图 13-19　电阻元件属性设置

提示

　　"=Value"规则可以作为关于元件的一般信息在仿真时使用，个别元件除外。设置"Comment"来读取这个值，这会将"Comment（内容）"信息体现在 PCB 设计工具中。对电阻的 Parameter 栏的设置将在原理图中显示，并在本书以后运行电路仿真时会被 Altium Designer 16 使用。

　　（5）放置电容的方法同电阻，在库工作区面板的过滤器中键入"CAP"可以找到所用的电容。其中，电容 C1 为 103pF、C2 为 471pF、C3 为 102pF、C4 为 223pF、C5 为 104pF。

4．放置元件

　　（1）由于 CA358、EE55 在原理图元件库中查找不到，因此需要进行编辑。为简化步骤，在"TI Operational Amplifier.IntLib"及"Miscellaneous Devices.IntLib"中找到相似元件 LF353P、Trans BB，并在此基础上进行编辑，具体过程这里不做赘述，结果如图 13-20 所示。

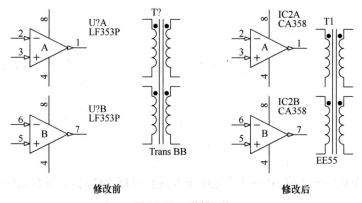

图 13-20　编辑元件

（2）继续放置其余元件，结果如图 13-21 所示。

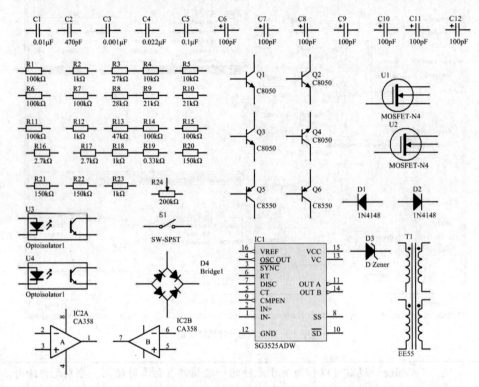

图 13-21 放置元件

（3）按照电路要求进行布局，完成元件放置后的原理图如图 13-22 所示。

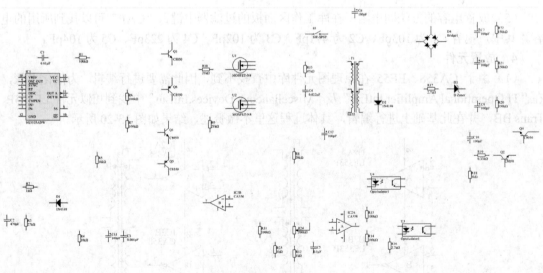

图 13-22 布置元件

（4）选择菜单栏中的"察看"→"合适图纸"，能够得到刚好显示所有元件的视图，开始着手连接电路。

（5）选择菜单栏中的"放置"→"线"命令，进入连线模式，光标变为十字状。将光标移到 R1 的左端，当出现一个红色的连接标记时，说明光标在元件的一个电气连接点上，单击鼠标左键确定下第一个导线点，移动光标，到 C1 的右极，出现红色标记时，单击鼠标左键，完成这个连接后，单击鼠标右键，则恢复到连线初始模式。可以继续连接下面的电路。如果连接完毕，再单击鼠标右键，则光标恢复到标准指针状态。连线结果如图 13-23 所示。

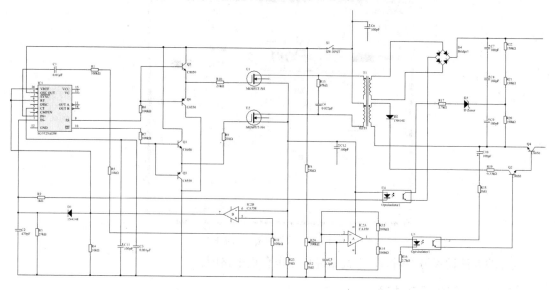

图 13-23　原理图连线结果

5. 放置电源和接地符号

（1）单击"布线"工具栏中的 ⊥（VCC 电源符号）按钮，放置电源，本例共需要 1 个电源。单击"布线"工具栏中的 ⊥（GND 接地符号）按钮，放置接地符号，本例共需要 3 个接地。结果如图 13-24 所示。

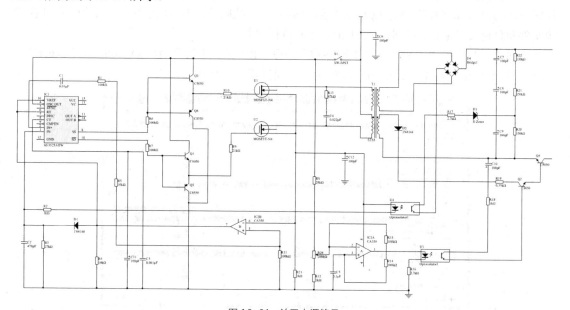

图 13-24　放置电源符号

（2）选择菜单栏中的"放置"→"端口"命令，或者单击"布线"工具栏中的按钮 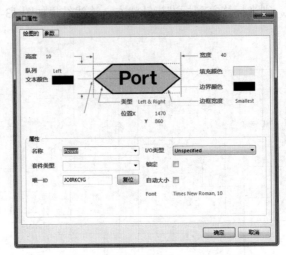（放置端口），光标将变为十字形状，在适当的位置再一次单击鼠标左键即可完成电路端口的放置。双击一个放置好的电路端口，打开"端口属性"对话框，在该对话框中对电路端口属性进行设置，如图 13-25 所示。

图 13-25　设置电路端口属性

同样的方法设置另一端口，至此就完成了电鱼机电路图。

13.3.3　设置项目选项

通过编译后，可确保电路绘制正确，可准备进行仿真分析或传递到下一个设计阶段。接下来需要设置项目选项。在后面编译项目时 Altium Designer 16 将使用这些设置。项目选项包括错误检查规则、连接矩阵、比较设置、ECO 启动、输出路径和网络选项以及你想指定的任何项目规则。

当项目被编译时，详尽的设计和电气规则将应用于验证设计。当所有的错误被解决后，原理图设计的再编译将被启动的 ECO 加载到目标文件，例如一个 PCB 文件。项目比较允许找出源文件和目标文件之间的差别，并在相互之间进行更新。

选择菜单栏中的"工程"→"工程参数"命令，出现图 13-26 所示"Options for Project（工程选项）"对话框，这个对话框用来设置所有与项目相关的选项。

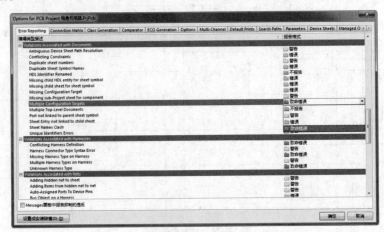

图 13-26　"Options for PCB Project"对话框

原理图包含关于电路连接的信息，可以用连接检查器来验证设计。当编译项目时，Altium Designer 16 将根据在"Error Reporting（错误报表）"和"Connection Matrix（连接矩形）"选项卡中的设置来检查错误，错误发生后则会显示在"Messages（信息）"面板上。

对话框中的"Error Reporting（错误报表）"选项卡用于设置设计电路图检查。"Report Mode（报表模式）"表明违反规则程度。单击所要修改的规则旁边的图标，从下拉菜单中选择严格的程度，如图 13-26 所示。本例中这一项使用默认设置。

（1）单击"Options for PCB Project（工程选项）"对话框的"Connection Matrix（连接矩阵）"选项卡，如图 13-27 所示。

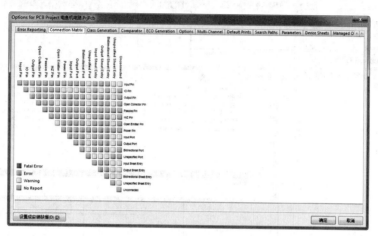

图 13-27 "Connection Matrix" 选项卡

（2）单击两种类型的连接的相交处的方块，在方块变为图例中的 errors 表示的颜色时停止单击，例如一个橙色方块表示一个错误将表明这样的连接是否被发现。

（3）电路不只包含"Passive Pins（在电阻、电容和连接器上）"和"Input Pins（在晶体管上）"。检查连接矩阵是否会侦测出未连接的 Passive Pins。

（4）单击"Comparator（比较器）"选项卡，在"Difference Associated with Components"（元件的不同关联）单元找到"Changed Room Definitions（改变 Room 定义）""Extra Room Definitions（额外的 Room 定义）"和"Extra Component Classes（额外的元件分类）"，从这些选项右边的"模式"列中的下拉列表中选择"Ignore Differences（忽略不同）"，如图 13-28 所示。

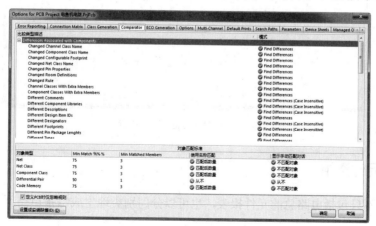

图 13-28 "Comparator" 选项卡

（5）单击"确定"按钮，退出对话框，完成工程项目的设置。

（6）完成编译。

① 选择菜单栏中的"工程"→"Compile xxxx（编译）命令（xxxx 代表具体的文件或者 Project）"，分析工程原理图文件，可以弹出图 13-29 所示的文件信息对话框。

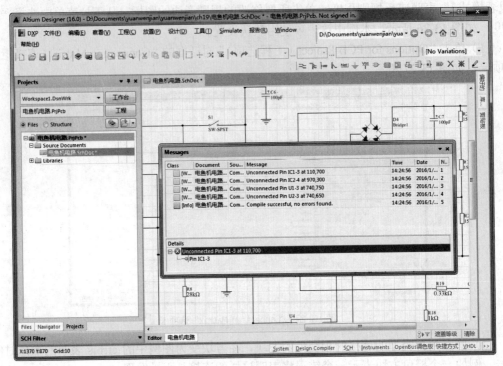

图 13-29　文件信息提示框

② 双击警告信息，弹出"Compile Error（编译错误）"对话框，查看错误报告，根据错误报告信息进行原理图的修改，然后重新编译，直到弹出图 13-30 所示的信息为止。

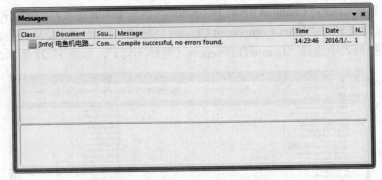

图 13-30　"Message（信息）"面板

13.4　输出元件清单

元件清单不只包括电路总的元件报表，也可以分门别类地生成每张电路原理图的元件清单报表。

13.4.1　元件总报表

（1）选择菜单栏中的"报告"→"Bill of Material（元件清单）"命令，系统将弹出如图 13-31 所示的对话框来显示元件清单列表。

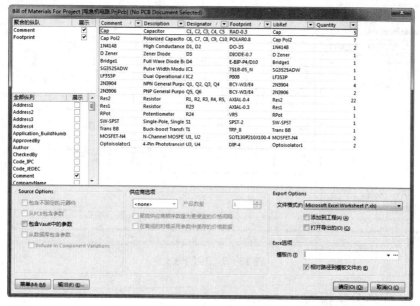

图 13-31　显示元件清单列表

（2）勾选"添加到工程"和"打开导出的"复选框，单击 ⋯ 按钮，在安装目录"C:\Program Files\AD 16\Template"下，选择系统自带的元件报表模板文件"BOM Default Template.XLT"。

（3）单击"输出"按钮，保存带模板报表文件，系统自动打开报表文件，如图 13-32 所示。

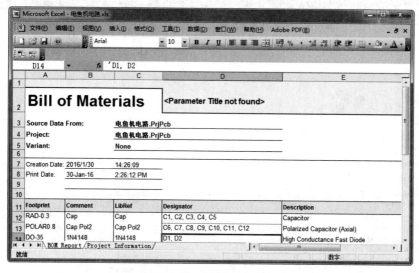

图 13-32　带模板报表文件

（4）单击"确定"按钮，退出对话框，在左侧"Projects（工程）"面板中显示添加的报表文件，如图 13-33 所示。

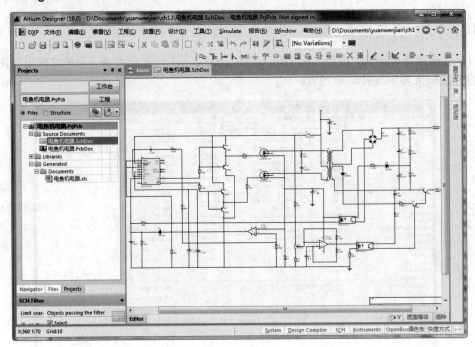

图 13-33　生成报表文件

13.4.2　元件分类报表

选择菜单栏中的"报告"→"Component Cross Reference（分类生成电路元件清单报表）"命令，系统将弹出图 13-34 所示的对话框来显示元件分类清单列表。在该对话框中，元件的相关信息都是按子原理图分组显示的。其后续操作与上节相同，这里不再赘述。读者可自行练习。

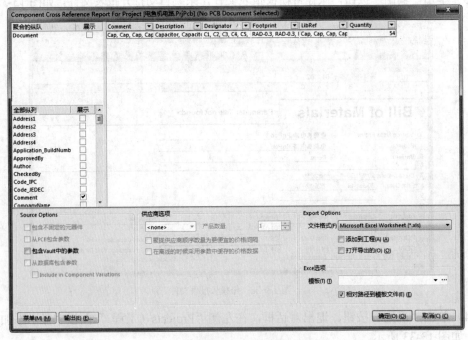

图 13-34　显示元件分类清单列表

13.4.3 简易元件报表

选择菜单栏中的"报告"→"Simple BOM"（简单 BOM 表）命令，则系统同时产生两个文件"电鱼机电路.BOM"和"电鱼机电路.CSV"，并加入到工程中，如图 13-35 所示。

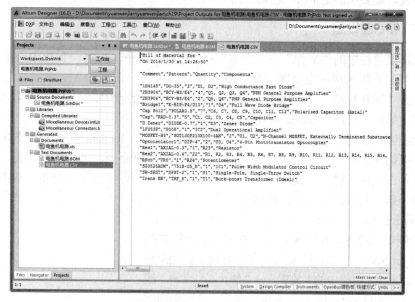

图 13-35　简易元件报表

13.4.4 项目网络表

选择菜单栏中的"设计"→"工程的网络表"→"PCAD（生成原理图网络表）"命令，系统自动生成了当前工程的网络表文件"电鱼机电路.NET"，并存放在当前工程下的"Generated \Netlist Files"文件夹中。双击打开该工程网络表文件"电鱼机电路.NET"，结果如图 13-36 所示。

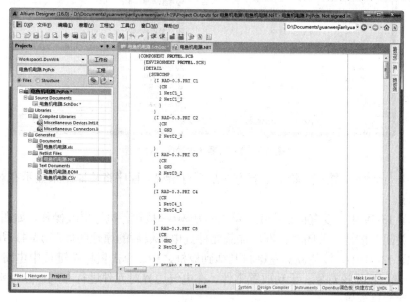

图 13-36　创建工程的网络表文件

13.5　PCB 设计

在一个项目中，在设计 PCB 时系统都会将所有电路图的数据转移到一块电路板里。但电路图设计电路板，还要从新建 PCB 文件开始。

13.5.1　PCB 设置

（1）选择菜单栏中的"文件"→"新建"→"PCB"命令，新建一个 PCB 文件。同时进入 PCB 编辑环境，在编辑区中也出现一个空白的 PCB。

（2）单击"PCB 标准"工具栏中的 📄（保存）按钮，指定所要保存的文件名为"电鱼机电路.PcbDoc"，单击"保存"按钮，关闭该对话框。

（3）绘制物理边界。指向编辑区下方工作层标签栏的"Mechanical 1（机械层 1）"标签，单击鼠标左键切换到机械层。选择"放置"→"走线"菜单命令，进入画线状态，指向外框的第一个角，单击鼠标左键；移到第二个角，双击鼠标左键；再移到第三个角，双击鼠标左键；再移到第四个角，双击鼠标左键；移回第一个角（不一定要很准），单击鼠标左键，再单击鼠标右键退出该操作。

（4）绘制电气边界。指向编辑区下方工作层标签栏的"KeepOut Layer（禁止布线层）"标签，单击鼠标左键切换到禁止布线层。选择菜单栏中的"放置"→"禁止布线"→"线径"菜单命令，光标显示为带十字光标，在第一个矩形内部绘制略小矩形，绘制方法同上，如图 13-37 所示。

图 13-37　绘制边界

（5）选择菜单栏中的"设计"→"Import Changes From 电鱼机电路.PrjPcb（输入变化）"命令，系统将弹出图 13-38 所示的"工程更改顺序"对话框。

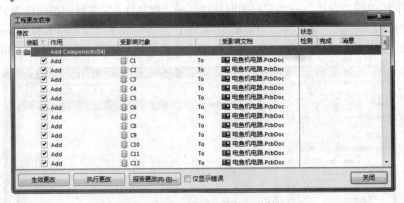

图 13-38　"工程更改顺序"对话框

（6）单击 生效更改 按钮，验证更新方案是否有错误，程序将验证结果显示在对话框中，如图 13-39 所示。

（7）在图 13-39 中，没有错误产生，单击 执行更改 按钮，执行更改操作，如图 13-40 所示。然后单击"关闭"按钮，关闭对话框。加载元件到电路板后的原理图如图 13-41 所示。

（8）在图 13-41 中，按住鼠标左键将其拖到板框之中。单击鼠标左键选中电路 Room 区域，再按"Del"键，删除该对象。手动放置零件，在电气边界对元件进行布局，除特殊要求，否则同类元件依次并排放置。

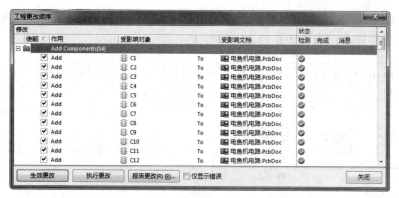

图 13-39　验证结果

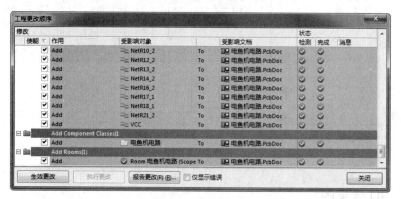

图 13-40　更改结果

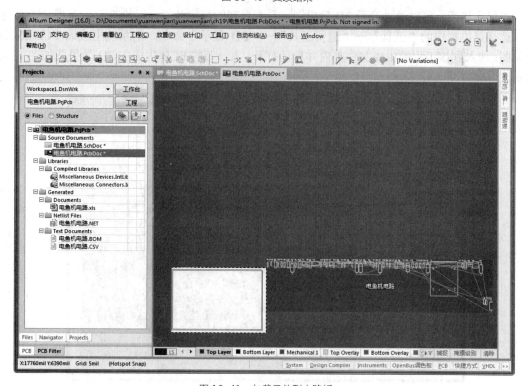

图 13-41　加载元件到电路板

（9）在绘制电路板边界时，按照元件数量估算绘制，在完成元件布局后，按照元件实际所占空间对边框进行修改。结果如图 13-42 所示。

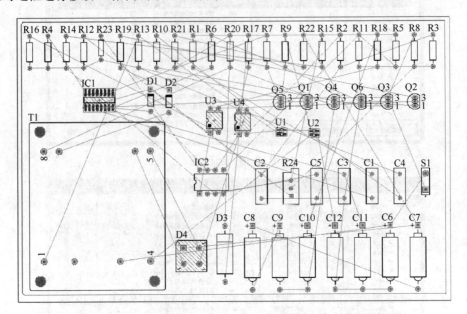

图 13-42 改变元件放置后的原理图

13.5.2 3D 效果图

布局完毕后，可以通过查看 3D 效果图，看看直观的视觉效果，以检查手工布局是否合理。

选择菜单栏中的"工具"→"遗留工具"→"3D 显示"命令，则系统生成该 PCB 的 3D 效果图，加入到该工程的生成文件夹内并自动打开。上一节的 PCB 生成的 3D 效果图如图 13-43 所示。

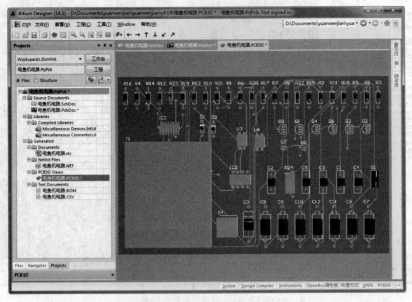

图 13-43 PCB 的 3D 效果图

13.5.3 布线设置

本电路采用双面板布线，而程序默认即为双面板布线，所以不必设置布线板层。

（1）选择菜单栏中的"自动布线"→"全部"命令，系统将弹出"Situs 布线策略（布线位置策略）"对话框，参数设置如图 13-44 所示。

（2）显示布局设置有 1 个警告，报告显示设置的规则中焊盘点间宽度最小 10mm，但本例中 U1 焊盘间距为 9.842mm，需要修改。单击黄色字体中的"Rule-Width（规则-线宽）"，弹出图 13-45 所示的编辑规则对话框，显示最小宽度为 10mm，将其修改为 9mm。

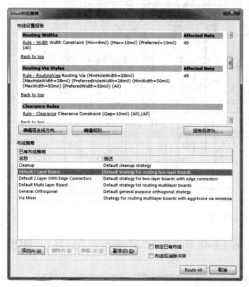

图 13-44 "Situs 布线策略"对话框

图 13-45 设置最小宽度

（3）单击"确定"按钮，退出对话框，完成设置，返回"Situs 布线策略（布线位置策略）"对话框，如图 13-46 所示，没有警告错误显示。

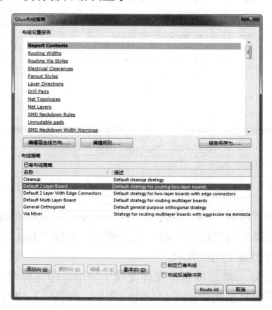

图 13-46 "Situs 布线策略"对话框

（4）保持程序预置状态，单击"Route All（布线所有）"按钮，进行全局性的自动布线。布线完成后如图 13-47 所示。

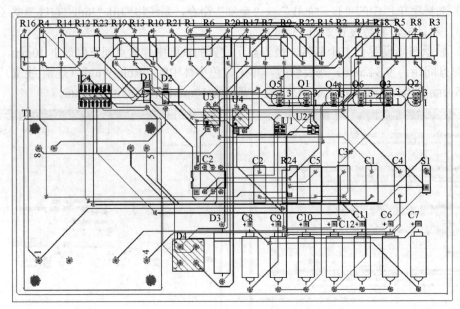

图 13-47　完成自动布线

（5）只需要很短的时间就可以完成布线，关闭图 13-48 所示的"Message（信息）"面板。

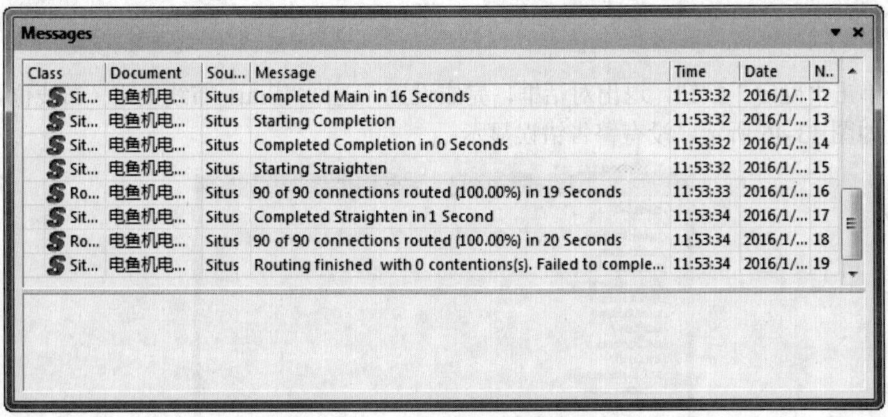

图 13-48　"Message（信息）"面板

13.5.4　覆铜设置

（1）选择菜单栏中的"放置"→"多边形敷铜"命令，对完成布线的电路建立覆铜，在覆铜属性设置对话框中，选择影线化填充，45°填充模式，选择"Top Layer（顶层）"，选中"死铜移除"复选框，其设置如图 13-49 所示。

（2）设置完成后，单击 确定 按钮，光标变成十字形。用光标沿 PCB 的电气边界线，绘制出一个封闭的矩形，系统将在矩形框中自动建立覆铜，如图 13-50 所示。采用同样的方式，为 PCB 的 Bottom Layer 层建立覆铜。覆铜后的 PCB 如图 13-51 所示。

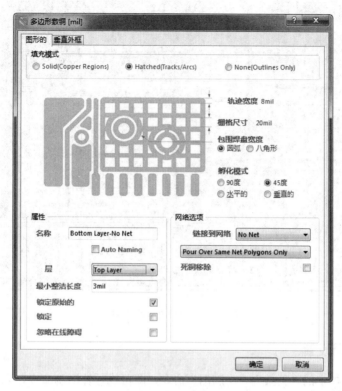

图 13-49　设置参数

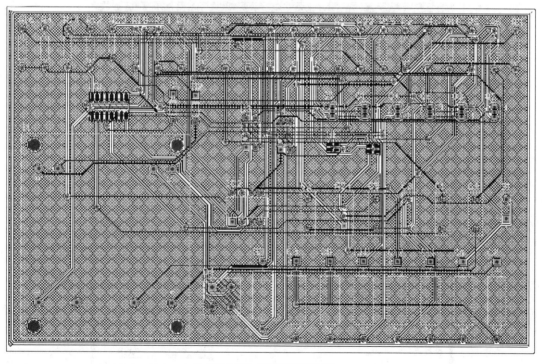

图 13-50　顶层覆铜后的 PCB

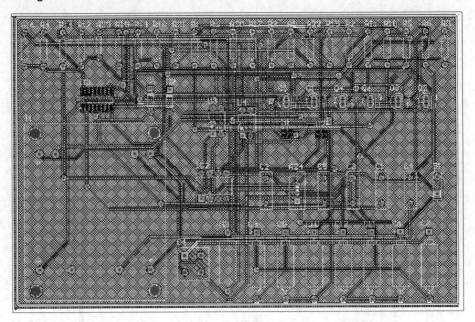

图 13-51　底层覆铜后的 PCB

13.5.5　滴泪设置

（1）选择菜单栏中的"工具"→"滴泪"命令，即可执行补泪滴命令，系统弹出"Teardrop（泪滴选项）"对话框，如图 13-52 所示。

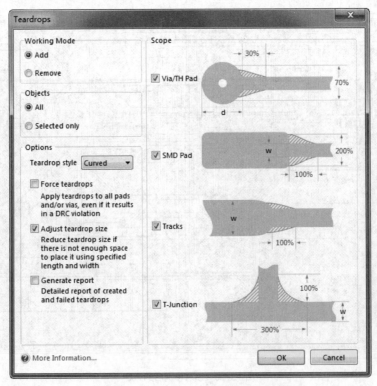

图 13-52　"Teardrop（泪滴选项）"对话框

（2）单击 确定 按钮即可完成设置对象的泪滴添加操作。

补泪滴前后焊盘与导线连接的变化如图 13-53 所示。

图 13-53 补泪滴前后的焊盘导线

（3）按照此种方法，用户还可以对某一个元件的所有焊盘和过孔，或者某一个特定网络的焊盘和过孔进行添加泪滴操作。

（4）单击"PCB 标准"工具栏中的 □（保存）按钮，保存文件。

第 14 章　课程设计

前面的章节对 Altium Designer 16 的基础知识和工程应用案例进行了详细的讲解，本章将为读者准备 4 个课程设计案例，通过课程设计案例的实施，帮助读者巩固和提高本书所学内容。

设计 1——单片机实验板电路原理图设计

1. 设计要求
绘制图 14-1 所示的 SCMBoard 电路原理图。

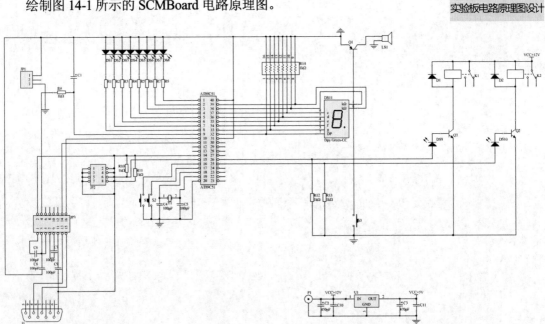

图 14-1　SCMBoard 的原理图

2. 设计目的
通过该实例中原理图的绘制，熟悉原理图的绘图环境，绘制流程，绘制步骤。

3. 设计思路
（1）创建工程文件与原理图。
（2）在"可用库"对话框中加载元件库。

（3）利用"库"面板输入元件。
（4）通过连线命令连接原理图。

设计 2——高速单片机电路原理图设计

1．设计要求

绘制图 14-2 所示的高速单片机电路原理图。

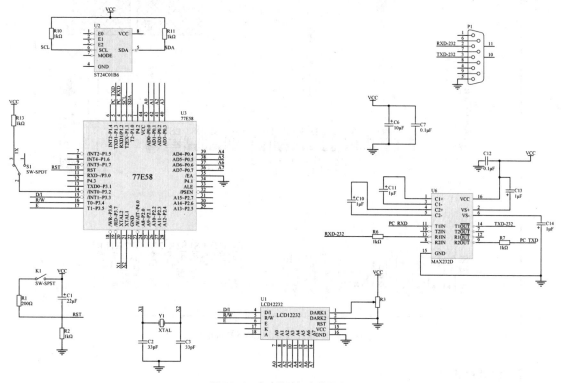

图 14-2　高速单片机电路原理图

2．设计目的

在元件库无法满足原理图的需求时，需要自定义进行编辑所需元件。在该设计中，绘制元件库中没有的元件，并通过对原理图进行编译，检查原理图的绘制正确与否。

3．设计思路

（1）创建工程文件。
（2）绘制元件。
（3）输入原理图。
（4）列出元件属性清单。
（5）编译工程并查错。

设计 3——单片机实验板电路 PCB 设计

1．设计要求

设计图 14-3 所示的单片机实验板电路 PCB 文件。

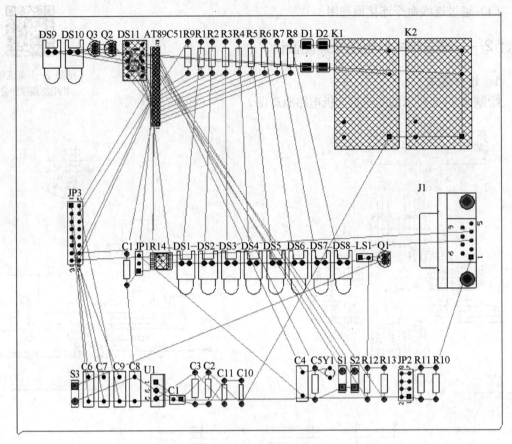

图 14-3　单片机实验板电路的 PCB 图

2．设计目的

学习如何完成原理图到电路板的对应连接，同时根据电路板设计需求，练习封装元件的排列、布局。

3．设计思路

（1）创建 PCB 文件。

（2）检查如图 14-1 所示的原理图封装及所需封装库。

（3）导入封装元件。

（4）零件布置。

（5）封装自动布局。

（6）封装手动布局。

设计 4——直流数字电压表电路原理图与 PCB 设计

1．设计要求

根据图 14-4 所示的直流数字电压表电路原理图，设计得到如图 14-5 所示的 PCB 布线后的文件。

设计 4——直流数字
电压表电路原理图
与 PCB 设计

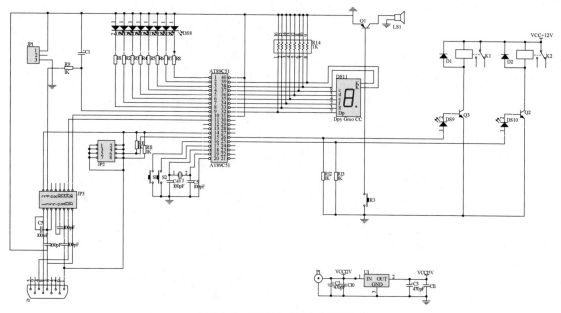

图 14-4 直流数字电压表电路原理图

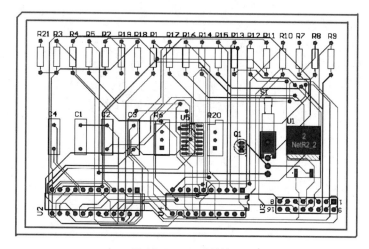

图 14-5 PCB 布线结果

2. 设计目的

通过原理图与电路板的对应联系，练习 PCB 文件的设计。

3. 设计思路

（1）创建工程文件。

（2）输入原理图。

（3）创建电路板文件。

（4）导入封装元件。

（5）对封装进行布局。

（6）设置布线规则。

（7）对电路板进行布线操作。

（8）对电路板进行覆铜操作。